Pauline de Bok

Das Schweigen
der Frösche

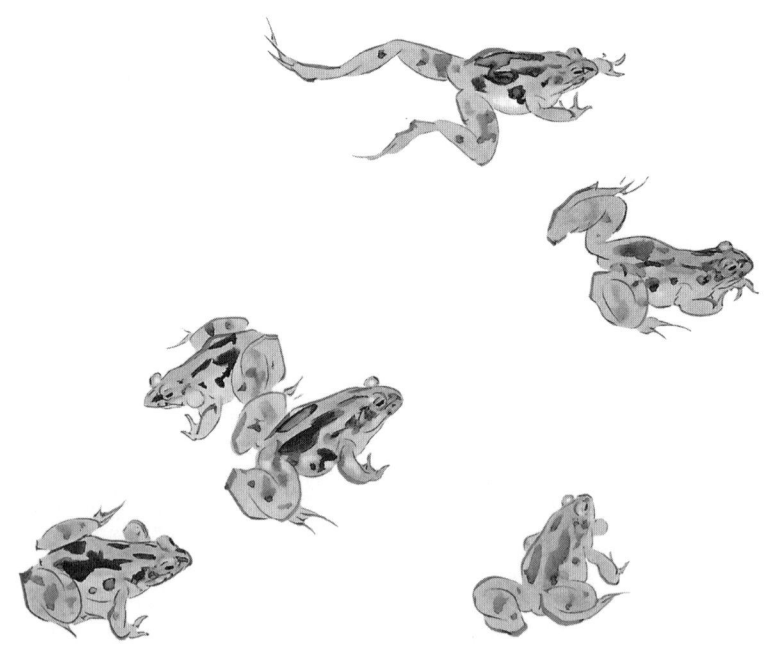

PAULINE DE BOK

Das Schweigen der Frösche

oder *Die Kunst, die Natur zu belauschen*

*Aufzeichnungen aus
einem Biotop im Wandel*

*Aus dem Niederländischen
von Gerd Busse*

C.H.Beck

Die niederländische Originalausgabe erschien unter dem Titel
«De poel» 2021 bei Uitgeverij Atlas Contact, Amsterdam.

Die Niederländische Stiftung für Literatur
hat die Autorin für dieses Buch gefördert und
die Publikation der deutschen Ausgabe ermöglicht.

N ederlands
l etterenfonds
dutch foundation
for literature

Geografische Namen vor Ort sind fiktiv.

Für die deutsche Ausgabe:
© Verlag C.H.Beck oHG, München 2022
www.chbeck.de
Umschlaggestaltung: Rothfos & Gabler, Hamburg
Umschlagabbildung und Abbildungen im Buch: Takeuchi Seiho,
«Ein schöner Tag während der Regenzeit» (Ausschnitt),
1934, Yasugi, Adachi Museum of Art. © akg-images
Satz: Fotosatz Amann, Memmingen
Druck und Bindung: CPI – Ebner & Spiegel, Ulm
Gedruckt auf säurefreiem und alterungsbeständigem Papier
Printed in Germany
ISBN 978 3 406 78187 2

myclimate

klimaneutral produziert
www.chbeck.de/nachhaltig

Inhalt

Der Frühling zögert

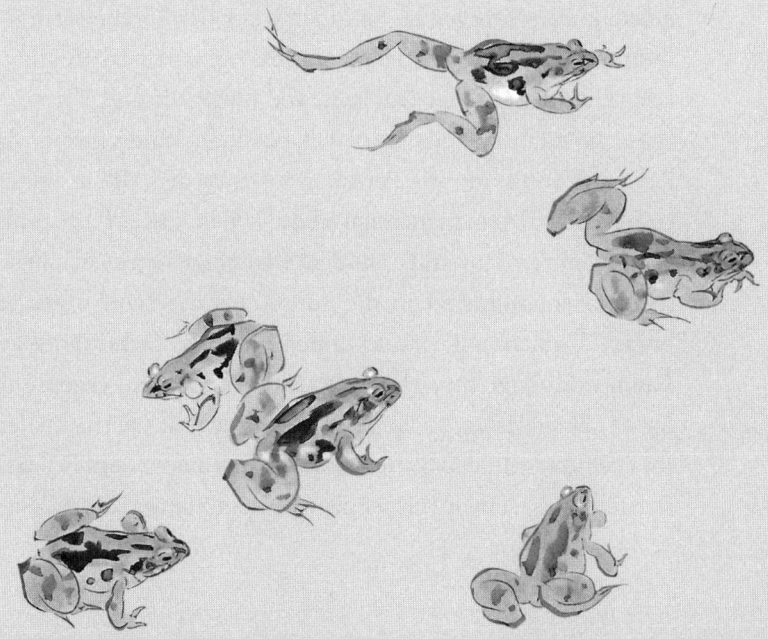

1.

Der Tümpel ist trocken,
als wäre kein Winter gewesen

Es gibt hier Stellen, wo ich nie hinkomme. Weil ich festen Boden unter den Füßen brauche. Weil ich kein Fell oder Federn habe und Wasser nicht einfach von mir abschütteln kann. Es durchnässt mir die Kleidung, bis sie mir an der Haut klebt, und läuft mir in die Stiefel. Weil ich nicht schnell laufen, gut klettern oder auffliegen kann, wenn Gefahr droht.

Ich habe mir ein Heim geschaffen, um es warm, trocken und sicher zu haben. Trotzdem möchte ich manchmal wie die anderen Tiere sein, mich mit dem begnügen, was da ist, draußen zu Hause sein. Ich habe mich umgeben mit Hilfsmitteln, mit Prothesen, habe mir viele kluge Tricks ausgedacht – na ja, nicht ich, aber meine Art, ich bin ein Rädchen in einer geölten Maschine und nenne mich frei.

Ich habe noch nie ein Schlammbad genommen, mich niemals an einem kühlen Morgen im Sommer, wenn der Boden warm ist, in einem dünnflüssigen Brei aus lehmiger Erde gewälzt. Ich fürchte mich vor scharfen Steinen oder Stacheln, vor Blutegeln und Tieren, die versuchen, in mich einzudringen. Ich bin kein Wildschwein, das sich im Schlamm suhlt, um die Parasiten loszuwerden, die in seinem Fell herumkrabbeln, dem manchmal all das Leben, das auf ihm mitlebt, zu viel wird. Wenn es dann träge aus dem Bad steigt, legt es sich in seinem triefenden Schlammkleid in die Sonne, bis die Haut unter seinem Fell brennt. Es steht auf, drückt seinen plumpen Leib kräftig gegen einen Baum und fängt an, sich an der Rinde zu reiben, gegen und mit dem Strich seiner Haare, so lange, bis der Panzer aus getrockneter Erde zerbröckelt und mit den Tierchen und allem aus seinem Fell fällt. Es muss herrlich sein, seinen Körper an so einem Stamm abzubürsten, ich vertrage nicht mal ein raues Handtuch, sogar damit reibe ich mir die Haut schon rot.

Ich habe keine Ahnung, wie es sein würde, wenn ich dicht behaart wäre, ich kann mir mich selbst nicht ohne nackte Haut vorstellen, ich *bin* meine nackte Haut, ungeschützt, kein wildes Tier. Was, wenn der Schlamm mich verschlingen wollte und ich nicht die Kraft hätte aufzustehen? Moor, Morast, das weiß jeder, saugt sich an deinen Füßen fest, zerrt an deinem Körper, verschluckt dich. Blubb blubb, weg ist man, erstickt im Schlamm.

Die ganze Fahrt von Amsterdam hierher war ich unruhig, ich wollte unbedingt noch bei Tageslicht ankommen, wollte wissen, in welchem Zustand ich das Land und das Grundstück vorfinden würde – und den Tümpel, vor allem den Tümpel.

Die Tage bis Mitte März zählend, hatte ich täglich nach dem Wetter in Mecklenburg geschaut, das beschäftigte mich mehr als das Wetter zu Hause, auch wenn ich wusste, wie eng beides zusammenhing. Das niederländische Seeklima unterscheidet sich nur wenig vom Klima hier in der norddeutschen Tiefebene, die Ostsee ist keine hundert Kilometer Luftlinie entfernt, die Nordsee etwa dreihundert.

Die Mecklenburger Jahre haben eine Wetterfanatikerin aus mir gemacht. Obwohl ich längst weiß, dass das Wetter dort einfach etwas später oder etwas früher kommt als in den Niederlanden und bei Ostwind etwas länger anhält. Und wenn alles wieder einmal anders ist als vorhergesagt, behaupten wir hier zwischen den Seen der Endmoränenlandschaft gern, dass das durch unser Mikroklima kommt. Damit immer alles stimmt.

Aber das ist nicht so, nicht mehr, nichts scheint mehr zu stimmen. Die Extreme werden extremer, die Bandbreite ändert sich schneller und schneller. Wir fühlen uns überrumpelt, verlieren die Kontrolle. Wir haben immer geglaubt, das Klima würde sich so langsam ändern, dass wir es kaum bemerken, dass es Statistiken bleiben, Grafiken, dass wir genug Zeit hätten, uns anzupassen, Generation um Generation, dass es von selbst gehen würde.

Es war der Tümpel, der mich alarmierte, der Weidentümpel gleich hinter unserem Kuhstall. Ich hatte ihm nie viel Aufmerksamkeit geschenkt, es war eine der Stellen, wo ich selten hinkam, eigentlich nur, wenn eine dicke Eisschicht darauf lag, ging ich mal darüber hinweg. Sobald es zu tauen begann und das Schneewasser von den Äckern floss, füllte sich der Tümpel. Ab und zu, wenn der Sommer heiß und trocken gewesen war, blieb nur an der tiefsten Stelle eine schlammige Pfütze übrig. Irgendwann hatten wir mal vorgehabt, den Tümpel vertiefen zu lassen, ihn schöner zu machen, aber das war nur so eine Idee gewesen. Er war gut so, wie er war. Er war nicht für uns da, sondern um seiner selbst willen. Und für die Tiere und alles, was dort wuchs.

Aber diesmal war die Frage, ob überhaupt Wasser in dem Tümpel stand, im März, Gott bewahre.

Ich warf einen Blick auf den Tacho, der auf hundert zurückgefallen war, und trat aufs Gaspedal. Mir kam ein Foto in den Sinn, gut ein Jahr war das her, unsere Freunde vom Prenzlauer Berg – die ich Mitte der Achtzigerjahre in der DDR kennengelernt hatte und die während des Sommers meistens im Bauernhaus auf unserem gemeinsamen Vorwerk wohnen – hatten es kurz nach Neujahr gemailt. Darauf war ein kleiner Holzzaun zu sehen, komischerweise im Wasser. Es dauerte einen Moment, bis ich es kapiert hatte: Es war unser eigener Zaun vor dem kleinen Kartoffelacker. Der Tümpel war über die Ufer getreten, das hatte ich noch nie erlebt.

Nicht lange danach konnte ich es mit eigenen Augen sehen, es war Mitte Februar, und es hatte leicht geschneit, die gefrorenen Wasserspiegel lagen weiß gepudert in der Landschaft. Der Tümpel hatte unseren Garten zum Kuhstall hin zur Hälfte unter Wasser gesetzt, bis zu der kleinen Eiche, keine zehn Meter von unserer Gartentür entfernt. Die dünnen Stämme der Sauerkirschbäumchen ragten schwarz aus der Eisfläche empor.

Der Winter war spät gekommen, und er war streng gewesen, bis tief in den März hinein hatte ich mit Boom lange Touren gemacht, wir waren quer über die Seen gelaufen, durch die hart gefrorenen Sumpfgebiete gestreut, hatten die Landschaft von Stellen aus entdeckt, an denen wir nie zuvor gewesen waren. Und ich war nur allzu gern bereit gewesen, dieses Wetter, diese winterliche Landschaft, als den neuen Status quo zu akzeptieren.

Im Spätsommer hatte ich voller Vertrauen den neuen, aus Weidenzweigen geflochtenen Entenkorb in den Tümpel gestellt. Zum ersten Mal ging ich einfach so hinein, sogar ohne Stiefel. Die Sommermonate waren heiß und trocken gewesen, der Tümpel war nahezu ausgetrocknet. Nach dem Winter würde er wie immer wieder mit Wasser gefüllt sein, und dann hätte ich im Frühjahr junge Enten, Küken. Ich schlug vier Eisenrohre in den Boden, jeweils zwei schräg zueinander, steckte dicke Bambusstöcke hinein, so dass sie sich überkreuzten, und befestigte dazwischen den Entenkorb, mit der Öffnung nach Nordosten, zur windabgewandten Seite. Ich hatte Glück, das war genau die Richtung der Gartentür, so dass ich das junge Leben gut würde beobachten können. In den Korb legte ich schon mal ein kleines Nest aus Heu.

Die Südwestseite war durch einen hohen Wall schön abgeschirmt. Die Enten würden Monate Zeit haben, sich an den Nistplatz zu gewöhnen. Jetzt brauchte man nur noch auf den Herbst mit seinem Regen zu warten, auf den Winter mit seinem Schnee und das schmelzende Eis im Frühjahr. Ich sah den Korb schon zwischen den Stöcken über dem Wasser schweben, hörte die Enten schnattern. Der Korb und das Wasser würden ihre Brut gegen Raubvögel, Krähen und Elstern schützen, und gegen Marder, Füchse, Waschbären und Marderhunde. Auch wenn ich mir bei den Waschbären nicht sicher war. Aber wer sich auch daran zu schaffen machte, ich würde es ganz aus der Nähe beobachten können, mit meinem Fernglas, vom Haus aus.

Doch der Herbstregen blieb aus, und der Winter war seltsam mild und trocken. Mir begann zu dämmern, dass der Tümpel mir erzählt, wie es um mein Biotop steht. Denn er ist der Quell. Aus dem Wasser entspringt alles, was lebt.

Neben mir auf dem rechten Fahrstreifen krochen die Lastwagen wie eine erschöpfte Kamelkarawane dahin, und wir in unseren Pkws schoben uns wie Esel etwas schneller an ihnen vorbei. Anhalten, anfahren, eine Rettungsgasse bilden, bremsen, in den Spiegel schauen, links hinter mir hatte sich eine Lücke gebildet, gleich ausnutzen und einscheren, gut so, auf der etwas schnelleren Fahrspur, nein, doch nicht schneller. Die anderen belauern, mir ein Leben mit ihnen vorstellen, auf das Lenkrad trommeln, rechnen, wie viele Kilometer, wie viele Stunden, wie viele Staus. Das Radio meldete eine verlängerte Fahrtzeit von einer guten Dreiviertelstunde, ein Unfall war gerade passiert, also ein Stau, der anwuchs. Bremsen, Stopp.

Vor mir stiegen einzelne Fahrer aus, um die Gliedmaßen zu strecken. In meinem Kopf rechnete es schon wieder. Die Sonne ging dort drüben um Viertel nach sechs unter, dann war es um halb acht dunkel. Das würde ich nicht schaffen.

Es wäre, als würde ich durch die tiefe Nacht fahren, wie im Winter, wenn alle Menschen in den vorbeiziehenden Dörfern schon schlafen. Ich würde mich schnell im kalten Haus verschanzen. Der Wunsch, mit einer Taschenlampe das Grundstück zu inspizieren, würde verschwinden, sobald ich im Innern wäre. Die Ungeduld der Städterin, das schnelle Halbwissen, es passt nicht zum Leben dort. Morgen würde ich einen Rundgang machen und sehen, wie die Lage ist.

Ich stellte das Radio aus und suchte einen Podcast.

Gruh-gruh, ich öffne die Augen. Schmale Streifen Sonnenlicht scheinen durch die Bretter auf die Bettdecke. Die Kraniche! Ich bin da, in meinem Kuhstall. Sofort stehe ich neben dem Bett, um die Tür im Spitzgiebel aufzuschwingen, quietschend und knarrend leistet sie Widerstand, noch gerade sehe ich die Vögel groß am Horizont, bevor sie mit trägen Flügelschlägen trompetend davonschweben, um sich am nächsten Hang wieder niederzulassen.

Die Welt ist weiß bereift, fröstelnd krieche ich wieder unter die Bettdecke. Auf dem Heuboden kann ich die Spatzen rascheln hören, sie zwitschern und scharren in der Dachrinne. Mit dem Leben um mich herum fühle ich mich gleich wieder zu Hause, und meine Augenlider werden schwer. Der Raureif beginnt sich aufzulösen, der Acker mit dem Winterweizen färbt sich in frischem Grün. Ein leises Verlangen nach Frühling prickelt durch meine Adern. In der Wärme meines Bettes träume ich noch ein wenig vor mich hin.

Nach meiner Ankunft gestern hatte ich meine Nase doch noch gleich an die Gartentür gedrückt, doch so sehr ich auch in Richtung des Tümpels starrte, ich konnte nicht sehen, dass sich der Mond im Wasser spiegelte. Aber das hatte nichts zu bedeuten, sagte ich mir, in der Mitte des Tümpels würde es bestimmt nass und sumpfig sein.

Noch halb dösend sehe ich vor mir, wie ich gleich mit den Füßen vorsichtig die Oberfläche abtaste, bei jedem Schritt werden meine Sohlen etwas tiefer einsinken, meine Füße, meine Knöchel, ich werde die Saugkraft des Tümpelgeistes spüren, ein Stiefel wird im Matsch stecken bleiben, während ich mit dem Fuß bereits zum nächsten Schritt ansetze und ihn gerade noch in den Schaft zurückgleiten lassen kann – oder auch nicht. Dann wird er in dem sumpfigen Boden schwer aufsetzen, ich werde wieder ins Wanken kommen und mit den Armen fuchteln, bis ich umkippe. Der Länge nach im Schlamm, mit dem Gesicht im Modder. Ich werde eine Schwimmbewegung machen, mit den Händen das Wasser spüren, ich werde zappeln, schallend lachen wie eine Närrin und nicht einmal über die plötzlichen Laute erschrecken, die in der Stille aus mir hervorbrechen. Ich werde mich auf den Rücken drehen, den Kopf hin und her bewegen, die Haare wie einen Pelz im Schlamm reiben, ich werde zwischen den noch kahlen Ästen der Silberweide hindurch in den Himmel schauen, wo die Wolken vorbeiziehen. Und für einen Moment werde ich glauben, dass alles gut wird.

Abrupt schlage ich die Bettdecke zurück, jetzt gibt es keinen Aufschub mehr.

Ich wate durch das Dickicht aus wilden Brombeeren, bahne mir meinen Weg durch einen Streifen durstiger Seggen und betrete den innersten

Kreis des Tümpels, der von einem Wall aus Findlingen und Erde begrenzt wird. Verdorrte Weidenblätter knistern unter meinen Gummistiefeln, als wäre es noch Herbst.

Ich fühle nichts Weiches, nichts Schlickiges, sehe nicht einmal irgendwo Fäulnis, rieche nichts. Der Tümpel ist trocken, knochentrocken, als hätte es überhaupt keinen Winter gegeben. Ich stehe an der tiefsten Stelle, drehe mich einmal um meine eigene Achse und noch einmal, taste mit den Füßen den Boden ab. Wie eine dicke, wattierte Jacke ist er mit Wülsten bedeckt, hier und da gibt es ein Loch, die Trittsiegel von Wildschweinen, vermute ich. Ich sehe keine Tiere in dem Tümpel, kein Leben.

Erschüttert sehe ich mich um. Vom Wall aus schießt ein Grünspecht laut lachend an mir vorbei, in der Ruine der Getreidescheune gegenüber dem Kuhstall hackt sich der große Buntspecht trommelnd eine Nisthöhle.

Als ich beim Komposthaufen neben dem Wall einen Feldstein zur Seite rolle, wird ein dichter kleiner Wurzelteppich mit starken schwarzgrünen Spitzen sichtbar. Die Brennnesseln sprießen schon, plattgedrückt, im Dunkeln, trotz der Bedrängnis. Ich lege den Stein zurück, er wird sie noch eine Weile vor dem Nachtfrost schützen. Im Vorbeigehen stecke ich mit vorsichtigen Handgriffen ein paar fransige Ausläufer der Brombeerhecke zurück, von Rehen und Damhirschen abgenagt.

Es hat Jahre gedauert, bis die Sträucher, die ich gepflanzt hatte, Wurzeln schlugen, bis die Wurzeln in der Tiefe genügend Nahrung und Wasser fanden, um sich gegen das andere Grün zu behaupten. Aber dann schossen kräftige junge Ranken aus dem Boden, im letzten Sommer sah ich Hunderte rote Brombeeren reifen, der Gelierzucker stand schon im Vorratsschrank bereit. Doch bevor sie sich schwarz färbten und voll im Saft standen, kam der Herbst, und nun hängen sie vertrocknet an den dunkelgrünen Zweigen. Weder den Fliegen noch den Wespen schmecken sie, auch nicht den Vögeln.

An dem hohen Ahorn und den ertrunkenen Sauerkirschbäumchen vorbei, am flachen Ufer, steige ich wieder in den Tümpel. Neben dem

Entenkorb setze ich mich auf das dürre Laub. Ich starre über die heranrückenden wilden Brombeeren zur Gartentür, als würde ich zu mir selbst zurückschauen, während ich durch das Glas den Tümpel, die Felder, den Waldrand und den weiten Westen in mich aufnehme.

Meine Hand streicht über eine Wulst neben mir. Ich stecke meine Finger darunter, es ist ein nicht einmal zehn Zentimeter dickes Stück, ich ziehe daran, und es löst sich sofort ab. Trockenes Laub und moorige Erde liegen in meiner Hand, nahezu gewichtslos.

Ich denke an die Küken, die hier hatten schwimmen sollen. Ich denke an all das Essbare, das im Tümpel gelebt haben würde, an all die Wassertiere, die ich nicht einmal mit bloßem Auge sehen, geschweige denn ihren Namen kennen würde, an die herumwimmelnden Mikroben, Larven, Würmer, an die Schwärme von Mücken und Gnitzen, die über dem Wasser tanzen, die Frösche und Kröten im Schlamm, ich denke an die Salamander und Schlangen, an die Vögel und die kleinen Räuber, die Mäuse, die Maulwürfe und Igel.

Die Kälte beißt mir in den Hintern. Meine Hände wühlen noch ein wenig herum, suchen nach Leben, nach etwas, das kriecht, scharrt, davonfliegt, egal was, irgendetwas, das sich bewegt, doch der Tümpel ist ausgestorben, tot. Hinter mir ragt der Wall meterhoch über mir empor, ganz klein bin ich jetzt, und ich weiß, dass ich etwas verloren habe.

Wenn jemals wieder Wasser in den Tümpel kommt, werde ich darin mit meiner nackten Haut ganz untertauchen, nehme ich mir vor. Ich sage dem Tümpelgeist, dass er uns nicht im Stich lassen darf.

2.

Tieren lauschen,
sie locken und loswerden

Jetzt, wo der Tümpel ausgetrocknet ist, wird sicher auch keine Pfütze auf der kleinen Wiese im Süden stehen, so wie normalerweise im Frühling, denke ich, während ich zur Rinne zwischen dem Findlingswall und der großen Silberweide gehe. Im Frühjahr ist es jedes Mal ein Genuss, die verfaulenden Blätter herauszuschöpfen, das Bett zu vertiefen und zuzusehen, wie aus der Pfütze ein kleiner Bach in den Tümpel zu fließen beginnt.

Nicht so in diesem Jahr, es gibt kein Wasser, das fließen könnte. Aber ich sehe auch kein Gras. Stattdessen liegt die Wiese voll mit Klumpen, so weit der Schatten der Bäume an der Totholzhecke reicht. Wildschweine. Die ganze Südecke haben sie nach Engerlingen und anderen fetten Larven oder Raupen abgesucht, denn sie brauchen tierisches Eiweiß. Natürlich suchen sie es hier, der Lehm ist feuchter und somit weniger hart als auf den Äckern und Heuwiesen. Und daher auch reicher an kleinen Tieren.

Dann werden sie wohl auch auf der Ostwiese gewesen sein. Als ich dorthin gehe, sehe ich in der Ferne hinter unserem Grundstück den Froschteich aufscheinen: Da steht zum Glück noch Wasser. Auch die Ostwiese ist ein Klumpenfeld, ich muss an die junge Bache denken, die ich hier einmal mit ihren Frischlingen beobachtet habe, an einem Sommerabend, noch bevor die Dämmerung einsetzte. Fröhlich schleuderte sie die Grassoden in die Luft: Schaut mal, so macht man das. Es war wie in einem Zeichentrickfilm. Jetzt sehe ich nur das Ergebnis dieses fröhlichen Wühlens, es hat etwas von einem Riesenpuzzle, dessen Teile überall verstreut sind.

Der Obstgarten! Plötzlich ist es vorbei mit meiner ruhigen Grundstücksbegehung, ich stolpere fast über meine Füße, als ich die Seitenfront des Bauernhofs passiere. Ich will nicht sehen, was sich überdeutlich vor mir auftut. Mein eigenes «Nein!» gellt mir in den Ohren. Überall haben die Schweine gehaust, der Boden ist übersät mit moosigen Klumpen, mit Kuhlen, mit großen und kleinen Trittsiegeln. An manchen Stellen ist die Erde dunkel, sie müssen heute Nacht noch dagewesen sein, während ich auf dem Heuboden schlief, die älteren Wühlstellen sind grauer. An den Rändern, wo es waldig ist, sind die Schneeglöckchen herausgewühlt worden, sie liegen mit ihren nackten, feinbewurzelten Zwiebeln zwischen den verdorrten Blättern.

In den letzten Jahren hat sich das Moos zwischen dem Gras immer weiter ausgedehnt, auch grün, auch schön, dachten wir Hofbewohner. Wie praktisch, müssen die Wildschweine gedacht haben: den hungrigen Rüssel kurz unter eine vertrocknete Schicht stupsen, sie hochwerfen, und schon wimmelt es nur so von Köstlichkeiten. Das ist Wühlen light, so lernen die Frischlinge es auf spielerische Weise. Und unterdessen machen sich die Bachen an die tieferen Wühlarbeiten.

Da stehe ich nun als Jägerin. Unser gesamtes Grundstück gilt als «befriedetes», das heißt eingehegtes Gebiet. Auch wenn wir keinen Zaun haben, bleibt es doch Menschengebiet, in dem nicht gejagt werden darf. Halte ich mich nicht daran und werde erwischt oder angeschwärzt, bin ich meinen Jagdschein los.

Aufs Geratewohl schiebe ich mit der Stiefelspitze ein paar Klumpen zurück, kurz darauf stehe ich vornübergebeugt da, um mit beiden Händen die schlimmsten Löcher zu stopfen und den Boden festzutreten. Immer schneller, ich muss zusehen, dass ich die aufgerissene grüne Matte wieder glatt bekomme, bevor es regnet und warm wird und die Wachstumsperiode anbricht. Ich muss die gröbsten Schäden beheben, bevor meine Freunde zu Ostern aus Berlin kommen. Der Obstgarten ist ihr Werk, ihr Paradies.

Ich vergesse die Zeit, mein Rücken fängt an zu brennen und zu stechen. In der Stadt habe ich zu wenig auf meinen Körper geachtet, ich sitze am Schreibtisch und werde steif. Mühsam biege ich mit den

Händen in der Seite meinen Rücken wieder gerade. Wie es alte Leute tun.

Man kann kaum erkennen, was ich wieder in Ordnung gebracht habe. Es ist sinnlos, zu viel Arbeit für mich allein. Nur noch eine einzige Kuhle, und die noch, und die – und ich bin schon wieder am Schuften. Bis zur nächsten Attacke. Wenn ich jetzt nicht aufhöre, habe ich einen Hexenschuss, und das kann ich mir hier, allein lebend, nicht erlauben. Mit einem Mal fällt mir ein, dass ich heute Morgen vergessen habe, den Ofen anzumachen. Ich muss sofort ins Haus, um am Abend nicht in der Kälte zu sitzen. Du bist noch nicht wirklich angekommen, schimpfe ich innerlich.

Zur Hölle mit dem Höckerboden, ich kann es mir auch einfacher machen: häufig auf dem Grundstück herumtigern, um überall meine Duftmarken zu hinterlassen, abends oder nachts draußen noch kurz Lärm schlagen, die Ruhe der Wildschweine stören, wer weiß, vielleicht vertreibe ich sie. Zumindest für eine Weile, denn schon bald werden sie sich wieder an Menschen auf dem Grundstück gewöhnt haben, sie werden weiterhin kommen, solange es was zu holen gibt.

Drinnen lege ich meine Hände auf den Lehm des Ofens: Durch die paar Scheite gestern Abend ist er schon nicht mehr eiskalt. Ich werfe eine halbe Schubkarre voll Holz hinein sowie Zeitungspapier und ein Streichholz, schließe die Tür und höre, wie der Sauerstoff durch den offenen Rost ins Innere gesogen wird.

Als das Holz knackt und knistert, lasse ich den Frühling herein. Ich öffne ein Stallfenster für die Rauchschwalben, jedes Jahr Anfang April kommen die ersten Kundschafter, eine oder zwei Wochen später folgt der Rest. In den ersten Jahren ist es mir schon mal passiert, dass das Stallfenster geschlossen blieb, wenn ich nicht da war. Ein Sommer ohne Schwalben hat etwas Karges, Unfruchtbares. Jetzt, wo der Tümpel ausgetrocknet ist, wäre es noch trauriger.

Die Regentonnen müssen nach draußen, zwei alte Ölfässer. Als ich das erste ergreife, drückt sich mein Daumen durch das rostige Eisen, und ich halte den abgerissenen Rand in Händen. Die Tonne war im letzten Sommer schon spröde. Jetzt reicht es, die Romantik ist dahin. Robust, industriell, schön wär's, auf dem Schrottplatz wussten sie seinerzeit nicht mal, was überhaupt drin gewesen war. Sie hatten die Fässer mit Verdünner ausgespült, den Inhalt auf dem Boden gekippt, und ich hatte sie unter das Regenrohr gestellt und mit dem Wasser den Gemüsegarten gegossen.

Höchste Zeit, richtige Regentonnen zu kaufen. Aber unter all den Online-Angeboten ist nicht eine, die mir gefällt. Die Holztonnen aus Fassdauben mit zwei Eisenbändern darum herum sind inzwischen nicht nur sündhaft teuer, sondern wirken auch so rustikal, dass es schon wehtut. Die aus Kunststein sind klein und allzu kitschig, nur die aus Kunststoff sind unauffällig, bezahlbar und groß genug. Aber ich möchte eigentlich kein Plastik.

Daran hätte ich vorher denken sollen, jetzt ist keine Zeit mehr, lange hin und her zu überlegen. Der Kuhstall hat ein riesiges Dach, gut fünfhundert Quadratmeter, von dem bei einem kräftigen Schauer ordentlich Wasser herunterkommt. Das kann ich bei der jetzigen Trockenheit nicht einfach achtlos durch die Regenrohre im Boden versickern lassen.

Mit einem Rollmaßband nehme ich die maximalen Maße auf und schreibe *Regentonnen* auf meine Einkaufsliste. Bevor es regnet, werden sie dort stehen, gelobe ich mir, aber für die nächsten sechzehn Tage deutet im Wetterbericht nichts darauf hin.

Zurück zu den Schwalben: Sie können jetzt in den Stall, aber wie sorge ich dafür, dass sie auch dableiben? Irgendwo auf dem Grundstück müssen sie feuchte Lehmkugeln für ihre Nester holen können. Ich muss ihnen dabei helfen. Vielleicht kann ich eine flache Kuhle graben und dafür sorgen, dass Wasser darin stehen bleibt.

Plötzlich sehe ich das Riesenloch vor mir, das wir vor zwanzig Jahren im Sommer von einem großen Bagger hatten graben lassen. In ihm war eine sieben Kubikmeter große Klärgrube aus Beton eingelassen worden, und über lange, perforierte Rohre sollte das Abwasser in der Südwiese versickern. Die Frage war, ob das bei unserem schweren Boden nicht zu langsam gehen würde. Ich wagte das zu bezweifeln, aber als ich vor dem abgrundtiefen Loch stand und an den speckigen Wänden aus Lehm und Klei nach unten sah, brauchte mir keiner mehr etwas zu erklären. Wir haben keine Ahnung, was für eine Welt sich unter der ersten dünnen Erdschicht verbirgt, wir haben keine Ahnung, worauf wir leben.

Die Sickergeschwindigkeit musste gemessen werden, dazu sollten wir selbst ein Loch von einem halben Kubikmeter Größe ausheben und mit Wasser füllen. Innerhalb von vierundzwanzig Stunden musste das Wasser versickert sein. Das war es nicht, aber es kam niemand, der es kontrollierte, also beließen wir es dabei. Ich erinnere mich vor allem daran, wie Boom beim Graben fluchend und zeternd seinen Spaten in den harten Boden rammte.

Wenn das Wasser so langsam versickert, überlege ich, mit meinen Gedanken wieder bei den Schwalben, reicht es vielleicht, wenn ich eine flache Grube aushebe, sie mit einer zusätzlichen Schicht aus reinem Lehm auskleide und sie hin und wieder aus der Regentonne oder notfalls aus dem Wasserhahn auffülle. Aber dann muss ich schon morgen mit dem Graben anfangen, der Boden wird von Tag zu Tag härter, und die erste Kundschafterin kann jeden Moment eintreffen.

Ich gebe *zwaluwen* und *leem* in den Computer ein, finde aber nicht, wonach ich suche, danach «Schwalben» und «Lehm». Auf der Seite des NABU erscheinen zu meiner Überraschung Fotos von selbst angelegten Lehmpfützen, mindestens anderthalb Meter im Durchmesser, mit offenen Einflugschneisen und ohne Gebüsch in der Nähe, in denen Feinde auf der Lauer liegen können. Stell dir mal vor, meine Lehmpfütze als Präsentierteller für jagende Katzen!

Die Naturschützer empfehlen Teichfolie als undurchlässigen Boden. Plastik? Noch mehr Plastik?, seufze ich. Offenbar glaubt NABU, dass der Zweck die Mittel heiligt. Ich zögere: Es würde die Pfütze natürlich garantiert wasserdicht machen. Schnell verkrieche ich mich hinter dem breiten Rücken des NABU und schreibe *Teichfolie* auf meine Liste.

Draußen sehe ich mir an, wo die Lehmpfütze entstehen soll: irgendwo zwischen dem Stall und der Ruine der Getreidescheune, an der tiefsten Stelle. Das ist hinter der Klärgrube. Ich stelle mich auf den Betondeckel und schaue mich um: Hier würde die Pfütze genügend Raum haben, sich auszudehnen, die Schwalbennester wären in der Nähe, und aus der Küche könnte ich alles unbeobachtet im Blick behalten. Hier soll sie hin.

Auf dem Acker läuft ein Rehbock vorbei, sein neues Geweih noch im Bast, er sieht und riecht mich nicht, ich stehe reglos da wie ein Standbild, und der Wind kommt von seiner Seite, samtig golden glänzen seine Stangen im Abendlicht. Die Dämmerung wird gleich einsetzen, gut eine halbe Stunde früher als in Amsterdam. Als ich ins Haus gehe, fliegen die ersten Fledermäuse vorbei. Auch bei ihnen setzt wieder ein neuer Zyklus ein, auch für sie dreht sich jetzt alles ums Fressen, Jagen und das Säugen der Jungen.

Viel Essbares wird noch nicht herumfliegen, denke ich, Insekten habe ich bisher nicht gesehen. Aber was heißt das schon, wie kann ich das wissen, eine Fledermaus spürt sie unendlich viel schneller auf als ich mit meinen menschlichen Sinnen.

Im Haus fühlt es sich schon etwas angenehmer an, morgen wird die Kälte daraus vertrieben sein. Auf der Bank am Ofen räkele ich mich mit dem Rücken am warmen Lehm. Ich sitze eine Weile da und starre vor mich hin, durch das Stallfenster kommt das letzte Licht herein, es ist ganz still. Ob diese Stille in mir steckt oder von außen kommt, weiß ich nicht, jetzt ist sie überall. Eine solche Stille habe ich lange nicht mehr gehört.

Dann springt der Kühlschrank an, etwas trippelt – eine Maus. *Kssst!*, zische ich unwillkürlich, das Tier rennt durch den Raum und verschwindet eilends hinter dem Herd. Eine ganze Weile war es uns gelungen, Mäuse vom Haus fernzuhalten. Boom hatte die Ritzen zwischen Wand und Boden mit Mörtel zugeschmiert. Aber jetzt sind in den Küchenschränken die Plastikverschlüsse der Gläser und Flaschen angenagt, zum Dank haben die hungrigen Gäste Kötel und Pfützen zurückgelassen.

Der Boden neben dem Schornstein ist mit blauen Schnipseln übersät. Meine Yogamatte? Sie hat ein Loch, so groß wie ein Apfel. Wirklich geschmeckt haben wird sie der Maus nicht, und für den Nestbau war sie offenbar auch nicht geeignet. Mein Auge fällt auf ein neues Loch im Boden, gerade groß genug für eine Maus. Sternförmig darum herum sieht man Nagestreifen. Das Tier wollte augenscheinlich vom Haus aus in den Kriechkeller. Ich decke das Loch mit einem Backstein ab. Wie die Mäuse hereingekommen sind, muss ich noch feststellen.

Als ich versuche, in die Stille zurückzufinden, kommt eine Mücke und sirrt um meinen Kopf herum. Es fängt schon an, schön warm zu werden, nicht wahr?, sage ich zu ihr. Und ich denke: Ich werde dich nicht totschlagen, ich überlasse dich den Fledermäusen oder in Kürze den Schwalben. Grimmig sirrt sie weiter.

Au! Ich schlage mir mit der rechten Hand auf den linken Handrücken. Biest! Plattgedrückt liegt die Mückendame in einem Tropfen Blut zwischen den blauen Adern. Es war höhere Gewalt, murmele ich. Sie war zu weit gegangen.

Es ist lächerlich, auf das Totschlagen einer Mücke zu verzichten, denke ich. Wie viele Mücken würde ich in einem Jahr ins Jenseits befördern, weil ich nicht gestochen werden will? Keine Ahnung, aber wahrscheinlich nicht mehr als die, die in einem einzigen Insektenballen im Kropf einer Schwalbe stecken, wenn sie ihre Jungen füttert, das sind ungefähr zweihundert, habe ich mal gelesen.

Manchmal, so weiß ich, ist es verblüffend nützlich, nach Mengen und Maßen zu suchen, auch schockierend, weil ich oft keine Ahnung von Verhältnissen habe oder sie aus Faulheit aus den Augen verliere. Mich von einer Mücke stechen zu lassen, weil ich sie der Fledermaus gönne, wie komme ich bloß darauf? Bei meinen Versuchen, Gutes zu tun, sind meine Taten oft erbärmlich deplatziert. Widersprüchliche Geschöpfe sind wir.

Als ich die Lampe auf dem kleinen Beistelltisch ausschalten will, liegt dort eine Motte. Strahlend weiß hebt sie sich von dem glatten, dunklen

Holz ab. Sie hat mit ihren langen, durchscheinenden Flügeln etwas Körperloses. Der Tod ist weiß. Die Motte liegt auf einem Flügel. Ich gehe in die Hocke und puste sie sanft an. Ihre Vorderbeine, dünn wie Nähgarn, beginnen sich zu bewegen, tasten ebenso wie ihre langen, zarten Fühler in der Luft herum. Jetzt bewegt sie auch ihre mittleren und hinteren Beine im Versuch, sich aufzurichten, ihr Hinterleib windet sich. Ich halte den Atem an. Sie findet nirgends Halt.

Dann aber ballt sie all ihre Bewegungen in einem einzigen Moment zusammen und fällt um. Auf ihren anderen Flügel. Noch ungestümer bewegt sie sich, zappelt. Sie will davonfliegen, leben. Auf ihrem Kopf sehe ich ihr kleines, schwarzes Auge.

Ich schalte die Lampe aus.

Um Viertel vor sechs erwache ich aus einem tiefen Schlaf. An der Innenseite des Giebelpfostens schiebt sich ein Baumläufer nach oben. Von so nahe habe ich noch nie einen gesehen. Sein Federkleid ist wie ein rohes Stück Baumrinde, auf dem Balken ist er fast so perfekt getarnt wie auf einem Baum. Er tickt gegen das Holz und stochert mit seinem langen, gebogenen Schnabel in der weichen Außenschicht des Balkens herum. Wie eine Maus kriecht er hinauf, allerdings bewegt er sich auch seitwärts, da er es gewohnt ist, Bäume zu umrunden, und weg ist er, um die Ecke nach draußen. Einen Moment lang höre ich noch sein leises Ticken.

Ich muss wieder eingenickt sein, denn ich werde noch einmal wach, jetzt vom Schrei zweier Kraniche. Als dieser abebbt, höre ich ein ganz leises, dunkles Gurren, dann ein fett rollendes R, das anschwillt, bis ein ekstatisches Geschrei den Kehlen der beiden entfährt, worauf sie kollernd erneut in Stille verfallen. Ich öffne die Augen. Sie stehen dort auf dem Hügelrücken, der eine Vogel breitet seine großen Flügel aus, Hals und Kopf in die Höhe gereckt, der andere springt ihm auf den Rücken und reibt seine Kloake gegen die seiner Lebensgefährtin. Sie schwankt, und er landet vor ihr auf dem Boden. Als beide wieder auf ihren staksigen Beinen stehen, tanzen sie umeinander herum, machen kleine Luftsprünge, strecken ihre Hälse senkrecht zum Himmel, Kopf und Schnabel in einer Linie, hin zu ihrem Kranichgott, und schreien ihr Entzücken heraus.

Es ist wunderbar, aber ich muss auch über sie lachen, Prahlhänse sind sie.

Unwillkürlich gehe ich davon aus, dass es unsere sind, die, die ihr Nest im Tümpel auf dem Acker haben. Wenn es stimmt, dass es unsere sind, sollten es dann dieselben sein wie im letzten Jahr? Und balzen Kraniche überhaupt an dem Ort, an dem sie auch brüten? Ich weiß es nicht, aber ich gehe gern davon aus, dass ich meinen Platz hier mit alten Bekannten teile.

Die Motte kommt mir in den Sinn, und mir wird bewusst, dass ich keinen Moment daran gedacht habe, ihren Todeskampf zu beenden, oder, anders gesagt, ihr Leiden zu verkürzen, ihr den Gnadenstoß zu geben. Und ich würde es noch immer nicht tun. Es wäre ein Akt der Gewalt, während ich nicht einmal weiß, ob sie Schmerzen hat. Ist es schlimm, wenn das Leben langsam aus ihr entweicht und sie sich noch dagegen wehrt?

Als ich nach unten komme, ist sie tot. Ich lasse sie liegen, sie muss nicht verschwinden. Wäre ich jetzt noch in Amsterdam, würde sie hier auch einfach so liegen.

Mit einem Spaten steche ich im Gras den Umriss der Lehmpfütze ab. Es ist noch schlimmer, als ich gedacht hatte, kaum fünf Zentimeter tief dringt das Blatt in den Boden ein. Ich hole einen anderen Spaten aus dem Arbeitsschuppen, den mit den Fußstützen auf dem oberen Rand, so kann ich Kraft auf ihn ausüben, ohne meine Schuhsohlen durchzutreten. Manchmal klappt es, manchmal nicht. Dann springe ich so lange mit beiden Füßen auf die Spatenkante, bis ich mit meinem ganzen Gewicht das Blatt in den Lehm treibe. Oft schaukele ich auf dem Spaten hin und her. Es ist ein gutes Training, aber es geht nicht voran. Immer wieder stoße ich auf einen Feldstein.

Weil die Erde so hart ist, sind die Soden, die ich aussteche, schön fest. Darüber würde ich mich zu anderen Zeiten freuen, denke ich, während ich keuchend über dem Spaten hänge. Aber warum eigentlich jetzt nicht? Ich drehe mich um und schaue zu der umgewühlten Südwiese hinüber.

Im nächsten Moment bin ich auch schon dort, ebne das Klumpenfeld ein und fülle die restlichen Löcher mit den Soden auf. Als ich müde bin vom Bücken, trete ich sie fest, Schritt für Schritt, vor und zurück, nach links und nach rechts, die Knie leicht gebeugt, es bereitet mir immer mehr Vergnügen, als würde ich die Wiese glatt tanzen. Dann muss ich wieder zur Lehmpfütze, um weitere Soden auszustechen, zurück zu den Kraftakten und der Akrobatik, dem Schuften und dem Schaukeln auf dem Spaten. Aber es macht mir nichts aus, der Mensch verweichlicht, wenn er sich nicht hin und wieder abrackert.

Schau an, da kommt aus einer Sode ein kleiner glänzender, cognac-farbener Wurm gekrochen, einen Millimeter dick, zwei Zentimeter lang. Er lebt im Lehm, ich sehe jetzt die winzigen Kanäle, die er quer durch die Sode gegraben hat. Dieses kleine, weiche Geschöpf ohne Skelett und ohne Panzer hat weniger Mühe mit dem steinharten Lehm als ich mit meinem stählernen Spatenblatt.

Ich lege den Spaten beiseite. Pause. Das Würmchen hat Vorrang vor der Lehmpfütze. Alles, was in der Erde kreucht und fleucht, geht in diesem Frühjahr vor, jedenfalls solange es keine Regenwürmer, Ameisen oder Asseln sind oder irgendwelche anderen Erdbewohner, die ich schon kenne. Ich habe dem Leben unter der Erde nie viel Aufmerksamkeit geschenkt. Regenwürmer stehen für einen guten Boden, das wusste ich schon als Kind, doch sehr viel weiter bin ich nicht gekommen. Aber wenn ich tiefer in meinen Lebensraum vordringen will, wissen möchte, wie es darum bestellt ist, wenn ich der Trockenheit und Verödung die Stirn bieten will, sind die Bodentiere und die Insekten in der Luft wichtige Informanten.

Ich bröckele den Lehm von der Sode, aus der der Wurm zum Vorschein kommt, packe im Haus meine neuen Becherlupen aus – Kinderspielzeuge aus Plastik – und stecke den kleinen Wurm in den Topf mit dem schrägen Spiegel, damit ich ihn auch von unten betrachten kann.

Was ist ein Wurm? Ein Regenwurm ist ein Wurm, und auch die Spulwürmer, die wir als Kinder in unserem Kot hatten, sich windende Fädchen, die einem zuerst eine Weile Jucken am Poloch bescherten. Das fiel dann irgendwann der Mutter auf, weil man sich ständig durch die Kleidung hindurch kratzte, und die gesamte Familie wurde in den nächsten Tagen rigoros entwurmt.

Mein Cognacwürmchen hat Segmente, es handelt sich also, wie beim Regenwurm, um einen Ringwurm, doch die gibt es in Tausenden und Abertausenden von Arten. In dem kleinen Spiegel sehe ich, dass mein Wurm Beine hat, die einem echten Wurm fehlen würden. Der kriecht wie ein Regenwurm mit seinen Segmenten vorwärts, streckt sich und zieht sich wieder zusammen, eigentlich ziemlich umständlich. Ich tippe «Wurm mit Beinen» in den Computer, und auf dem Bildschirm erscheinen Hundert- und sogar Tausendfüßler, die mich kurz erschaudern lassen, aber mein Würmchen hat nur zwei mal drei Füße an der Vorderseite und einen Wulst unter dem Hinterleib. *Nachschieber* heißt das, lese ich. Da ist er, ich habe ihn gefunden: ein Drahtwurm – auch wenn es sich streng genommen nicht um einen Wurm handelt.

Er lebt bis zu fünf Jahre im Boden, ehe er zum Schnellkäfer wird. Er ist somit eine Larve, ein Insekt. Als Ei existiert er nicht einmal einen Monat, als Käfer hat er nur eine Lebensdauer vom Frühling bis zum Sommer. Und all die Jahre dazwischen bleibt er im Untergrund in der dichten, festen Erde und kriecht durch seine kleinen, engen Gänge. Ich beneide ihn nicht. Außerdem ärgern sich auch noch alle über ihn, denn er frisst die Wurzeln der Gewächse und kann mit seiner Gefräßigkeit eine ganze Ernte vernichten. Ich versuche mir vorzustellen, wie viele Drahtwürmer unter der Erde stecken müssen, um das hinzukriegen. Es muss von ihnen wimmeln.

Der Drahtwurm bringt mich auf die anderen Wimmeltiere, die im Boden leben. Regenwürmer, ich schaue kurz nach: Pro Quadratmeter sind es durchschnittlich zweihundert, Engerlinge dreihundert. Es sind grobe Schätzungen, aber ich muss irgendwo anfangen, um mir ein Bild machen zu können. Zusammengenommen geht es um Tausende von Tieren auf dem einen Quadratmeter. Dass überhaupt noch Platz für Erde übrigbleibt, denke ich unsinnigerweise.

Du kannst dich zwar jetzt auf die Drahtwürmer und das ganze Leben im Boden stürzen, dir Sorgen um die Schwalben und den Regen machen, aber du wolltest doch gleich nach deiner Ankunft die Waschbärfalle aufstellen, jetzt, wo es noch geht! Es ist die Jägerin in mir, die sich meldet. Und sie hat recht. Offenbar versuche ich, dem auszuweichen, obwohl jetzt die beste Zeit des Jahres ist: Die Waschbären sind gerade aus ihrer Winterruhe erwacht, haben Hunger und greifen nach allem, was sie scharrend, kletternd und schwimmend zu fassen bekommen können.

Von Mitte April an werfen die Weibchen ihre Jungen. Wenn ich also vorher noch ein Weibchen fange und töte, gibt es demnächst vier bis sieben Bären weniger, die hier Eier wegholen, Küken und Vögel auffressen, Frösche, Blindschleichen, junge Igel und Hasen. Natürliche Feinde haben sie nicht. Zumindest sagen das alle, aber in Wirklichkeit haben sie die schon: Ich bin einer davon. Und ich habe nur noch eine gute Woche, dann ist das Fangen von Waschbären bis zum Herbst tabu. Mutterlos krepierende Junge will ich nicht auf dem Gewissen haben. Mehr noch, es ist strafbar, und ich würde – zu Recht – auch damit meinen Jagdschein riskieren.

Also hebe ich die Waschbärfalle in die Schubkarre und bringe sie in den Obstgarten zu der Stelle, an der ich im vergangenen Herbst meinen ersten Waschbären gefangen habe. Ich spieße eine Backpflaume auf den Haken, der an der Rückwand der Falle befestigt ist, schmiere Nutella darauf und stelle die Falle scharf. Jetzt nur noch die Wildkamera an einen Baum binden und sie auf die Falle richten.

Als ich zurücklaufe, höre ich am Bauernhof etwas zwischen den dürren Blättern und Narzissen rascheln. Stille. Ich recke meinen Hals und sehe ein Häuflein Ringelnattern in der Sonne liegen, sie sind noch klein. Jedes Jahr aufs Neue kommen sie bei den ersten warmen Sonnenstrahlen aus ihren dunklen Höhlen und feuchten Grotten geglitten, um sich zu wärmen. Als ich weitergehe, höre ich sie davonrascheln. Ich habe ihnen ihr Sonnenbad verdorben, aber sie kommen sicher bald zurück und haben mich auf eine Idee gebracht.

Kurze Zeit später sitze ich mit geschlossenen Augen an der warmen Fachwerkwand im Gemüsegarten, das Gesicht der Sonne zugewandt. Ich atme tief ein, aber in meinem Kopf rattert es weiter: Ich muss mit dem Gemüsegarten anfangen, die verdorrten Pflanzen wegschaffen, Kompost unter die Erde mischen und darf auch das Rhabarberbeet nicht vergessen, ich muss im Haus Setzlinge ziehen, Sirup um einen Baumstamm schmieren, um die Wintereule anzulocken, damit ich sie betrachten kann, ich habe noch einen alten Topf Zuckerrübensirup herumstehen. Ich muss die Johannisbeer- und Himbeersträucher und die Traubenreben zurückschneiden, dazu bin ich vor dem Winter nicht mehr gekommen. Den Vögeln muss ich neben der Eiche ein Wasserbad hinstellen, für die Schlangen und Blindschleichen muss ich einen Bruthaufen anlegen, ich muss Kaulquappen, Eier, Larven und Puppen suchen, Insektenfallen aufstellen. Und ich darf nichts vergessen, wenn ich zum Einkaufszentrum in die Stadt fahre.

Spüre die Sonne auf deinem Gesicht! Spürst du die Sonne? Allein das schon, die Wärme, das Summen einer frühen Biene, etwas, das pfeifend und surrend vorüberfliegt – ich muss nicht einmal mehr die Augen öffnen, es reicht, dass ich sie höre, es sind die Höckerschwäne. Jetzt mal langsam, ich bin erst einen Tag hier.

Neben mir, auf einem Feldstein an der Wand, liegen zwei Weinbergschnecken, ihre Gehäuse berühren sich, aber ihre Sohlen kleben noch nicht aneinander. Ich beobachte ihre ersten Avancen, das wird noch mindestens einen Tag dauern. Gut sichtbar und ungeschützt liegen sie da, eine leichte Beute für andere Tiere, alle ebenso hungrig zu Beginn des Frühlings.

Ich hoffe auf eine gute Weinbergschneckensaison, im letzten Jahr habe ich Rezepte gesammelt, *Escargots de Bourgogne* vom eigenen Hof. Warum sollte ich wohl Escargots aus der Dose essen oder in einem Restaurant und nicht die von hier, frisch gesammelt wie noch warme Hühnereier. Weil ich nicht wissen will, was ich esse? Oh, du willst es schon? Na dann.

Vor ein paar Jahren waren sie nahezu verschwunden, es war die Zeit der braunen Spanischen Nacktschnecken. Ich hatte schon nicht mehr geglaubt, dass ich die jemals wieder loswerden würde. Im Gemüsegarten pflanzte ich nur noch feste Kräuter und anderes Zeug von der Liste «Was Schnecken nicht mögen». Das Schlimmste war, dass ich sie selbst hergebracht hatte. Die Töpfe mit Thymian aus dem Gartencenter waren voll mit kleinen glasigen Eiern, aus denen, wie ich später entdeckte, Spanische Schnecken wuchsen. So verbreiten wir Menschen wie Blinde alles Mögliche über den Erdball und haben keine Ahnung, was wir da machen.

Ich rückte den Nacktschnecken mit der Gartenschere zu Leibe, schnitt sie durch und legte sie für ihre Artgenossen auf einen Haufen, die sich wie hungrige Kannibalen darüber hermachten. Die Gartenschere garantiert einen schnellen Tod, dennoch gruselt es den meisten Menschen davor. Sie wollen das Durchschneiden nicht spüren, den weißlichen Schmodder nicht sehen, der aus dem Schneckenleib quillt.

Die Gemüsegärtner in meiner Umgebung, die keine Tiere auf dem Gewissen haben wollten, warfen sie in einen Eimer und brachten sie in den Wald. Vielleicht nett für die Exoten selbst, aber sicher nicht für die anderen Schneckenarten, die dort leben. Auch die Weinbergschnecken ziehen bei der spanischen Invasion den Kürzeren.

Im vorigen Sommer waren die braunen Nacktschnecken auf unerklärliche Weise verschwunden, und es tauchten wieder mehr Weinbergschnecken auf. Ich holte das Grundrezept für Escargots schon hervor, zögerte dann aber doch. Man muss sie erst eine Woche ohne Nahrung und Wasser einsperren, dann verlieren sie ihre Abfallstoffe. Ich wollte sie schon bedauern, als mir klar wurde, dass sie in eine Trockenstarre fallen: Sie verschließen ihr Gehäuse mit einer Kalkschicht und warten auf feuchtere Zeiten. So überleben sie auch den Winter, aber dann heißt sie Kältestarre. Sie leiden nicht darunter, Schnecken sind Kaltblüter. Wie es ist, ein kaltblütiges Geschöpf zu sein, und wann es leidet oder nicht, davon kann ich mir mit meinem warmen Blut kein Bild machen.

Nach einer Woche wirft man die erstarrten Weinbergschnecken in kochendes Wasser. Dann sind sie auf der Stelle tot, so dass sie ihr Fleisch für uns nicht mehr mit ihrem Schleim verderben können, und leiden nicht.

Ich begann, die Schnecken zu zählen, doch als der Sommer voranschritt und es trockener und trockener wurde, verschwanden sie zusehends im Boden und schlossen ihre Kalkhaustür. Das Rezept verschwand wieder in der Mappe.

Neuer Frühling, neue Chancen, denke ich nun und träume davon, dass ich mir in diesem Frühjahr endlich Escargots in geschmolzener Butter mit Knoblauch und grünen Kräutern zubereiten werde. Die beiden auf dem Feldstein dürfen also vorläufig in ihrem Tun fortfahren, lass sie sich nur schön fortpflanzen, dann habe ich bald eine reiche Ernte. Ich brauche sie nicht, um zu überleben, ich habe keinen knurrenden Magen oder leide an Eiweißmangel. Ich kann mir den Luxus leisten, mich bei jedem Tier, das ich essen möchte, zu fragen: Gibt es genug davon?

Ich muss die Waschbärfalle kontrollieren, geht mir morgens beim Aufwachen plötzlich durch den Kopf. Wenn sie scharfgestellt ist, hat das absoluten Vorrang. Die Stalltür quietscht, ich hatte vergessen, sie vorsichtig zu öffnen, sofort bleibe ich stocksteif stehen. Zwei Rehe, die als Silhouetten im Gegenlicht grasen, drehen mir ihre Köpfe zu. Rasch verschwinden sie hinter den Kastanienbäumen, das eine mit einem dicken Bauch, das andere jungfräulich schmal.

Die Falle steht nach wie vor offen, und die Pflaume hängt noch drin. Die Wildkamera zeigt eine Aufnahme von einer graugetigerten Katze, und heute Nacht um 3 Uhr 41 ist ein Waschbär vorbeigekommen. Da hat wenig gefehlt, jetzt muss er nur noch in die Falle tappen. Ich werde noch ein wenig Nutella auf die Pflaume schmieren, der Geruch wird ihm hoffentlich den letzten Rest seines Verstandes rauben.

Bevor ich wieder ins Haus gehe, hänge ich vor dem breiten Fenster im Innenhof einen Fettknödel auf, damit ich schon beim Frühstück die Meisen beobachten kann. Oder einen Kleiber. Die Spatzen und Mäuse werden kommen und die Krümel vom Boden einsammeln. Und wenn der Buntspecht erst einmal die Kugel anfliegt und darauf einhackt, ist sie innerhalb eines Tages verputzt. Dann hänge ich eine neue auf.

Man darf Vögel nicht füttern, wenn es draußen genügend Nahrung gibt, habe ich gelernt, aber die gibt es so früh in dieser Jahreszeit noch nicht. Doch auch wenn es sie gäbe, ich füttere dennoch, ich kann von dem An- und Abfliegen, den Tricks und Kniffen, den Streitigkeiten und dem nur allzu erkennbaren Verhalten gar nicht genug bekommen, ich verlustiere mich in den langen Stunden und Tagen im Haus an der Fettknödelgesellschaft vor meinen Augen. Und übrigens, mit dem Zufüttern im Herbst, Winter und Frühling rette ich mehr Vögel, als davon sterben.

Ich will ein bisschen Leben um mich herum, nennen wir es Gesellschaft.

3.

Die Landschaft vermaist,
die Kraniche profitieren

Ich streune wieder über das Gelände auf der Suche nach Eiern, Larven, Puppen, nach Würmern, Fröschen, Mäusen und Schlangen, und stehe schon bald wieder im Tümpel, halte Ausschau nach etwas, das lebt, egal was, doch alles bleibt ausgetrocknet und still. Das fahle Licht fällt durch die kahlen Äste auf mich herab – was mache ich auch in dieser trübseligen Kuhle. Alle Lust fließt aus mir heraus. Wäre er doch nur das, was er immer war, ein Quell des Lebens, der sich selbst genügt. Jetzt ist er nur noch sein eigener, blasser Schatten.

Es gab Tage, an denen ich es hatte kommen sehen, schon im Spätsommer, Tage, an denen ich den Entenkorb nicht als ein Zeichen der Hoffnung sah, sondern als einen Beweis meiner Blindheit für das, was wir Menschen auf uns herabgerufen hatten. Sei nicht so pessimistisch, hielt ich mir dann vor, ein bisschen Vertrauen in die Wettergötter und in die Widerstandsfähigkeit der Natur! Trotzdem dachte ich manchmal schon zaghaft daran einzugreifen. Ich könnte ein Rohr vom Regenrohr zum Tümpel legen, um das Wasser direkt dort einzuleiten. Um überhaupt Wasser in die Tonne zu bekommen, muss ich im Regenrohr, so wie an der Ostseite, knapp oberhalb der Tonne eine seitliche Klappe anbringen lassen: Diese Klappe bleibt offen, bis die Tonne voll ist, danach schließe ich sie wieder, und das Wasser fließt durch das Fallrohr auf den Boden. Das bräuchte ich dann nur noch mit einem weiteren Rohr zu verlängern, und ich müsste einen schmalen Graben ausheben.

Ich schreite die Entfernung von der Mitte des Tümpels bis zum Regenrohr ab: siebenundvierzig Schritte, meine Schrittlänge beträgt durchschnittlich achtzig Zentimeter, das sind also etwa vierzig Meter. Mit einem Spaten habe ich da keine Chance, ein so langer Graben durch

Lehmboden ist eher etwas für junge Muskeln. Mehr noch: Es muss ein Bagger zum Einsatz kommen, denn der Boden zwischen dem Kuhstall und dem Tümpel ist voll mit riesigen Findlingen, die nach dem Legen der Fundamente für das Vorwerk zu Beginn des neunzehnten Jahrhunderts übriggeblieben sind.

Ich weiß noch immer nicht, ob so ein Rohr etwas nützt. Das bisschen Regenwasser, spotteten die Männer aus der Umgebung, wenn ich es zur Sprache brachte. Während ich geneigt bin zu denken, dass auch Kleinvieh Mist macht. Wenn man als Mensch noch etwas übrig behalten möchte, das man anstreben kann, geht es nicht anders. Grübelnd folge ich dem Pfad auf dem Wall, als mein Auge auf ein Büschel dicker, spröder Haare fällt, hellgrau mit ein wenig Dunkel und Schwarz dazwischen. Ein Dachs! Der ist also auch wieder auf den Beinen, das heitert mich auf. Ich sammle das Büschel ein und lege es auf die Ablage meiner Vitrine mit Tierfunden neben die Igelhaut. So dicht beieinander, das geht nur, weil sie tot sind, der Dachs mit seinen kräftigen Kiefern ist nämlich, abgesehen vom Uhu, das einzige Tier, das eine zusammengerollte Stachelkugel aufbekommt, wenn es Lust auf Igel hat. Dann hole ich die Wildkamera aus dem Obstgarten und hänge sie an den Tümpel, vielleicht sucht das Wild dort ja nachts im Windschutz Deckung.

Ein Auto fährt auf den Hof, es ist der Mann vom Zeltverleih. Er kommt, um die Südwiese für unser Sommerfest auszumessen. Früher hat er in Sibirien Rohrleitungen verlegt, erzählte er mir mal. Wenn er mit dem Messen fertig ist, könnte ich ihn ja um Rat fragen. Ich zögere, sehe mich selbst da stehen: Immer wieder eine allerletzte Frage stellen, noch etwas anderes wissen wollen. Aber dann denke ich: na und? Die meisten Menschen geben gern Ratschläge.

«Nein», sagt der Zeltmann, «würde ich nicht machen, so ein Rohr, das bisschen Regenwasser vom Dach wird dir wirklich nichts nützen, im Gegenteil, dadurch verschlämmt der Boden nur noch weiter. Ausbaggern das Ganze, das ist das Einzige, was hilft, und all den Schlamm auf die Uferböschung.»

Er erklärt mir, was es mit Erdschichten und unterirdischen Wasserläufen auf sich hat, dass der Acker auf den Findlingswall drückt und sich das Erdreich noch weiter verdichtet. Ich nicke, meine Gedanken sind schon bei Tileman Stella, dem Wissenschaftler und Kartographen, der Ende des sechzehnten Jahrhunderts die Grenzfehde zwischen dem Herzog von Mecklenburg und den Markgrafen von Brandenburg untersucht hat, deren Tiefpunkt der Streit um das Wasser war. Ich stieß darauf, als ich an einem Buch über ein Nachbardorf arbeitete.

Seinerzeit hatte es mich gewundert, wie heimtückisch das Wasser hier sein kann, bis hin zu schweren Überschwemmungen. Ich dachte, dass vor allem wir Niederländer damit zu kämpfen hätten. Scherzend nannten Boom und ich unseren Mecklenburger Kuhstall unseren *terp*, einen Zufluchtsort für den Fall, dass die Randstad Holland jemals im Wasser versinken sollte, *Warft* auf Deutsch, *Wurt* auf Norddeutsch. Manche unserer deutschen Freunde kannten das Wort nicht mal. Ein reiner Scherz ist es inzwischen nicht mehr, die Eiskappen am Nord- und Südpol schmelzen immer schneller ab, niemand weiß, welche Kräfte das freisetzen wird.

Die Ruine der Getreidescheune habe ich noch nicht inspiziert. Jetzt, wo der Tümpel ausgetrocknet und ausgestorben ist, bleibt nur sie noch als selten betretene Welt übrig. Ich behandle sie schonend und bin nicht oft dort. Nichts tun ist das Beste, summt es in meinem Kopf, als ich hingehe.

In der Ruine stehen bereits kräftige Eschen, ein Kastanienbaum, knorrige Holunderbüsche und andere Sträucher, dazwischen klaffen Hohlräume. Manchmal kippe ich eine Schubkarrenladung Schutt oder werfe einen vollen Staubsaugerbeutel hinein. Der Schlingknöterich rankt sich jedes Jahr höher und dichter an den alten, halb verrotteten Balken empor und greift zum Himmel, alles Mögliche wächst und wuchert dort. Brütende Vögel, verwilderte Katzen, die hier ihr Nest haben, ein Rehbock, der Schutz sucht, die Ruine ist voller Leben. Sie ist Natur geworden.

Als ich hinten herumgehe, verstummt der Singsang in meinem Kopf. Es scheint, als habe jemand in meiner Abwesenheit die Wildnis aufgeräumt. Ich kann tiefer ins Ruineninnere hineinsehen als sonst zu Beginn des Frühjahrs und kann mir diese abgeschiedene Welt kaum noch ins Gedächtnis rufen. Rechts von mir habe ich freie Sicht auf den Hühnerauslauf der Nachbarn, bisher konnte ich die Hennen mit ihrem zufriedenen oder alarmierten Gegacker nur hören.

Dass die Welt der Getreideruine weniger geheimnisvoll, weniger in sich gekehrt ist, liegt nicht an uns, sondern daran, dass die Natur unter der Trockenheit stöhnt, sogar die Bäume, die tief im Boden wurzeln: Der Grundwasserspiegel sinkt von Jahr zu Jahr.

Nachmittags höre ich von unserem Brennholzlieferanten, der viele Hektar Wald besitzt, dass ein dramatisches Jahr hinter ihm liegt. Von den tausend neuen Bäumen, die er im letzten Jahr angepflanzt hat, sind mehr als die Hälfte eingegangen. Auch kämpft er gegen das berüchtigte Eschentriebsterben, das, so wollen es Untergangsszenarien, das Ende der Esche in unserer Landschaft bedeutet. Mit dem Buchdrucker, einem Borkenkäfer, hat der Waldbauer dagegen wenig Probleme: Der Käfer hat es vor allem auf die gemeine Fichte abgesehen, und die hat er in seinen Wäldern kaum.

Nachdem er die sechs Kubikmeter Stämme, vor allem Buchen und Eschen, von seinem Anhänger neben den Pferdeteich gekippt hat, frage ich ihn, so wie zuvor schon am Telefon, ob krankes Eschenbrennholz auf dem Hof auch keinen Schaden anrichten kann und unsere Eschen dadurch schneller befallen werden könnten. Er schwört, dass das nicht der Fall sei. Außerdem, er sieht zu den Eschen bei der Ruine und der Ostwiese hinüber, sähen sie noch ganz anständig aus. Ich selbst sehe den Bäumen mit meinem ungeübten Blick wenig an, jetzt, wo sie noch kein Grün tragen. Es hat diesen Winter allerdings viel Fallholz bei den Eschen gegeben, aber erst, wenn die Triebe zu sprießen beginnen, weiß ich genau, welche Äste tot sind.

Aus meiner beabsichtigten Suche nach allerlei Stadien von Insekten, nach Fröschen und neuem Frühlingsleben ist wenig geworden. Ich habe ein einziges zusammengerolltes dürres Blatt an einem Johannisbeerstrauch gefunden, das ein schneeweißes Gespinst enthielt. Mehr nicht. Habe ich keinen Blick dafür? Oder ist es sowieso wie eine Schatzsuche? Es gibt hier noch genügend unberührte Stellen und Flecken. Es muss an mir liegen, beschließe ich noch widerstrebend, denn so armselig kann mein Biotop doch gar nicht sein. Noch nicht.

Frivol zwitschert auf dem Rand der Giebelöffnung wippend eine Bachstelze. Jeden Morgen spielt ein anderer Vogel den Wecker, um, so stelle ich es mir vor, mein stilles Dasein aufzuheitern. Ich weiß genau, dass die Vögel jetzt, wo die Tür im Giebel nach Monaten wieder offen ist, kurz vorbeikommen, um zu schauen, ob es was zu holen gibt. Sie fliegen ein paar Runden, setzen sich auf einen Balken, picken etwas aus dem Heu und kommen später, wenn es gerade passt, noch einmal zurück.

Aufstehen jetzt, plötzlich habe ich Eile, ich muss gleich das Auto aus der Werkstatt abholen. Vor ein paar Tagen hatte ich es dorthin gebracht, die Hinterräder klapperten derart, wenn ich über das Kopfsteinpflaster fuhr, dass ich befürchtete, sie würden unter mir wegrollen. Doch bevor ich den Hof verlasse, muss ich noch die Waschbärfalle kontrollieren. Schnell laufe ich zum Obstgarten.

Die Falltür ist zu. Ups. Ich würde mich am liebsten umdrehen, hebe dann aber doch den Deckel an und schaue durch den Maschendraht in die ängstlich maskierten Augen eines kleinen Bären. Ich erschaudere und fasse mir ein Herz: Hol dein Kleinkalibergewehr aus dem Waffenschrank, *get it done and over with*. Du willst sie bekämpfen, ihren Pelz und ihr Fleisch erbeuten? Dann wirst du ihn töten müssen.

Eine Viertelstunde später hängt der Waschbär, männlich, fünf Kilo, an der Aluminiumleiter im Stall.

Noch kurz stehe ich mit einem Kaffee vor der Gartentür und blicke über die Felder. Am Rand der hochgelegenen Wiese bemerke ich zwei weiße Flecken. Die Spiegel zweier Rehe? Ich zweifle. Dann vielleicht Kraniche? Das Pärchen, das sich in diesem Jahr im Waldsumpf unten am Chausseewald niedergelassen hat, hat ungewöhnlich weiße Federn, doch nein, die Flecken sind zu nahe am Boden. Ich greife zu meinem Fernglas: Zwei Graugänse, weiß von der Sonne. Sie sitzen innig beisammen und schauen vor sich hin, dann sieht die eine nach links, die andere nach rechts, anschließend drehen sie ihre Hälse wieder, bis ihre orangefarbenen Schnäbel sich berühren, als würden sie sich küssen, und das ist natürlich auch so.

Während ich mit dem Fahrrad zur Werkstatt fahre, gehen mir die Graugänse nicht aus dem Kopf. Dass sie hier balzen, ist neu. Im vorigen Herbst habe ich bereits zwei im Toteisloch auf dem Acker im Gras sitzen sehen. Graugänse sind nicht so mein Fall – sieht man zwei, hat man bald darauf Tausende von ihnen. Und das passiert ganz bestimmt, wenn sie hier auch mit diesen eiweißreichen Wiesen aus reinem Englischem Raygras anfangen. «Deutsches Weidelgras» heißt das hier übrigens. Wenn wir wie die Deutschen wären, würden wir Holländisches Raygras haben, denke ich mir grinsend.

Graugänse hatten wir in den Niederlanden früher auch kaum. Bis sie in den Siebzigerjahren ausgesetzt wurden. Das war nett, fanden wir damals, Graugänse, *und* nützlich. In einem trockengelegten Sumpf im Ijsselmeer, dem inzwischen berüchtigten Naturschutzgebiet der Oostvaardersplassen, konnten sie schön brüten, und sie hielten außerdem noch die Landschaft offen. Es dauerte nur ein paar Jahre, bis die Niederlande ein Gänseproblem hatten, mit Gänsestreitereien, Jagdverboten, einem mühsam zustande gekommenen Gänseabkommen und Gänsevergasungen bei Schiphol während der Mauser, wenn sie nicht fliegen können. Gerade zu dem Zeitpunkt also, wenn sie so mager sind, dass sie nicht einmal für den Kochtopf taugen – mein Jägerherz stöhnt: *Was für eine Verschwendung!*

Bald werden sie auch in Mecklenburg in Massen landen und die Wiesen millimeterkurz hinterlassen – nichts mehr zu fressen, für niemanden. Ich will hier keine Gänse haben. Nur hoch am Himmel, wie in den zurückliegenden zwanzig Jahren, wenn sie im Herbst schnatternd Richtung Südwesten fliegen oder im Frühjahr nach Nordosten. Dann stehe

ich immer einen Moment lang still da und schaue ihnen in ihren Zug-
formationen hinterher, während das Fernweh durch meinen Körper
schießt.

Die Werkstatt befindet sich in dem Dorf mit der großen Biogasanlage.
Ich radle über den Feldweg, links und rechts erstrecken sich bis zum
Horizont Stoppelfelder. So sind sie zurückgelassen worden, nachdem
Lastwagen den Mais in Kolonnen, fix und fertig gehäckselt, abtranspor-
tiert hatten. Seither lassen sich die Kraniche auf den Feldern nieder, um
sich zu ernähren. Selbst zu Hause auf dem Hof höre ich sie in der Ferne
wie einen tausendköpfigen Chor rufen und kreischen. Im letzten Jahr,
als das Land noch im März dalag wie im tiefsten Winter, habe ich mich
mit Boom quer durch die zugefrorenen Sümpfe auf ihr Rufen zubewegt.
Wir haben uns angeschlichen, bis sie uns bemerkten und aufstiegen, ein
Teppich aus bestimmt zweihundert Kranichen, der gruhgruhend zum
nächstgelegenen Acker davonschwebte. Es nahm mir den Atem, so viele
Geräusche, so viel Leben, das sich zu *einem* Gewebe zusammengefügt
hatte.

Jedes Jahr bleiben mehr Kraniche hier, oder sie kommen aus dem
Norden. Sie machen sich nicht mehr die Mühe, nach Frankreich und
Spanien zu fliegen, geschweige denn nach Nordafrika, sie können
ebenso gut auf diesem Breitengrad überwintern.

Das nächste Mal, wenn ich hier mit dem Fahrrad fahre, werden die
Stoppelfelder verschwunden sein. Bald ziehen landwirtschaftliche Maschinen lange, sandige Furchen für die neuen Maiskörner in die Äcker.
Und bevor die kleinen Pflanzen zu sprießen beginnen, wird auch das
letzte bisschen Leben mit Pestiziden aus dem Boden vertrieben sein.
Der Ernte ist es egal, aus ihr wird Biogas gemacht. Das bringt mehr ein
als Futter für Mensch oder Tier, es ist einfacher zu erzeugen, und mit
der Restwärme werden die Häuser in den umliegenden Dörfern geheizt.
Dass diese Industrieböden ein großflächiger Angriff auf die Biodiversität sind, fängt allmählich an durchzudringen, doch die Anlagen sind
nun mal da, der Subventionshahn ist noch immer aufgedreht, und die

Hektar Land, die wir brauchen, um das Auto zu füttern, nehmen jedes Jahr zu.

So weit und ausgedehnt das Land jetzt ist, so beklemmend ist es im Sommer, wenn ich durch ein Meer aus Mais radle. Die «Vermaisung» der Landschaft nennt es der Beamte unserer Gemeinde, zuständig für den Bereich Umwelt. Und Kraniche gehören als Allesfresser zu den Vogelarten, die davon profitieren.

Ich kann mich nicht entsinnen, dass ich Mitte der Achtzigerjahre, als ich zum ersten Mal hier war, schon Kraniche gesehen hätte. Daran würde ich mich erinnern, ich wäre aus dem Staunen nicht mehr herausgekommen. Viele Jahre haben sie ihre Aura einer exotischen Vogelart behalten, doch allmählich frage ich mich, ob uns neben dem Graugänseproblem nicht auch ein Kranichproblem droht.

Äußerst zögerlich höre ich manchmal jemanden sagen, dass es schon sehr viele werden, dass das Gleichgewicht verloren geht. Doch die Leute wollen das Problem nicht wirklich angehen, sie haben eine kollektive Schwäche für Kraniche und sehen ihnen vieles nach. Auch ich, denn sie sind auffallend zierlich und mit lauter Stimme unterwegs, sie lassen mich an ihrem Leben teilhaben. Insgeheim hoffe ich, dass ich den Tag nicht mehr erleben werde, an dem sie für die Landwirtschaft als schädlich gelten oder, noch schlimmer, für die Biodiversität.

Mit neuen Lagern in der Radaufhängung gleitet der Wagen über das Kopfsteinpflaster. Künftig werde ich ihn etwas weniger übermütig über die Holperstrecken und Karrenspuren hetzen. Er muss noch eine Weile durchhalten, ich hänge an ihm wie an einer alten Jacke.

Als ich die Eisentür des Stalls aufschwinge, weiche ich zurück: Vor meiner Nase hängt der Waschbär. Ach ja.

Ich schäme mich, dass ich ihn vergessen hatte, bedeutet das Töten eines Tieres denn so wenig? Aber bringt das nicht die Routine mit sich, hatte ich das nicht gerade angestrebt? Ich ziehe meine Arbeitsklamotten an, bereite alles vor und wetze meine Messer. Ein Waschbär ist ebenso schnell abgebalgt und aufgebrochen wie ein Kaninchen oder ein Hase.

Ein makelloses Tier, schon gut im Fell, nur der Kopf ist blutig durch den Genickschuss. Auwei, das klingt heftig. Trotzdem ist es genau das, was es ist, ich habe es in meinem Wörterbuch nachgeschlagen: *een schot in de nek*, «ein Schuss ins Genick». Ich spreche immer brav von einem «Schuss von hinten zwischen die Ohren». Das klingt weniger schlimm, ich will die Leute nicht erschrecken. Dennoch finde ich es manchmal auch feige, ich habe eigentlich etwas gegen Euphemismen, es ist und bleibt ein Genickschuss. Im Duden heißt es dazu, ich schlage es nach: «Schuss aus allernächster Nähe ins Genick eines Wehrlosen». «Aus allernächster Nähe», «eines Wehrlosen». Wie deutsch das doch ist: Die Leute könnten eine sachliche Definition sonst falsch verstehen. Ich höre die Duden-Redakteure förmlich mit der Vergangenheit ringen. Das macht alles noch immer kompliziert. Doch das gilt auch für mich, ich vermeide das Wort Genickschuss – und so lasse ich heimlich und beiläufig verschwinden, was ich tue.

Nicht jetzt, unterbreche ich mich selbst, ein Schlachter kann doch nicht tagtäglich solche Gedanken haben. Also verhalte dich dann auch wie ein Schlachter und sorge dafür, dass du das Tier anständig für den Kochtopf vorbereitest.

Der Frühjahrswaschbär hat weniger Fleisch auf den Knochen als der aus dem Herbst. Der hatte sich gerade für den Winter vollgefressen, dieser hier hat seinen Wintervorrat an Eiweißen und Fett verbraucht. Nach einer Stunde lege ich den Bären in den Kühlschrank, damit das Fleisch noch ein wenig ruhen kann, bevor es in die Gefriertruhe kommt. Wenn mich jemand besucht, mit dem ich ihn gemeinsam feierlich aufessen kann, werde ich Gulasch aus ihm machen.

Als ich im vergangenen Herbst meinen ersten Waschbären gefangen hatte, erzählte ich, um die Reaktionen zu testen, überall herum, dass ich Waschbärgulasch gegessen hätte. Die Leute aus der Stadt sahen mich entsetzt an: «Ach, ein Waschbär, *so* niedlich, so ein Minibärchen, wie traurig!» Und die von hier riefen aus: «Igitt, Waschbär, kann man den denn essen? Die stecken doch voll mit Krankheiten?» Daraufhin sagte ich, dass es phantastisch geschmeckt hätte und sie mal im Internet nach *Raccoon*-Rezepten suchen müssten. In Amerika sei das völlig normal, und ich zitierte grinsend: *Raccoons taking over your hunting spot? Fight back with your grill.* Und in Leipzig gebe es sogar ein hippes Restaurant, das Waschbär auf der Speisekarte habe. In meinem Umfeld machte unter Jägern schon bald das Gerücht die Runde, dass ich *alles* essen würde: *Waschbär*, das sei doch gestört. «Respekt!», sagte der Pächter des Nachbarreviers, und ich sah, wie er sich schüttelte.

Diesmal fahre ich mit einem Stück Muskelgewebe des Waschbären zur Tierärztin, um einen Trichinentest machen zu lassen. Trichinen sind klitzekleine Fadenwürmer, von denen man eine Zoonose bekommen kann, wenn man das Muskelfleisch nicht über fünfundsechzig Grad erhitzt. Der Test ist bei allen wild lebenden Fleisch- und Allesfressern verpflichtend, sobald sie uns als Nahrung dienen. Als ich ein wenig verschmitzt erzähle, dass es kein Muster von einem Wildschwein sei, sondern von einem Waschbären, antwortet die Tierärztin: «Kein Problem, Jäger kommen hier immer öfter mit Waschbären an.» Wie bitte? Über das Fragezeichen in meinem Gesicht muss sie lachen und erklärt: «Ja, die verkaufen sie an Restaurants in Berlin, es scheint lecker zu sein.» Was ich bestätige. Als Mensch bin ich ein geborener Allesfresser, genau wie Waschbären, Wildschweine und Kraniche. Es ist eine gute Überlebensstrategie, denn fast überall gibt es irgendetwas zu fressen. Alle vier Tierarten sind in ihrem Populationswachstum nicht zu schlagen. Und alle vier können sich leicht zu einer Plage entwickeln.

Kurz vor meiner Abreise aus Amsterdam habe ich in den Vitrinen im Micropia, dem einzigen Mikrobenmuseum der Welt, Ausscheidungen des Waschbären gesehen, begleitet von dem Text: *Der Waschbär hat die abwechslungsreichste Diät der Welt.* Er übertrifft also alle, ein Waschbär ist ein Superüberlebenskünstler. Und der Allesfresser Mensch isst dann wiederum den Waschbären. Zumindest auf dem amerikanischen Kontinent, wo er herkommt.

Als ich nach meiner Rückkehr von der Tierärztin mit dem Eimer Schlachtabfall und einem Spaten das Brachland neben dem Obstgarten betrete, sehe ich unten im Waldsumpf zwei Gänse dümpeln, das Balz-pärchen von heute Morgen, nehme ich an. Ein Kranichpaar kommt an-geschwebt und setzt trompetend zur Landung an. Aus den Sträuchern ertönt ein lautes Flügelschlagen und Schnattern, ein Gänsepaar nach dem anderen steigt auf. Sind es schon so viele?

Ich sitze beim Pächter des Nachbarreviers am Küchentisch. Im ver-gangenen Sommer hat mich seine lokale Jagdgruppe als Mitglied aufge-nommen, und er erzählt, was in meiner Abwesenheit alles vorgefallen ist. Zum Teil habe ich es in Amsterdam schon über die Gruppen-App verfolgen können, aber ich möchte alle Details hören, und der Jagd-nachbar erzählt gern.

Das Revier liegt hinter dem Fuchsberg, von meinem Haus aus kann ich die Kronen der Buchen sehen, die auf dem Hang bis zum Himmel reichen. Der Berg bildet die Grenze zwischen dem Nachbarrevier und dem Jagdrevier um unserem Hof herum, in dem ich anfangs feste Gast-jägerin war, bis ein junger westfälischer Jäger und Landwirt aus der Gegend weiter die Pachtrechte erwarb. Er hielt mich an der kurzen Leine, schikanierte mich, wo es nur ging, gab mir nur die Erlaubnis zu jagen, wenn meine Chancen auf Beute verschwindend gering waren. Eigentlich hänge ich überhaupt nicht so am Jagderfolg, aber wenn meine Gefriertruhe leer ist oder die Wildschweine unseren Obstgarten um-wühlen und schon seit Jahren mehr als genug Reh- und Damwild he-rumläuft, will ich nicht ein ums andere Mal für nichts und wieder nichts mit meinem Gewehr draußen sitzen. In der Jagdgruppe des Nachbar-reviers missgönnt mir niemand meine Beute. Im Gegenteil.

Am Küchentisch legt der benachbarte Jäger sofort los und erzählt von den verwilderten Schafen im Revier. «Was», rufe ich aus, «sind die Schafe denn noch immer da? Und der Eigentümer hat sich in all den Monaten nicht gemeldet?»

«Nein», sagt er, «der sieht sich vor, der will nicht dafür verantwortlich sein, wenn sie beim Überqueren der Chaussee einen Unfall verursa-chen.»

Niemand weiß, wem die Schafe gehören, oder besser gesagt: Niemand verrät es. Das erste Mal sah ich sie an einem Spätsommerabend, als ich am Kormoransee saß, der hinter den Bäumen verborgen liegt. Es begann schon zu dämmern, die abendliche Kakophonie der Kormorankolonie kam langsam in Schwung, als ich an den Bäumen etwas Weißes vorbeiziehen sah. Ha, das weiße Damtier, dachte ich, mein Herz machte schon einen Sprung, so wie jedes Mal, wenn es auftauchte, aber dann sah ich noch ein Tier und noch eins. Ich wusste, dass mehr als ein weißes Damtier in der Gegend herumlief, aber drei in einem Rudel? Sie bewegten sich auch ziemlich merkwürdig, es war nichts Vertikales in ihrem Gang, sie trippelten. Und sie hatten plumpe Körper.

Es waren Schafe, Mutterschafe, sie mussten ausgebrochen sein. Sie stammten von der großen Schäferei auf dem Hügel, wie ich annahm, oder gehörten einem der Dörfler, die ein paar Schafe hielten, um ihre Wiesen kurz zu halten.

Anfang Dezember sah ich sie wieder, ich saß in der Jagdkanzel am Mürzinsee. Jetzt waren sie zu viert, mit dicker Wolle, vom Kreisverkehr auf dem Hügel kamen sie nach unten, direkt auf mich zu, sie blökten leise. Die erste Stunde hatte ich im Dunkeln gesessen. Es hatte ein Grad über null, der Himmel war übersät mit Sternen, und hinter mir war, ganz dünn, die Sichel des Mondes aufgestiegen, mit diesem typischen, haardünnen Streifen, mit dem der Mond zu erkennen gibt, wie groß er eigentlich ist.

Ich hatte das Gefühl, dass ich an dem Morgen Beute machen würde. Zwischen den Bäumen verbarg sich ein Reh. Eine Schar Feldsperlinge flatterte auf die Kirrung zu und pickte die Maiskörner auf, die ich an den Tagen zuvor gestreut hatte. Auf dem Ast eines Baums saß ein Raubwürger. Ich spähte zu ihm hinüber, in der Hoffnung, dass er in Aktion treten würde. Raubwürger sind echte Fleischfresser, die ihre Beute auf den Dorn einer Schlehe spießen, bevor sie sie verspeisen. Das hätte ich gern einmal gesehen.

Ich schwenkte den Feldstecher wieder hinüber zu den Schafen, immer schneller kamen sie angetrippelt, ihnen stand der Sinn nach Mais. Ich griff zu meinem Gewehr, sah durch das Zielfernrohr, richtete den Lauf auf das Schaf ganz vorn. Es steht genau richtig, schön breit, dachte ich gewohnheitsgemäß, ein Leichtes.

Die konsequentesten unter den biologischen Viehzüchtern beantragen eine Sondergenehmigung, um ihre Schlachttiere auf der Weide erschießen zu dürfen, damit sie ohne Stress sterben. So wie es das Jägerklischee will: Ohne auch nur den Knall gehört zu haben, was, glaube ich, gar nicht möglich ist, auch wenn auf den Knall der Schmerz und der Tod in der kürzestmöglichen Zeit folgen. So zu sterben kommt sogar dem Ideal vieler Menschen sehr nahe: im Schlaf dahinzuscheiden.

Dennoch wäre mir die Missbilligung meiner Umgebung sicher, würde ich das Schaf von meinem Versteck aus schießen. Man würde mich als feige Tierquälerin brandmarken. Natürlich würde ich nicht abdrücken, ich käme nicht einmal in die Versuchung. Doch allein schon den Gedanken, hier und jetzt ein Schaf zu töten, fänden viele Menschen verwerflich, obwohl sie beim Biobauern applaudieren würden. Die Menschen sind oft schwer zu begreifen.

Der Grund für mich, es nicht zu tun, war prosaisch: Es ist nicht erlaubt. Schafe sind kein Wild und fallen nicht unter das Jagdgesetz – es sei denn, es handelte sich um Mufflons, die hier in Herden frei herumlaufen. Das sind wilde Schafe, die darf man jagen. Aber ein Hausschaf muss den Weg zum Schlachthof nehmen, das arme Tier. Übrigens, ich hatte überhaupt nicht den brennenden Wunsch, ein Schaf totzuschießen – ich brenne sowieso nie darauf, den Abzug zu betätigen.

Zugleich war allen klar, dass es ein echtes Problem ist, Schafe verwildert herumlaufen zu lassen. Sie fressen alles kahl, niemand sorgt für sie, und was, wenn sie krank werden? Aber, dachte ich mir, was sind schon vier Schafe auf Hunderte von wilden Pflanzenfressern, die hier herumlaufen, und die sorgten doch auch für sich selbst. Wenn es den Schafen gelang zu überleben, war es vor allem ein guter Witz. Sie waren auf Wanderschaft, sie blieben nahe beieinander, blökten ein wenig und gingen, wohin es sie gerade zog.

«Sie haben den Winter also überlebt?», frage ich meinen Jagdnachbarn. «Aber es waren doch vier?»

«Neulich hat man eines gefangen», erzählt er, «das hatte gelammt, da haben sie das Lamm genommen und damit das Mutterschaf angelockt.»

«Und die anderen drei sind nicht trächtig geworden?»

«Nein, denen ist wohl kein Bock zu nahe gekommen.»

Das ist der Preis, den sie für ihr ungebundenes Leben bezahlen, denke ich, kein Schafbock weit und breit. Das ist beim Wild durchaus anders. Obwohl es für ein weibliches Tier nicht unbedingt ein Segen ist, jedes Jahr wieder beschlagen zu werden.

Inzwischen sei ein Gemeindebeamter mit der Sache betraut, erzählt der Nachbar, und weil die Schafe sich in unserem Revier aufhalten, werde gemeinsam beraten. «Er fragte, ob wir sie nicht einfangen könnten. Einfangen», er lacht, «ja, wenn sie ein Lamm haben, aber sonst, auf so großen Feldern ohne Umzäunung, die Schafe sehen uns von Weitem, glaubst du, die bleiben, bis wir da sind? Die kriegen wir nie in ein Fanggehege getrieben.» Er hatte den Schäfer gefragt, ob er nicht mit seinem Hund zu Hilfe kommen könnte. Aber der habe gar nicht daran gedacht, das würde garantiert misslingen, damit würde er nur seinen Hund verderben.

«Alle sagen: ‹Warum schießt ihr sie nicht ab?›», erzählt der Jagdnachbar, «aber damit würde ich mir ordentlich Probleme aufhalsen. Das mache ich nur mit einer Genehmigung.» Und so weit ist es noch nicht.

«Würdest du es in dem Fall dann tun?»

Er zögert.

«Was passiert dann eigentlich mit den toten Tieren?»

«Die kommen zum Abdecker, so wie all das tote Vieh, das nicht in den Schlachthof geht.»

«Du spinnst, zum Abdecker? Drei ausgewachsene Schafe, weißt du, wie viel Fleisch das ist? Was ist denn verkehrt an Schaffleisch, das haben Menschen immer gegessen. Ich will es gern haben, kaufen, egal.»

«Tja», seine Augen beginnen zu leuchten, «aber dann muss erst der Tierarzt kommen, um das Fleisch zu beschauen, und die Gemeinde muss natürlich die Genehmigung erteilen.»

«Wenn du das regelst, kümmere ich mich um das Fleisch, und notfalls schieße ich die Schafe selbst.»

Munter gehen wir auseinander und verabreden, in Kürze mal einen Rundgang durch das gesamte Revier zu machen.

An dem Abend suche ich nach Schafrezepten, das Wasser läuft mir im Mund zusammen. «Sollen wir auf dem Fest mal ein Schaf auf den Spieß legen?», frage ich Boom per Skype. «Nehmen wir an, dass es mit der Genehmigung klappt, dann ist die Chance, dass ich so ein herumtrippelndes Schaf schieße, größer, als ein Wildschwein vor den Lauf zu bekommen, ich brauche dafür nicht mal nachts loszuziehen.» Auch Boom kommt auf den Geschmack und stachelt mich noch weiter an. «Warum stecken wir nicht zwei Schafe auf den Spieß, wie viel wiegt so ein Tier eigentlich?»

«Fünfzig oder sechzig Kilo, schätze ich, eines scheint mir genug. Aus dem zweiten könnten wir Schafgulasch machen, und mit dem dritten machen wir anderen eine Freude.»

Alles besser als der Abdecker.

4.

Der Ölkäfer, das Schicksal des Damspießers und die Osterhasen

Plötzlich ist der Hof voller Vögel, die, triptriptrip, Regenwürmer aus dem Boden holen. Das geschieht öfter im Frühjahr und Herbst, wenn es am Morgen vor Tau nur so trieft. Sing-, Rot- und Wacholderdrosseln, Amseln finden sich ein. Aber auch der Grünspecht macht mit, doch der lauert auf Ameisen. Ich habe ihn noch nie mit einem Regenwurm im Schnabel gesehen. Triptriptrip, die Vögel bewegen aufmerksam ihren Kopf, genau wie ich es mache, wenn ich die Ohren spitze, den Hals etwas recke, den Kopf schräg halte, ihn ein bisschen drehe, auf die andere Seite lege, so wie ich es auch bei den Füchsen sehe, wenn sie auf Mäusejagd sind. Doch vielleicht *hören* Vögel überhaupt nicht auf diese Weise, vielleicht *schauen* sie vor allem. Ich weiß nicht, woran ich es festmachen könnte, ob ein Vogel schaut oder hört. Wie dem auch sei, ich erkenne es wieder, die Haltung ist eine der Aufmerksamkeit, der äußersten Konzentration. Und auf jeden Fall sind die Vögel auf der Jagd. *Tropf-tropf-tropf* hören die Regenwürmer über ihren Köpfen, das bedeutet Regen, und sie kommen aus der Erde nach oben, *Pick* macht der Schnabel, klappt zu, der Regenwurm windet sich, um sein Leben zu retten, und gleitet durch den Vogelhals seiner letzten Bestimmung entgegen, der Bodenverbesserer ist Nahrung geworden. Vielleicht würde ich auch Regenwürmer essen, wenn ich Hunger hätte, sie sehen saftig aus.

Die Rotdrosseln bleiben nie lange, die Amseln und Spechte sind hier zu Hause. Und im letzten Jahr blieben auch die Wacholderdrosseln erstmals auf unserem Hof, um dort zu brüten. Sie sind mit ihren lauten, kratzigen Lausbubenrufen und ihrem schnellen Flug von und zur Getreideruine, wo sie sich in den Eschen einnisten, nicht zu ignorieren. Sie pfeifen auf die Frühlingsidylle, in der die Luft erfüllt ist von Zwitschern, Tschilpen und Tirilieren. Das gefällt mir an ihnen. Sie kreischen unseren Hang zu Schönheit und Harmonie in Fetzen, obwohl sie dem Äußeren nach mit dem hellgrauen Kopf, dem orangefarbenen Beffchen, den rostbraunen Flügeln und, wie bei den meisten Vögeln aus der Familie der Drosseln, dem gesprenkelten Bauch durchaus hübsch anzuschauen sind.

Die Singdrossel singt das schönste Lied, zumindest, wenn die Nachtigall nicht da ist. Im vorigen Jahr ist sie zum ersten Mal weggeblieben. Eigentlich handelt es sich auch nicht um die Nachtigall, sondern um ihren Bruder, den Sprosser. Dass es der Sprosser ist, weiß ich nur vom Hörensagen: Unser Kuhstall liegt nordöstlich der Grenze, die die Lebensräume der Nachtigall und des Sprossers voneinander trennt. Trotzdem spricht hier niemand über den Sprosser, das klingt nach «Sommersprosse», wahrscheinlich wegen seiner Brustflecken. Wer schert sich um den Sprosser, wo allein das Wort «Nachtigall» wie Musik in den Ohren klingt?

Als der Sprosser im vorigen Jahr zum zweiten Mal fortblieb, begann ich ihn im Internet zu suchen. Ich erfuhr, dass ein richtiggehender Streit zwischen den Fans der Nachtigall und denen des Sprossers tobte. Die Frage war: Welcher Vogel singt am schönsten? Ich suchte nach Aufnahmen beider Vögel, um mir den Unterschied anzuhören, aber als ich glaubte, ihn heraushören zu können, war es mir schon fast egal. Die Wehmut der Nachtigall findet nicht ihresgleichen, doch der Witz des Sprossers ebenso wenig. Was zählt, dachte ich, ist nur, dass wir jetzt keinen der beiden mehr haben, keine Nachtigall, keinen Sprosser. Schon bei den ersten Tönen aus dem Lautsprecher wähnte ich mich draußen im Freien, in einer milden, stillen Mainacht voller Blütendüfte, und hörte den Vogel singen, sodass ich, atemlos, von seinem Gesang emporgetragen wurde und wusste, dass es eine schönere Welt geben muss als unsere alltägliche.

Die Sehnsucht nach diesen Mainächten flammt auch jetzt wieder auf, nun, da die ersten Vögel anfangen zu singen. Ich versuche mich mit dem

Gedanken zu trösten, dass der Verlust – vorläufig noch – lokal begrenzt ist, denn auch wenn der Sprosser im letzten Jahr nicht mehr auf unserem Grundstück gebrütet hat, im Jagdgebiet in der Kanzel hatte ich ab und zu doch noch einen gehört. Die Sache ist noch nicht gänzlich verloren, in diesem Jahr sowieso nicht, es ist noch nicht Mai.

Auf den kahlen, sandigen Stellen im Obstgarten leuchten die Blüten des *Vroegeling* strahlend weiß auf, «Frühlings-Hungerblümchen» nennen ihn die Deutschen mit Gefühl für Dramatik. Alle zusammen heben sie sich zart von den herumliegenden Wildschweinklumpen ab. Ansonsten gibt es noch wenig Farbe, die durch die Sonne angeleuchtet werden könnte.

Dort aber, zwischen den verdorrten Eichenblättern, glänzt etwas Blauschwarz-Metallenes: ein Käfer. Ich hole die Lupe aus meiner Jackentasche: Seine Fühler ähneln straff aufgereihten Perlen. Viele Käfer haben solche Fühler, das weiß ich, aber sonst?

Marienkäfer, ja, die kennt jedes Kind, die sind einfach süß. Bis sie plötzlich überall sind, wo man auch hinschaut, dann ist der Reiz, wie ich weiß, schnell vorbei. Den Schnellkäfer habe ich schon kurz nach meiner Ankunft gefunden, zumindest seine Larve, den Drahtwurm im Lehm. Und jetzt also dieser hier. Es ist ein Ölkäfer, entdecke ich an meinem Bildschirm, dessen Leben noch merkwürdiger ist als das des Schnellkäfers. Es ist kein Zufall, dass ich ihn zwischen den Frühlings-Hungerblümchen antreffe: Sowohl die kleine Pflanze als auch das Insekt mögen offenen, sandigen Boden. Und sie sind beide schon zu Beginn des Frühjahrs ausgewachsen, bereit für die Fortpflanzung.

Als der Käfer auf einen Zweig mit verdorrten Eichenblättern kriecht, hebe ich ihn auf. Er bleibt einfach sitzen, während ich ein Foto von ihm mache. Er kann kaum fliegen, und es wird auch sofort deutlich, warum: Seine Flügel sind sehr kurz, und sein Hinterleib ist dick und schwer, vor allem, wenn es sich um ein Weibchen handelt. Er – und mit «er» ist nun tatsächlich der männliche Käfer gemeint, denn der auf dem Zweig hat rechtwinklig abknickende Fühler, was ihn als Herrn der Schöpfung ausweist – er ist gerade erst zum Käfer geworden, aber er hat in seinem Leben schon einige Abenteuer bestanden.

Mit wachsendem Erstaunen folge ich, allerhand Websites abklappernd, seinem Werdegang von dem Augenblick an, als ihn ein Käferweibchen vor nunmehr fast zwei Jahren als Ei gelegt hat, zusammen mit Zehntausenden anderen Eiern. Während der Legezeit gönnte sie sich nur drei Pausen von einigen Tagen, in denen sie versuchen musste, sich das Sechsfache ihres Körpergewichts anzufressen. Nebenbei grub sie noch eine trockene Höhle, um darin die Eier abzulegen. Dann war ihre Aufgabe erfüllt.

Als Ei blieb mein Ölkäfer den Rest des Sommers, den Herbst und den Winter über unter der Erde liegen, erst im Frühjahr letzten Jahres setzte er sich, als kaum zwei Millimeter lange Larve, in Bewegung. An seinen Beinchen hatte er drei kleine Haken. Er kroch, so schnell er konnte, in eine Blüte, setzte sich darin fest und wartete, bis ein Insekt landete, um Nektar zu holen. Dann hakte er sich zwischen dem Blütenstaub schnell an dem Insekt fest. Er konnte von Glück sagen, wenn es eine Wildbiene war, denn nur dann hatte er eine Zukunft. War es eine Honigbiene oder ein anderes Insekt, würde er sterben. Aber jetzt sitzt er lebend auf dem Eichenzweig, also muss es eine Wildbiene gewesen sein, auf der er als blinder Passagier mitgeflogen ist.

Sobald die Biene in ihrem Erdnest angekommen war, legte sie ein Ei in eine Brutzelle mit Honig, und die Ölkäferlarve musste nun ganz schnell loslassen, um in dieselbe Wabe zu fallen, denn sonst war es doch noch um sie geschehen. Als ihr auch das gelungen war, fraß sie die Bienenbrut auf und häutete sich zu einer größeren Larve. Erst in dieser Gestalt tauchte sie in den Honigpollenbrei, fraß, bis ihr übel war, häutete sich noch ein paarmal und machte sich dann auf und davon. Irgendwo unter der Erde baute sie sich eine Höhle und verwandelte sich in eine starre Puppe. Erst gegen Ende des Winters, somit dem zweiten in ihrem Leben, ging daraus eine neue Larve hervor, die sich dann endlich in diesem Monat März als Käfer entpuppt hat.

Jetzt hat das Ölkäfermännchen in seinem Leben nur noch eine einzige Aufgabe: ein Weibchen zu befruchten. Sie kümmert sich dann um alles und legt die Zehntausende von Eiern. Ende Juni ist sie damit fertig, die Ölkäfer haben sich fortgepflanzt, zumindest, wenn sie in den drei zurückliegenden Monaten als Käfer nicht von einem anderen Tier gefressen worden sind. Ein wehrloses Opfer sind sie in ihrer Käfergestalt übrigens nicht, aus ihren Kniegelenken kommen giftige ölig-gelbe Tropfen, die ihre Feinde auf Distanz halten.

Das Leben eines Ölkäfers ist ingeniös und zugleich ein einziges großes Glücksspiel. Kein Wunder, dass das Weibchen so viele Eier legen muss, wenn ihre Art überleben soll. Die Käferlarve muss wohl oder übel abwarten, ob sie sich auf die richtige Blüte gesetzt hat, eine, auf der nach ihrer Ankunft als Erstes eine Wildbiene landet, die dann auch noch ... und so weiter, die ganze Aneinanderreihung von Zufällen beginnt aufs Neue, jedes Mal wieder, von einer Generation zur nächsten.

Praktisch ist das alles nicht. Falls jemand noch behaupten sollte, dass die Natur so schön und effizient eingerichtet ist, werde ich den Ölkäfer anführen. Warum bloß eine so umständliche Überlebensstrategie? Die einzige Antwort, so albern sie auch klingen mag: Weil es dem Ölkäfer bisher gelungen ist, sich auf diese Weise fortzupflanzen.

Bleibt die Frage: Wozu? Welchen Nutzen hat der Ölkäfer, beispielsweise hier, in meinem Biotop? Zuerst kam ich nicht weiter als zu der Feststellung, dass er anderen als Nahrung dient, was an sich schon genug ist. Aber als ich wissen wollte, woher sein Name kam, entdeckte ich mehr: Das Gift, Cantharidin, wirkt vor allem gegen Ameisen und Laufkäfer. Viele andere Insekten, aber auch Vögel, Igel und Fledermäuse, sind immun dagegen. Es gibt sogar Insekten und Spinnen, die vom Geruch des Giftes angelockt werden, der Stoff macht sie aktiv und brünstig.

Noch verblüffender ist die Wirkung auf Menschen: Laut einer österreichischen Studie ist Cantharidin für uns zehnmal giftiger als Strychnin, aber auch ein sehr altes Heilmittel, Rauschgift und Aphrodisiakum. Heutzutage taucht es noch als natürliches Viagra auf, mit gelegentlich tödlichem Ausgang oder einer Erektion, die außerordentlich schmerzhaft ist und nicht zurückgeht.

Dann finde ich, gerade als ich wieder in mein eigenes Leben zurückkehren will, noch etwas Bemerkenswertes: Nur das Männchen produziert das Gift. Allerdings teilt er es mit dem Weibchen. Wenn er sich mit ihr paart, beschmiert er sie damit, so dass sie automatisch die Eier und Larven in ihrem Nest schützt. Aber warum sie das Gift dann nicht selbst erzeugt?

Je tiefer mich der Ölkäfer in die Höhlen unserer digitalen Wissensspeicher hineinzieht, desto öfter stoße ich auf Wendungen wie: *Das ist allerdings noch nicht gut erforscht.* Das beruhigt mich, man muss nur mal kurz weitergraben und ist für immer von der Illusion geheilt, dass wir als Menschheit inzwischen fast alles wissen oder dieses Stadium einst erreichen werden. Es gibt fast nichts, was mich so verwundert wie dieser menschliche Hochmut. Vielleicht ist es ja das, was uns letztendlich vorantreibt, das Gefühl, fast am Ziel zu sein – jeden Einzelnen mit seiner eigenen kleinen Aufgabe auf seinem spezifischen Posten in dieser schwindelerregenden Masse an geschäftigen Menschentieren.

Mit dem Jagdnachbarn fahre ich am schmalen Ausläufer des Mürzinsees entlang, der wie ein Fjord in die Landschaft gekerbt ist. Der Buchenwald am Ufer zieht sich steil nach unten. Hier hält sich viel Damwild auf. Wir überqueren die Durchgangsstraße und folgen dem schmalen Weg, der an dem breiten See entlangführt, über leicht abfallende Felder, auf denen ich mich mal in einer Savanne, dann wieder auf einer spanischen Hochebene wähne. Der Uferstreifen ist ein sumpfiger, undurchdringlicher Bruch, ein Eldorado für Wildschweine. Überall verteilt stehen offene Kanzeln für die Jagd.

Am südlichen Horizont heben sich die noch kahlen Linden an der Chaussee gegen den Himmel ab, auf Höhe des Nachbardorfs fahren wir an Bootshäusern und kleinen, versteckten Buchten vorbei. Diesen Uferweg nehme ich immer gern, man kann von hier aus das Seeadlernest in den alten Kiefern auf der Halbinsel sehen. Im Dorf überqueren wir die Chaussee und gelangen zu den Wiesen beim Fuchsberg, die zwischen

Hecken, Waldstücken, Sümpfen und Wasserläufen ausgespart sind. In der Nähe der Kirrung haben Wildschweine gewühlt.

Hier gehe ich häufig hin, um zu jagen. Die Kirrung liegt am Rande der kleinen Wiese, an der zwei Kanzeln stehen, und auf einem abgesägten Baumstamm am Sumpf ist ein Salzleckstein befestigt. Im vergangenen Herbst und Winter habe ich Mais und Äpfel hergebracht. Auch jetzt streuen wir Mais, vorläufig nehme ich diesen Platz wieder in meine Obhut. Schon seit Jahren komme ich hier zu Fuß her, das Jagdgebiet liegt auf einer meiner festen Routen, knapp zehn Minuten von meinem Haus entfernt. Am liebsten würde ich auch jetzt zu Fuß hingehen, mit einem Eimer Mais oder meinem Gewehr, aber ich möchte mit dieser Ausrüstung auf keinen Fall dem Westfalen in die Quere kommen, der daraus ableiten könnte, dass ich heimlich in seinem Revier rund um unseren Hof jage. Also nehme ich das Auto und fahre über die Chaussee.

Wir fahren weiter, an der Südgrenze des Reviers entlang, dort, wo das Land wieder steil abfällt, die Schiefe Mantzel nennen es die Jäger, nach dem Bauern, dem das Land gehörte, bis nach dem Zweiten Weltkrieg die Kollektivierung der Landwirtschaft richtig in Gang kam und er in den Westen flüchtete. Seltsam, wie ein Familienname den Regimen und den Jahren trotzt.

Als wir in den nach Norden hin ansteigenden alten Postweg einbiegen und ihm folgen, steht in einer Senke zwischen den Hängen ein Rudel Damhirsche auf und trottet in Richtung der Chaussee, unterwegs zum Landesforst hinter dem Mürzinsee. Auf und ab wogend schreiten die Schaufelgeweihe voran, die jüngeren Hirsche folgen. Einer bleibt ein wenig zurück, er humpelt.

«Ein Spießer», sagt der Jagdnachbar, während er seinen Feldstecher sinken lässt. «Es ist sein rechter Vorderlauf, er hat sich in einem Band verfangen.» Ich spähe durch meinen Stecher und sehe es jetzt auch, sein rechter Lauf ist angehoben und kann den Boden nicht erreichen: «Das Band hat sich auch um seine rechte Geweihstange gewickelt.»

Es ist Bindegarn aus Plastik, früher wurden Heu- und Strohballen damit zusammengebunden. In unserem Stall hängt ein großer, weißer

Strang davon, so haben wir immer Band griffbereit, das nicht kaputtzu-kriegen ist. Auch auf unserem Grundstück stoße ich noch immer über-all darauf. Wenn ich mit dem Spaten plötzlich keinen Millimeter weiter in den Boden komme und es sich nicht hart wie ein Feldstein anfühlt, ist es Bindegarn. Meist sind die Enden miteinander verknüpft, so dass man eine Schlaufe hat, an der man ziehen kann, manchmal geht das plötzlich ganz einfach, dann werde ich regelrecht fanatisch, ziehe an den Schlau-fen, bis ich rote Striemen in der Handfläche habe. Doch fast immer folgt darauf die Entmutigung: Der Bindegarnklumpen wird kaum kleiner, und ich gebe es auf – bis sich das Messer des Wiesenmähers wieder ein-mal darin festdreht. Ziemlich haltbares Zeug, es war ein Fortschritt für die Bauern, aber einmal benutzt und achtlos zurückgelassen, verrottet es nicht.

Es gibt weißes, rot-weißes und blau-weißes Bindegarn. Das am Spie-ßer ist weiß. Ich sehe vor mir, wie es passiert ist: Der junge Hirsch muss beim Äsen mit seiner Stange in ein herumliegendes Stück Garn geraten sein, es baumelte an seinem noch unverzweigten Geweih, er schüttelte den Kopf, rieb seine Stange an einem Baumstamm, senkte den Kopf zu Boden und schüttelte sich wieder, er musste es loswerden. Er stellte sich mit einem Huf darauf und warf, in einem Versuch, das Garn herunter-zuziehen, den Kopf nach hinten, doch weil er mit dem Huf mehr in als außerhalb der Schlinge stand, hing das Garn nun auf der einen Seite um seine rechte Stange und auf der andern um seinen Vorderlauf. Er ver-suchte, den Lauf zu befreien, doch das Band schob sich weiter hinauf bis über sein Vorderkniegelenk. Jetzt konnte er mit dem Lauf den Boden nicht mehr erreichen, wenn er nicht den Kopf senkte, aber dann war es ihm nicht möglich zu laufen. Er kam nur noch auf drei Läufen voran, sein rechter Vorderlauf hing so in dem Garn fest, dass es fast schien, als hätte er ihn in einer Armschlinge.

Er sieht unversehrt aus, lange kann er so noch nicht herumlaufen. Er humpelt weiter, sieht zum Rudel hinüber, das schon auf der anderen Seite der Chaussee steht. Wird es auf ihn warten? Ich kann nur raten, Wild verhofft nach einer gefährlichen Überquerung häufiger mal. Der

Spießer hat die Straße nun auch erreicht, und es gelingt ihm gerade noch, wieder den Anschluss zu finden.

«Was jetzt?»

«Der kann ziemlich elend zugrunde gehen», sagt der Jagdnachbar. «Wenn er in den Wald läuft und an irgendetwas hängen bleibt, wird er verhungern.»

Ich stelle mir vor, wie er sich am Eingang eines Wildwechsels in einer Schlehdornhecke verfängt und sich immer weiter darin verheddert, er reißt und zieht mit dem Kopf an dem Band, er stemmt sich dagegen, seine Hufe rutschen weg, er ruht sich einen Moment aus, sieht dem Rudel, das weiterzieht, hinterher und versucht noch ein letztes Mal mit aller Kraft, sich loszureißen, er schnauft, das Maul leicht geöffnet, lässt den Kopf hängen, tiefer und tiefer. Er will sich einen Moment hinlegen, die Knie knicken bereits ein, aber er hängt mit dem Band um sein Geweih mehr als einen Meter über dem Boden fest, er kann nur stehen, lehnt seinen Kopf gegen den Strauch und muss aufpassen, dass ihm die langen, spitzen Dornen nicht in die Augen oder die Nase stechen. Ich weiß nicht, wie lange es dauert, bis ihn seine Kräfte verlassen, vor Hunger und Durst und von all den vergeblichen Versuchen, sich noch in Panik mit dem Kopf zu befreien. Wird er klagen, jammern? Oder leise in seiner immer hoffnungsloseren Lage fiepen? Werden die anderen auf dem Rückweg zu den Feldern noch vorbeischauen, zu ihm kommen, oder würdigen sie ihn keines Blickes mehr, weil sie spüren, dass er verloren ist? Begreifen sie, was mit ihm geschehen ist?

Ich habe mal einen Film über einen Elefanten gesehen, der ein Junges, das in den Fluss gefallen war, nach zahllosen vergeblichen Versuchen ganz ruhig wieder ans Ufer brachte. Ich musste dabei kurz schlucken. Ich kenne das Gefühl der Dringlichkeit, des Nicht-Aufgeben-Wollens. Aber die anderen Hirsche aus dem Rudel können mit so einem Bindegarn nichts anfangen, wer weiß, vielleicht kommt es ihnen gar nicht in den Sinn zu helfen, nicht jedes Säugetier ist wie ein Elefant oder ein Mensch.

Was mich beklommen macht, ist die Stille. Das Unheil vollzieht sich im Stillen, in völliger Einsamkeit, so, als ob nichts wäre, als ob nicht gerade ein Geschöpf erbärmlich und quälend langsam sein Ende fände.

Gegen Mittag ruft der Jagdnachbar an. Er habe den alten Tierarzt und den Berufsjäger des angrenzenden Landesforstes um Rat gefragt, weil für Damwild noch Schonzeit herrscht, es also nicht bejagt werden darf, außer wenn es darum geht, ein Tier von seinem Leiden zu erlösen. «Wir sind uns einig», sagt er. «Das Beste ist ein Gnadenschuss.»

Er hat ein paar unserer Jäger zusammengetrommelt. Um zwei Uhr sammeln wir uns beim Dorf am Kreisverkehr. Als ich über die Chaussee dorthin fahre, sehe ich das Rudel links auf dem Gerstenfeld in einer Senke liegen. Sie sind also zurückgekommen.

Wir gehen hintenherum über den alten Postweg und nehmen unsere Positionen an der Südseite und den Flanken ein. Der Jagdnachbar läuft von der Chaussee aus zur Senke und versucht, uns das Rudel zuzutreiben. Ich habe mich mit dem geladenen Gewehr an der Ostflanke aufgestellt, stehe da in einer Art feierlichem Ernst, der mir leicht absurd vorkommt – wir halten uns gern für wichtig.

Nach zehn Minuten tauchen die ersten Schaufelgeweihe über einem Hügel auf und bewegen sich ruhig in Richtung Süden. Ein Schuss ertönt. Ich schrecke zusammen: Jetzt schon? Im nächsten Augenblick haben sich die Geweihe um hundertachtzig Grad gedreht und bewegen sich schnell, immer schneller nach Nordosten. Sie verschwinden hinter einem Hügel, dann sehe ich sie noch kurz zwischen zwei Hängen, sie fliehen in hohem Tempo. Ob der unglückliche Spießer unter ihnen ist, kann ich so rasch nicht erkennen, und ich weiß auch nicht, ob sie über den Fuchsberg in Richtung meines Hofs laufen oder ein Stück weiter die Chaussee überqueren, um in den Landesforst zu gelangen. Ich gehe zum Jagdnachbarn. «Der Spießer war dabei», sagt er, «hintendran.» Was für Kräfte so ein Schuss entfesselt! Der Schütze hat das Ziel verfehlt, er hätte vielleicht warten sollen, bis der Hirsch näher gekommen wäre. Doch zum Glück hat er «gut danebengeschossen», wie es heißt, die Kugel hat nur die Erde getroffen. Die Chance ist vertan, fürs Erste.

Eine Viertelstunde später wärme ich meinen Rücken schon wieder am Ofen und lasse alles noch einmal an meinem inneren Auge vorüberziehen. Warum haben wir den Hirsch eigentlich nicht mit einem Schuss betäubt und das Band losgeschnitten? Bei ausgebrochenen Tieren macht man das oft, ich kenne es vor allem aus Naturfilmen, aber bei den verwilderten Schafen habe ich merkwürdigerweise nicht einmal daran gedacht, fällt mir jetzt ein. Unter Jägern, bei gewöhnlichem Wild, habe ich sowieso noch nie jemanden davon sprechen hören. Es hat auch etwas Sinnwidriges, den Hirsch zu betäuben und zu retten, um ihn ein paar Monate später totzuschießen.

Wohin uns so ein Betäubungsschuss am Ende bringen würde, weiß ich nicht. Oder doch, eigentlich weiß ich es genau: Wir werden für das Wild sorgen, uns dafür verantwortlich fühlen, und dadurch wird es allmählich zahmer, wir behandeln es immer mehr wie die Nutztiere und schließlich, wer weiß, wie Haustiere oder sogar wie Menschentiere.

Wir Menschen können es nun einmal nicht lassen, Tiere näher zu uns heranzuholen, sie in unseren Einflussbereich zu bringen, sie als die ihren zu betrachten, aus Habgier oder Zuneigung oder einfach, weil sie sich in unserer Nähe aufhalten – oder wir uns in ihrer. Das wissen Jäger nur allzu gut, aus eigener Erfahrung. Daher ist ein Gnadenschuss das Äußerste, das sie sich erlauben. Denn das Wild muss wild bleiben. Oder?

Ich beginne aufs Neue: Nehmen wir an, der Spießer bekommt einen Betäubungsschuss, wird vom Bindegarn befreit und rennt einem langen Leben entgegen. Fünf Monate später wird er erlegt. Dann hat er allerdings fünf Monate länger gelebt, das ist ein Gewinn. Aber genügt das, um diese Entscheidung *für ihn* zu treffen, reicht es aus, zu beschließen, dass er aus seinen Schwierigkeiten befreit werden muss? Können es die fünf Monate, die dieser eine Spießer durch einen Betäubungsschuss gewinnt, rechtfertigen, dass wir in die Wildheit seiner Art eingreifen, ist unser Verständnis vom Wohlergehen seiner Art so über jeden Zweifel erhaben? Demnächst schicken wir noch den Tierarzt los, wenn wir den Eindruck haben, dass ein wildes Tier leidet.

Aber auch ein Gnadenschuss ist ein Eingriff. Ich finde wieder einmal keine Lösung. Das ist das Unglaubliche am Jagen: Immer wieder stößt man auf Dilemmata, Paradoxien, unlösbare Gewissensfragen, und dann weiß man wieder, dass man nicht über der Natur steht, sondern als Prädator, als Fleischfresser, als Menschentier ein Teil von ihr ist.

Ich denke an den lahmenden Rehbock, den ich vor Jahren von der Kanzel aus sah. Als ich dem Revierjäger davon erzählte, bekam ich eins aufs Dach, weil ich ihn nicht erlegt hatte. Aber, wandte ich ein und dachte an die Male in meinem Leben, als ich selbst gehumpelt hatte, vielleicht hat er sich den Fuß vertreten, ein Gelenk verstaucht, oder es wird einfach von selbst wieder besser, oder er kommt mit einem leichten Hinken zurecht. Nein, war die Antwort, das heilt nicht wieder, es wäre besser gewesen, wenn du ihm den Gnadenschuss gegeben hättest.

Später habe ich noch öfter Wild gesehen, das in keinem guten Zustand war, und habe es ziehen lassen. Nur wenn ich wirklich glaube, dass sein Leiden unerträglich ist und das Tier sowieso dem Tod geweiht ist, so nahm ich mir vor, würde ich es töten. Doch worauf stützt sich meine Einschätzung der Unerträglichkeit, und woher weiß ich so sicher, dass es keine Überlebenschance mehr hat? Es kommt immer der Punkt, an dem ich zu stottern beginne, weil ich nicht mehr weiter weiß. Nur wenn ich einfach jage, Tiere, denen nichts fehlt, habe ich einen Halt: jung vor alt.

Doch was mir als Jägerin immer klarer wird: Der Willkür entgeht man nie, man ist nicht Gott. Auch ein Gnadenschuss hat seine Grenzen. Wir sollten uns nichts vormachen. Das Leiden der Welt können wir nicht aufheben, und wir brauchen uns auch nicht einzubilden, dass wir es tun. Wir fügen Leid zu, viel Leid, allein schon durch die Tatsache, dass wir leben und unseren Platz einfordern, und noch sehr viel mehr dadurch, wie wir leben und uns die Erde aneignen.

Und mir fällt noch etwas ein: In Kürze wirft der Spießer seine Stangen ab, um ein neues Geweih zu schieben, dann würde das Band nur noch an seinen Vorderläufen hängen, und er könnte wieder normal laufen, zumindest wenn das Garn nicht seinen Lauf abgeschnürt hat und er bereits halb abgestorben ist. Aber es kann sicher noch ein paar Wochen dauern, bis er die Stangen abwirft, und ob er so lange durchhält, vorausgesetzt, dass er nicht hängen bleibt? Und selbst dann, niemand weiß, ob sein Problem damit gelöst wäre.

Nein, denke ich plötzlich, vielleicht nicht, vielleicht bleibt das Band um seinen Lauf gewickelt und ist weiterhin fest mit der abgeworfenen Stange verbunden. Er ist dazu verdammt, seinen eigenen Kopfschmuck hinter sich herzuschleifen, seinen bereits nutzlosen Kopfschmuck.

Ich habe den Spießer nicht mehr gesehen, niemand hat ihn mehr gesehen, geschweige denn gefunden. Ein Leben mehr oder weniger. Ein schicksalhaftes Ende mehr oder weniger. Schreckensbilder. Warum berührt es uns so? Zumindest, wenn wir direkt damit konfrontiert werden.

Weil wir es uns vorstellen, weil wir uns in andere hineinversetzen können, weil wir mit der Zukunft vor Augen leben, also auch mit dem Tod vor Augen, während wir uns gern unsterblich wähnen. Deshalb gilt der Mensch auch als ein Irrtum der Evolution, ein tragischer Irrtum, ein komischer Irrtum und ein grausamer – das auch.

Und wieder ist da der Philosoph Schelling, so wie er schon seit vielen Jahren immer wieder auftaucht: *Die Natur schlägt im Menschen ihre Augen auf und bemerkt, dass sie da ist.* Mir wird immer schwindelig, so unabweisbar ist diese Aussage, wonach wir Natur sind.

Natürlich kann die Evolution sich nicht irren, die Evolution ist ein einziger großer, hingeworfener Versuch. Jedes Geschöpf, das zum Leben erwacht, jede Art, die entsteht, muss die eigene Existenz behaupten, und was sich davon als lebensfähig erweist, ist gelungen. Und wenn ein Individuum stirbt, bevor es zum Wachstum gelangt, oder eine Art ausstirbt, ist es oder sie dann misslungen? Nein, das auch nicht unbedingt. Misslungen ist zu viel gesagt: Denn wir alle leben vom vorzeitigen Sterben anderer, jedes Leben schneidet anderen Leben den Weg ab, auch wenn es sich ausschließlich von Samen ernährt, und jedes Leben, so kurz es auch war, hat im großen Ganzen eine Bedeutung gehabt, so unsichtbar es auch gewesen sein mag. Es ist versucht worden, es hat seinen Platz gehabt.

Unser Bewusstsein über Vergangenheit und Zukunft, das uns vorantreibt und uns als Art so erfolgreich macht, ist gleichzeitig unser Kreuz. Wir zahlen einen Preis. Vielleicht sogar einen immer höheren, denn nicht nur leiden wir an unserem eigenen Lebensschicksal, wir leiden auch an dem unserer Nächsten und sogar an dem von Menschen auf der anderen Seite der Erde, an dem von Tieren und Pflanzen, wir laden uns immer mehr auf die Schultern und werden zugleich davon durchdrungen, wie machtlos wir als Einzelne sind und wie richtungslos als Art. Es ist uns über den Kopf gewachsen, auch wenn es nie anders war. Ecce homo.

Ist das der Grund, weshalb wir uns immer öfter in Tiere vertiefen, verwirrt sind von dem, was Tiere sind und wo wir selbst stehen? Ecce animal! Siehe, das Tier. Und zögernd: Siehe, das Menschentier, denn ist es nicht das, was wir letztlich sind? Unterdessen leben wir immer weniger körperlich und können, erneut, kaum glauben, dass unsere Bestimmung endlich ist. Der Tod ist das Unglück, mit dem die Menschheit leben muss, das Menschentier, das Tier. Denn es ist das vermaledeite Tier, das uns sterblich macht.

Immer wieder versuchen wir als Menschheit dem Tierreich zu entkommen und als Mensch dem Tier, das wir sind.

Heute ist der 1. April, der Tag, an dem man sich gegenseitig zum Narren hält. Es ist auch der Beginn des neuen Jagdjahres. Heute haben alle wilden Tiere Geburtstag, oder zumindest werden sie ein Jahr älter, alle gleichzeitig. Das haben wir Menschen so festgelegt. Ob ein junges Wildschwein nun genau heute vor einem Jahr geboren wurde oder am 1. Januar oder gestern – heute ist es ein Jahr alt geworden.

Ich sitze auf dem Brachland, mit dem Rücken an einen Kirschbaum gelehnt. Vor mir am Hang der hohen Wiese äsen ein paar Rehe im taufeuchten Gras, eine Ricke und ein Bock mit den beiden Kälbchen, die im Mai vorigen Jahres geboren wurden und die ich ein paar Wochen später fröhlich am Hang herumtollen sah. Es war ein sonniger Abend im Juli, die Zeit der Rehbrunft. Ein ausgewachsener Rehbock spielte mit einem Bockkälbchen, vorsichtig näherten sie sich einander, mit ihren Köpfen nahe am Boden, trafen sich und blieben einen Moment aneinander hängen, wie es Boxer machen. Ich sah in dem Rehbock den Erzeuger des Kleinen, sie trugen ein Scheingefecht aus, eigentlich ist jeder Geweihkampf ein Scheingefecht. Das Kalb war davon so entzückt, dass es im Kreis um die anderen herumzurennen begann, immer schneller und übermütiger, bis es aus der Kurve flog und verdattert zum Stehen kam. Kurz darauf spielten die beiden Kälbchen miteinander, während ihre Mutter mit dem Bock im Wald verschwunden war. Man könnte fast vergessen, dass Rehe solitäre Tiere sind.

Auch sie haben heute alle Geburtstag, und die Kälbchen sind jetzt zu einem Jährlingsbock und einem Schmalreh aufgestiegen. Ich möchte etwas Feierliches spüren, schließlich handelt es sich um die Rehe in meinem eigenen Lebensraum, «meine Rehe», so denke ich sie mir meist. Ich hole tief Luft, um ein leises «Zum Geburtstag viel Glück!» anzustimmen – doch halt, stop, das ist vollkommen lächerlich. Ich will das nicht. Es war kein Funke Ironie dabei. Mir selbst plötzlich fremd geworden, sitze ich verwirrt da.

Dass alles Wild heute ein Jahr älter geworden ist, mache ich mir klar, ist ein bloßer Verwaltungsakt der Menschen.

Ich springe auf, ich habe völlig vergessen, dass Sommerzeit ist. Gestern war es schon eine Stunde länger hell. Die Sommerzeit reizt die Erwartung, bringt den Sommer schlagartig näher. Ich werde die Lehmpfütze für die Schwalben fertigstellen.

Als ich in die Nähe des Hauses komme, sitzt auf dem Acker hinter der Südwiese wieder der blonde Hase, ich sehe ihn dort fast jeden Morgen vom Bett aus. Ich weiß nicht warum, aber für mich ist dieser Hase eine *Häsin*. Etwas liegt neben ihr, mit meinem Fernglas kann ich nicht erkennen, was, denn das Wintergetreide sprießt bereits und fängt an, zu einem hochflorigen grünen Teppich heranzuwachsen. Irgendwo hier muss sich ein Lager befinden.

Dann kommt das, was neben ihr liegt, hoch, ein dunkler, märchenhaft großer Hase mit alten Augen und einem traurigen Blick. Er hat ein junges Gemüse bezirzen können, eine blonde Schönheit. Ich muss plötzlich an die Hasengeschichte von Anton Koolhaas denken, in der sich die Rollen umkehren und der junge, verklemmte Leendert («Ich bin aber auch immer auf der Flucht auch») und die erfahrene, heißblütige Mathilde («Ich werde Ihnen mal was auf die Quaste boxen») in einer Achterbahn intensiver, sonderbarer Empfindungen landen. Ich kenne keine hübschere Geschichte über eine aufblühende Liebe. Bei Koolhaas beleihen sich Mensch und Tier gegenseitig, seine Tiere haben menschliche Züge und sind zugleich Menschen mit den Zügen eines Tieres. So taucht er die Welt in ein wunderliches Licht, fremd und vertraut, neu und uralt.

Seine Hasen ähneln stark den Hasen, wie ich sie kenne. Kein Tier kann so wie ein Hase als Standbild dasitzen, mit seinen Glubschaugen kann er im Kreis sehen, ohne sich zu bewegen, und, so denke ich manchmal, trotzdem nichts sehen. Es scheint, als ob er in Gedanken wäre, ohne etwas zu denken. Bei keinem anderen Tier frage ich mich, warum es gerade dort und gerade so dasitzt, direkt an meiner Kanzel oder mit dem Rücken zum offenen Land und dem Kopf in Richtung eines Strauchs. Von Feng Shui hat der Hase noch nie gehört – aber nein, es ist anders, er hat sein eigenes Feng Shui, ein Hasen-Feng-Shui, das ich als Mensch nicht begreife, allein schon deshalb, weil ich mich nicht bewegungslos umschauen kann.

Es ist jedes Frühjahr wieder schön mit dem Hasen, er verliert seine Scheu, hält sich Tag und Nacht hier auf, unser Hof ist für ein paar Wochen sein Zuhause. Meist ist es nur einer, aber in diesem Jahr sind es zwei, die blonde Häsin und der alte Hase mit seinem grobgliedrigen Körper und Augen, groß und rund wie Murmeln, die von einem breiten, dunklen Rand umgeben sind.

Der Hofhase ist wieder da, schreibe ich Boom, der Osterhase! Gehört er deshalb zu Ostern, weil er uns um die Osterzeit herum Gesellschaft leistet, wenn auch wir aus unseren Häusern kommen und draußen in der Sonne sind? Zuerst dachte ich, dass er es vor allem auf unsere jungen Pflänzchen abgesehen hätte, aber er sitzt, wenn ich die Flügeltüren zur Küche aufschwinge, oft einfach nur da und knabbert am Gras. Ab und zu greife ich zum Fernglas, damit ich sein emsig mahlendes Mäulchen von ganz nahe betrachten kann, die weiche, bewegliche Nase, die Ruhe und den Ernst. Der Hase geht mit Begeisterung auf in dem, was er tut, auch wenn er nichts tut. Und er weiß nicht, wie keck er dann wirkt.

Es ist kein Zufall, dass wir jedes Jahr zu Ostern einen Hofhasen haben, ich vermute, dass die Häsin ihre Jungen am liebsten irgendwo bei uns in der Nähe ablegt, wo die Raubvögel sich nicht so schnell aus dem Himmel herabstürzen und die Füchse sich nur mit großer Eile über den Hof wagen.

Ich habe noch nie junge Häschen gefunden, manchmal suche ich ein bisschen danach, beiläufig, damit ich mir selbst noch so gerade eben weismachen kann, dass ich nicht nach ihnen suche. Denn ich will sie in Ruhe lassen.

5

Zwanzig Frühlinge und
meine große kleine Eiche

Auf meinem Bildschirm öffne ich eine Karte, tippe meine Adresse ein, und es erscheint, äußerst detailliert, der Ort, an dem ich lebe, die Gebäude auf dem Hof sind dort sauber als kleine Vierecke abgebildet. Ich starre auf die Koordinaten: eine Reihe aus acht Ziffern für die nördliche Breite und noch eine für die östliche Länge, in Grad, Minuten und Sekunden. Plötzlich sitze ich hier in meinem Kuhstall an einer geografischen Schnittstelle, mit den Sekunden gar auf zwei Stellen hinter dem Komma.

Hier, an diesem Punkt, bin ich jetzt, auf einem Himmelskörper mit einer unendlichen Zahl solcher Punkte, und auf unvorstellbar vielen davon befinden sich Menschen, Tiere, Pflanzen, individuelles Leben. Ich sitze mit dem Rücken am Lehmofen, betrachte die Karte, zoome heran und heraus und sehe wieder die Reihe vor mir, die ich als Kind oft aufsagte, weil ich dann diesen merkwürdigen Schauder verspürte: Name, Straße, Ort, Provinz, Land, Kontinent, Erde, Milchstraße, Weltall.

Selbst jetzt, mehr als ein halbes Jahrhundert später, durchströmt es mich wieder, wie unsagbar klein ich mich in diesen Momenten gefühlt habe, wie unsagbar einmalig und allein. Indem ich die Reihe wiederholte und wiederholte, wie ein Mantra, so wird mir jetzt klar, begann mir meine Individualität zu dämmern, meine Zeitgebundenheit und meine unfassbare Nichtigkeit – nur, dass damals Gott noch da war, um auf mich aufzupassen.

Ich klicke auf den Button für die Luftbilder, und der langgezogene rechteckige Klotz des Kuhstalls verwandelt sich in ein gleichmäßig graues Dach mit vier schwarzen Kästchen, das sind die Lichtplatten. Jetzt, in diesem Augenblick, sitze ich leibhaftig dort an dieser Stelle, die ich von oben betrachte.

Neben dem großen Findling ist ein heller Fleck zu erkennen, das muss der kleine Berg aus Kies sein, der vom Bau des Lehmofens übrig geblieben war. Ja, stimmt, der dunkle Punkt auf dem First ist der neue Schornstein, den wir dafür bauen mussten. Die Aufnahme ist also nach dem Sommer 2017 entstanden. Vielleicht habe ich ja damals hier draußen herumgewerkelt, ein Pünktchen, vielleicht hinter einer Schubkarre, denn wie oft bin ich stehen geblieben, um zu den Flugzeugen hochzuschauen, zu den Streifen, die sie machten.

Das Grundstück wirkt karg, fast farblos, die Bäume und der Rasen rund um das Bauernhaus sind graugrün. Dennoch scheint die Sonne. Das fällt vor allem beim Dach des Bauernhauses ins Auge, die Dachziegel an der Vorderseite sind blass terrakottafarben, die an der Nordseite dagegen dunkel und gehen nahtlos in den schwarzen Schatten des Hauses über. Die Sonne steht also im Südosten. Erst jetzt sehe ich, dass auch die Stirnseite des Kuhstalls einen Schatten wirft und die Bäume größer wirken als sie sind, weil ihre Schatten an ihnen kleben. Die Eichen am nordwestlichen Rand des Grundstücks, das an die Salzwiese, ein geschütztes Sumpfland, grenzt, sind kahl und werfen ihre Schatten weit voraus, so dass der Boden fast schraffiert erscheint. Doch die Kastanien am Südrand des Grundstücks sind in Wolken graugrünen Tülls gehüllt, und das deutet auf das Frühjahr hin. Ich suche die junge Eiche vor der Gartentür …, da ist sie, ein hellbrauner Lockenkopf, sie trägt noch ihr dürres Winterlaub, meine kleine Eiche.

Es muss also ein sonniger Vormittag zu Beginn des Frühjahrs gewesen sein. Das Frühjahr 2018, denn aus diesem Jahr kann die Aufnahme nicht sein, die Eiche hat ihr Laub bereits verloren. Es war also kurz nach dem verspäteten, aber sibirisch kalten Winter. Erst im April hatte, äußerst zögerlich, der Frühling eingesetzt – doch da war ich schon wieder in Amsterdam.

Aber Moment mal, was ist denn mit dieser ungewöhnlichen Überschwemmung des Tümpels in dem Winter, die müsste doch zu sehen sein? Ich schaue noch einmal genau hin und sehe in ein dunkles Loch, gesäumt von einem breiten Rand wolliger, graugrüner Weiden, die ihre langen Schatten auf das flache Ufer werfen. Lediglich vor dem kleinen Kartoffelacker ist das Gras merkwürdig fleckig und dunkel, das muss die letzte Sumpfpfütze gewesen sein.

Das Luftbild verwirrt mich anfangs wegen des Blätterdachs der meisten Bäume, bis mir klar wird, dass die Sache auf Augenhöhe natürlich völlig anders aussieht. Ich gehe zur Gartentür, schaue zu den Weiden rund um den Tümpel hinüber und sehe, was ich damals gesehen haben muss: Zweige mit glänzenden Kätzchen und jungen Blättern, die sich vor dem Himmel abheben. Das austreibende Grün ist aus der Vogelperspektive verdichtet. Und dort, wo die Eschen und Eichen stehen, die erst spät ausschlagen, ist es auf der Aufnahme ebenso wie jetzt noch winterlich.

Am auffälligsten ist der Bodenbewuchs. Jetzt, wo ich aus großer Höhe auf unser Grundstück hinabschaue, erkenne ich mit einem Blick, wo das Gras kurz war: Rund um den Bauernhof und im Obstgarten ist der Rasen gleichmäßig fahlgrün, die anderen Stellen, an denen nur ein einziges Mal oder gar nicht gemäht worden war, sind beige und wirken unordentlich, sie sind übersät mit Streifen und Kratzern, Craquelé.

Die breitesten Streifen sind die Pfade, die wir benutzen, insgesamt nur ein paar, alle anderen sind durch das Wild ausgetreten worden, feste Routen, die über unseren Hof führen, und weniger feste, gelegentliche. Das Ganze sieht aus wie eine Haut voll tiefer und feiner Runzeln. Ich wusste nicht, dass es so viele sind.

Als es Abend geworden ist, suche ich auf GeoPortal, wo ich das Luftbild gefunden habe, nach dem Datum der Aufnahme. Es stellt sich heraus, dass es ein Geoinformationssystem mit Luftaufnahmen des gesamten Bundeslandes gibt, verteilt über fünf Regionen und auf fünf Jahre angelegt. Ein Fünfjahresplan, grinse ich, das waren sie hier im Osten so gewohnt.

Es wird nur im Frühling und im Sommer geflogen. Ich verliere mich in der Welt der Geoinformationssysteme. Schließlich stoße ich irgendwo auf eine Liste: Das jüngste Luftbild unseres Gebiets stammt vom

9./10. April 2018. Das ist es, mein Luftbild! Geplant sind eine «Sommer-befliegung» 2020 und eine «Frühlingsbefliegung» 2023 – was in meinen niederländischen Ohren nach Frühlingskitzel klingt.

Taumelnd zwischen Suchen und Starren sitze ich vor meinem Bildschirm. Es ist längst dunkel, doch die Vorhänge sind noch auf, so dass sich das erleuchtete Zimmer in den schwarzen Fensterscheiben spiegelt. Nach und nach schließe ich die Fenster auf dem Bildschirm, um sie noch ein letztes Mal vorbeiziehen zu sehen – als Letztes das Luftbild: Da bin ich, hier bin ich, ein Punkt in einem Kuhstall in tiefster Nacht, ich zoome heraus, bis mein Hof ein kleiner Fleck auf der Erdkugel ist, die im unendlichen Weltraum verschwindet, und drücke auf «Aus».

Am nächsten Morgen gehe ich gleich nach draußen, stehe wieder mit beiden Beinen auf der Erde, um mich herum ein unendlicher Raum in einer endlosen Zeit. Es ist schon der zwanzigste Frühling hier, geht es mir wie ein Refrain durch den Kopf, mein zwanzigster Frühling. Ich spaziere noch ein wenig herum, setze mich in den Hängesessel unter dem großen Ast der Wildkirsche und starre auf die kleine Eiche.

Im Frühling vor zwanzig Jahren habe ich mit der Sense Stück für Stück das brachliegende Feld hinter dem Kuhstall gemäht, das mit Brennnesseln und Disteln überwuchert war. An der Stelle zwischen dem Weidenhackwäldchen und der geplanten Gartentür sah ich, kurz bevor ich die Sense erneut ansetzte, einen kleinen Stecken mit Blättern daran, die gerade gesprossen waren, eine Eiche, noch keine zwanzig Zentimeter groß. Ich schlug einen Pfahl daneben ein und band das Bäumchen mit einem Juteband daran fest. Im Herbst habe ich dann Maschendraht darumgewickelt, um zu verhindern, dass es von wilden Tieren gefressen wird. Diese Eiche wollte ich von Anfang an aufwachsen sehen.

Jahrzehntelang waren die Gebäude auf dem Hof Wind und Wetter ausgesetzt gewesen, die Natur hatte den Obstgarten, die Wiesen und die Tümpel überwuchert, die Tiere, die hier lebten, hatten freies Spiel gehabt. Fast sofort war ich in den Bann dessen geraten, was sich hier seit

1827 abgespielt haben musste. Wie ein Archäologe suchte ich nach vergangenem Leben, mit dem Hund, den ich mir von Freunden in Amsterdam ausgeliehen hatte, erkundete ich die Landschaft und spürte frühere Bewohner oder ihre Nachkommen auf. Daraus entstand *Blankow*, mein erstes Buch, das von hier handelt.

Ich weiß nicht, wie lange es gedauert hat, bis ich in der kleinen Eiche einen jungen Baum zu sehen begann, zehn Jahre bestimmt, der Hund war schon tot. Im Winter brauchte die Eiche nicht mehr eingepackt zu werden: Die Rehe konnten die jungen Zweige nicht mehr erreichen, und die Rinde war zu hart für die schälenden Schneidezähne des Damwilds. Wiederum Jahre später stand dort ein stolzer junger Baum, seine Äste hatte ich bis auf Kopfhöhe zurückgeschnitten, um die Aussicht von meinem Haus aus freizuhalten.

Doch erst als der Baum mir im Sommer vor zwei Jahren den ganzen Tag über Schatten spendete, war er zu einer ausgewachsenen Eiche geworden, nun ja, ein ausgewachsenes Eichlein, denn Eiche klingt allzu mächtig und betagt. Im vergangenen Herbst lag ein Teppich aus Eicheln rund um seinen Stamm: Zum ersten Mal arbeitete er ernsthaft an seiner Fortpflanzung. Dazu wird ihn der knochentrockene Sommer noch zusätzlich angespornt haben, denn unter erschwerten Bedingungen hat die Fortpflanzung Vorrang vor dem Wachstum. Ich harkte die Eicheln zusammen und brachte zwei Schubkarren voll zu der Kirrung.

Die kleine Eiche markiert meine Jahre hier, und das erfüllt mich mit Stolz, ich habe zwar, anders als sie, keine Pfahlwurzel, aber auch ich habe hier Wurzeln geschlagen. Merkwürdig eigentlich, dass ich nie gemessen habe, wie hoch sie ist. Das fällt mir erst jetzt auf, weil ich mich immer häufiger frage, ob sie bereits bis an den First des Stalls reicht.

In einem weiten Halbkreis laufe ich um sie herum, vom höchsten Punkt des Feldwegs aus reicht die Eiche bei Weitem nicht bis zum Dachfirst, wenn ich jedoch hinter dem Komposthaufen stehe, sind die neuen Zweige vom letzten Jahr bereits höher als das Dach. Stehe ich auf dem Pfad an der Innenseite des Erdwalls, ragt die gesamte Spitze darüber hinweg, und von der Mitte des Tümpels aus sogar der halbe Baum – unglaublich, wie schnell meine Perspektive das Verhältnis zwischen Eiche und Dachfirst verändert.

Ich stelle mich direkt an die Eiche, lege den Kopf in den Nacken und schaue am Stamm empor. Ich fühle mich klein wie ein Wichtelmännchen und schätze: Wenn ich viermal auf meinen eigenen Schultern stehen würde, wäre ich so groß wie sie. Dann wäre sie noch nicht einmal siebeneinhalb Meter hoch. Das kann doch nicht sein. Die Firsthöhe liegt bei elf Metern. Das führt zu nichts, ich muss eine Methode finden, ihre Höhe zu bestimmen, vage erinnere ich mich an irgendetwas mit Schatten und Verhältnissen. Das könnte ich jetzt ausprobieren: Die Sonne scheint, und der Schatten der Eiche fällt nach Norden hin aufs Gras.

Ich gehe rein und schaue es nach. Es ist ganz einfach: Das Verhältnis zwischen verschiedenen Objekten und ihrem Schatten ist bei gleichem Sonnenstand stets derselbe. Ich nehme einen kleinen Pfahl und ein Maßband, schlage den Pfahl in den Boden, messe seine Höhe – 90 Zentimeter – und dann seinen Schatten: 1,02 Meter. Anschließend messe ich den Schatten der Eiche: 11,2 Meter. Ich lasse den Computer die Rechenarbeit erledigen und komme Pi mal Daumen auf zehn Meter.

Zehn Meter in zwanzig Jahren, also wird meine Eiche frühestens in zwei oder drei Jahren den First überragen. Das werde ich sicher noch erleben, aber von jetzt an nochmals weitere zehn Meter?

Zwanzig Jahre … Ich weiß schon längst nicht mehr, wer ich gewesen wäre, wäre ich hier nicht gelandet. An dem Tag, als ich Ja zu diesem Flecken gesagt habe, hatte ich keine Ahnung, wofür ich mich eigentlich entschied. Ich wusste nur, dass ich eine Zuflucht vor meinem Leben in der Stadt suchte und dass diese Landschaft die Erinnerung an meine Kindheit weckte.

Im Laufe der Jahre bin ich mit diesem Ort verwachsen. Ich habe Brennnesseln, Disteln, Heckenrosen und Schlehen bezwungen und einen Gemüsegarten angelegt. Aus dem nahegelegenen Sumpfland habe ich für den Tümpel junge Erlen und Sumpfdotterblumen aufs Grund-

stück geholt und entlang der Getreideruine junge Kirschbäume gepflanzt, die Früchte tragen sollten, wenn die alten im Obstgarten ein-
gehen würden. Bei all meinem Tatendrang habe ich viel Leben zerstört,
und das tue ich noch immer, das Leben von Pflanzen und Bäumen, von
Vögeln und Fledermäusen, Kröten und Igeln, Mardern, Wespen und
Würmern – und das der Wildtiere. Und mir wurde jedes Jahr deutlicher
bewusst, dass sie mehr hierher gehören als ich. Sie leben in der Unmit-
telbarkeit der physischen Welt um sie herum, für sie gibt es keine andere
Welt als die des Hier und Jetzt.

Als Mensch versuche ich, die Welt um mich herum nach meinen Vorstellungen zu gestalten, ich suche nach einem Gleichgewicht, in dem die
Arten, die in diesem Ökosystem zu Hause sind, hier bleiben, und trachte
danach, das System zu bereichern, damit es widerstandsfähiger wird.
Aber weil ich etwas mache, ohne es im Griff zu haben, greife ich mit
sanfter Hand ein. Allein schon die Trockenheit, die sich jetzt bereits im
zweiten Jahr abzuzeichnen beginnt, zwingt mich zur Bescheidenheit:
Ich kann schon froh sein, wenn es den vertrauten Arten trotz allem gelingt, hier zu überleben, und vielleicht spontan ein paar neue dazukom-
men.

Während ich heute Nacht damit beschäftigt war, aus virtueller Höhe unser Grundstück zu studieren, haben die Wildschweine den Obstgarten
noch einmal gründlich umgewühlt. Von den weißen Frühlings-Hungerblümchen keine Spur mehr, jetzt sticht das buttrig blühende Scharbockskraut gegen die frischen Erdklumpen ab, gelb gegen schwarz. Es
ist der erste Bodendecker des Frühlings, die Blätter stecken voll mit
Vitamin C, aber die Wurzeln und die Blüten sind giftig. Das riechen die
Schweine, also wühlen sie darum herum. Beim Namen «Scharbockskraut» sehe ich sofort eine Hexe vor mir, die in ihrem Kochtopf über
dem Feuer einen giftigen Trank braut. Wenn ich das Wort schnell vor
mich hinmurmele, höre ich das niederländische *scheurbuik*, Skorbut,
heraus.

Das kenne ich von früher: Meine Mutter legte im Winter jeden Tag ein paar gelbe Vitamin-C-Tabletten neben unseren Teller, gegen den *scheurbuik*, wie sie sagte. Sie schmeckten wie Bonbons, schön süßsauer, und oft stibitzte ich eine Handvoll von ihnen aus dem Vorratsglas. Das hätte ich bei der Dose mit den Süßigkeiten nicht gewagt, doch bei Vitamin C hatte ich keine Skrupel, ich brauchte nur an die Seeleute auf Großer Fahrt zu denken, die in ihren Kojen im Vorschiff lagen und sich vor Schmerzen mit den Händen ihre *gescheurde*, ihre «zerrissenen» Bäuche hielten, wie ich dem Wort nach fälschlich dachte, während ihr Schiff auf dem endlosen, grauen Ozean umhertrieb.

Ich hatte in meinem Freiland Scharbockskrautblätter für den «Superfood»-Salat pflücken wollen, aber nun, da die Pflanze blüht und die Wildschweine sie verschmähen, traue ich mich nicht mehr. Wie dem auch sei, darin, dass das Giftige uns tötet, aber auch oft heilt, sehe ich eine der besten Lektionen, die die Natur uns lehrt. Sie macht kurzen Prozess mit dem Wunschdenken, wonach alles, was aus der Natur kommt, gut für uns ist. Schmunzelnd denke ich wieder an das Gift des Ölkäfers: Die Natur spielt uns so manchen Streich.

Mit meinen Holzschuhen stoße ich auf gut Glück ein paar Klumpen zurück in die tiefsten Löcher. Auch wenn der Westfale mir die Erlaubnis geben würde, die Schweine zu schießen, als Jägerin hätte ich jetzt nicht die Spur einer Chance, denn es ist Neumond. Dennoch rufe ich ihn an, er soll wissen, welchen Schaden die Wildschweine in seinem Revier anrichten und wo sie sich aufhalten, auch wenn er es mir nicht danken wird.

Er blafft mich an, dass im Obstgarten nicht gejagt werden dürfe, er also nicht für den Schaden verantwortlich sei und ich sie mit Gelben Säcken, Menschenhaar, einem ungewaschenen Pyjama oder flüssigem Menschengeruch aus der Fabrik, der eigens zur Abschreckung hergestellt werde, kurzum, mit Lärm und Gestank vergrämen solle. Ich beende das Gespräch und hänge gehorsam ein paar dreckige Kleidungsstücke an die Zweige sowie Müllsäcke, die im Wind rascheln sollen. An den Stamm eines Apfelbaums binde ich meine Wildkamera: *Big Sister is watching you!*

Das wird ihnen eine Lehre sein, der Oberbache mitsamt ihrer Rotte, denke ich zynisch und habe das Gefühl, mich zum Gespött der Tiere zu machen.

In der Wühlkuhle ganz hinten bewegt sich etwas Rotschwarzes. Es sind zwei sich paarende Feuerwanzen, die wie ein ultrakurzer Zug ihre Runden drehen. Mühsam krabbelt das Paar voran, mit den Hinterteilen aneinander, ob das Männchen vorn ist oder das Weibchen, weiß ich nicht. Für Insekten habe ich kein geübtes Auge, also wundere ich mich über alles, was ich sehe. Und jetzt sehe ich überall Feuerwanzen, die sich paaren.

Zurück im Haus lese ich, dass Feuerwanzen sich gern in der Nähe von Linden aufhalten. Stimmt, in der Hecke zwischen dem Obstgarten und dem Untergarten zur Salzwiese steht eine Linde. Und die Chaussee ist sogar eine Lindenallee. Ob die Linden gut damit fahren? Auf jeden Fall schadet es ihnen nicht. Vor nicht einmal einem Jahrhundert war die Feuerwanze hier in der norddeutschen Tiefebene noch eine exotische Erscheinung. Inzwischen ist sie in großer Zahl aus dem Süden vorgerückt, weil das Klima hier milder geworden ist, und das mag sie. Es ist eigentlich ein Wunder, dass es so schnell ging, denn die Feuerwanze kann nicht fliegen. Weil sie oft in der Nähe von Menschen lebt, werden die wohl ihren Anteil an der Feuerwanzenverbreitung gehabt haben.

Es ist kein Wunder, dass ich sie alle gerade beim Fortpflanzen ertappt habe, denn es gehört zu den Gewohnheiten der Feuerwanzen, dass sie sich tagelang ununterbrochen paaren. Der Grund dafür ist prosaisch: So hindert das Männchen das Weibchen daran, sich mit einem Rivalen einzulassen. Eine überraschende Vorgehensweise, um das eigene genetische Erbe sicherzustellen. Somit ist auch anzunehmen, dass bei diesem Paarungszirkus das Männchen die Lokomotive ist.

Auf die Wanze bin ich schon in meinem ersten Sommer gestoßen, als ich im Obstgarten Johannisbeeren pflückte. Ich steckte die saftigen roten Trauben gierig zwischen meine Lippen und streifte so die Beeren von den Rispen. Bis eine davon so eklig schmeckte, dass ich alles prustend wieder ausspuckte, es war, als hätte man die Beeren in geschmolzenes Linoleum getaucht. Auch in meinem Pflückeimer roch es regelmäßig nach diesem Alarmgeschmack. Die Ursache? Ein hübscher platter Käfer, ein blinder Passagier, der als frisches Blatt mit in den Eimer gewandert war: die grüne Schildwanze. Auch Beerenwanzen mit ihrem braunvioletten und olivgrünen Muster, den schwarzweiß gefleckten Seitenrändern und ebensolchen Fühlern hatte ich in dem Sommer bereits gesehen. Viele Wanzen haben ein geometrisches Muster, als würden sie direkt vom Reißbrett kommen.

Ich hatte mich schon fast im Studium der Wanze verloren, als ich feststellte, dass es Zehntausende von Unterarten gibt. Die kann man sich nicht merken, also überlegte ich mir einen Ausweg, der später zu meinem Leitsatz wurde: Ich muss mir nur Arten merken, die ich hier vorfinde.

Wanzen sind keine Käfer, Wanzen stehen für sich. Sie haben, sehe ich am Bildschirm, einen Saugrüssel, der einem Elefantenrüssel ähnelt, aber steifer ist und sich nicht ringelt. Das ist mir bei einer lebenden Wanze nie aufgefallen. Mit diesem Rüssel saugen sie Pflanzensäfte auf und manchmal auch Insekteneier, ihre Mundhöhle arbeitet wie eine Vakuumpumpe. Es gibt nur wenige Erfindungen, die ihren Ursprung nicht in der Natur haben. Ob es uns heute noch bewusst ist oder nicht, wir haben sehr viel sehr geschickt nachgeahmt.

Ich bin verrückt nach solchen Informationen, sie machen mich immer auf eine aufrührerische Art und Weise fröhlich: Es sind Nadelstiche, provozierende Knüffe an die Adresse all dieser Schlaumeier, die nicht begreifen wollen, dass unsere Unwissenheit grenzenlos ist. Denn so unvorstellbar viel Wissen wir alle miteinander auch ansammeln, es gibt noch unendlich viel mehr, und gleichzeitig verlieren wir auch wieder unvorstellbar viel an altem Wissen.

Jeden Tag studiere ich die sechzehntägige Wettervorhersage. Wo bleibt der Regen? Der aktuelle Stand: Unter den sechzehn Tagen gibt es nur einen mit zehn und einen mit fünf Prozent Regenwahrscheinlichkeit, wie viel Liter pro Quadratmeter erwartet werden, steht nicht mal dabei, es bleibt also bei «jedes bisschen hilft». Auch wenn ich mich frage, wie lange das noch funktionieren wird.

Der Frühling beginnt seinen Glanz zu verlieren, denke ich, als ich zu den austreibenden Rosskastanienbäumen hinübersehe: Sind die Knospen vor der Blüte immer so braun? Mit einem Mal sehe ich etwas Krankes darin, denn so habe ich Kastanienbäume noch nie wahrgenommen, nicht im Frühjahr. Im Sommer geht es schon seit ungefähr zehn Jahren schief, dann verrichtet die Miniermotte ihr Werk: Die Blätter bekommen braune Flecken und verschrumpeln, noch bevor sich die Bäume in feurige Herbstfarben hüllen können. Als die Plage auf ihrem Höhepunkt war und alle Welt unkte, dass die weiße Rosskastanie kurz vor dem Aussterben stehe, bildeten die Bäume im Herbst rasch neues Laub aus, was allerdings erst recht krank aussah: dieses frische Grün zwischen den verdorrten Blättern, diese Vergeudung von Kraft. Das junge Laub verkümmerte gleich wieder. Es war, als hätten die Kastanien eine Verzweiflungsoffensive gestartet.

Und nun scheint es so, als würden die Kastanien schon im Frühling befallen. Der Grundwasserspiegel sei so niedrig wie sonst im August, hörte ich von einem benachbarten Bauern. Im April! Demnächst habt ihr all das Leben an euren Zweigen hängen, denke ich trübsinnig, während ich meine zwei Wächter am Südrand des Hofs betrachte, und eure Kerzen werden dürr und braun werden, bevor sie weiß und stolz in Blüte stehen. Wie vergeblich, all das Sprießen, Blühen, all das Aus-den-Eiern-kriechen, Verpuppen oder Lebend-geboren-werden.

Vergeblich? Wieso vergeblich?, unterbricht mich meine Besserwisserin. Die Natur kümmert das nicht, das weißt du doch, für Vergeblichkeit braucht es Menschen. Die Kastanien denken nicht an die Zukunft, sie holen ihr Wasser einfach aus der Tiefe, das ist alles. Lebende Arten denken nicht in Zeiträumen von einem, zwei oder selbst zehn Jahren, das machen nur wir, die Menschen unter ihnen. An den Miniermotten sind deine Kastanien bis jetzt auch nicht eingegangen. Hör auf mit der Miesmacherei, lass dich durch den begrenzten menschlichen Zeitbegriff, dem du verhaftet bist, nicht in ein schwarzes Loch ziehen.

Die unablässigen Gespräche in meinem Kopf ermüden mich, das Räsonieren zwischen Hoffnung und Furcht, das Gefühl, mich beeilen zu müssen, als würde es von mir abhängen. Um dann ganz zermürbt nichts zu tun. Ich stehe vor dem Fenster und suche nach etwas, das mir das Herz leichter machen könnte.

Ein Storch! Als hätte er mich gehört. So früh im Jahr habe ich ihn noch nie auf dem Hof gesehen. Mit eitlen Schritten stakst er träge beim Komposthaufen herum. Ich greife zum Fernglas, um ihm so dicht wie möglich aufs Federkleid zu rücken. Es ist ein großer, der vom letzten Jahr, wette ich, und aus dem Jahr davor, der vom Dorf hinter den Hügeln. Sollte er vielleicht einen anderen Platz für sein Nest suchen? Oder ist er doch ein Nachfahre des alten? Ich träume schon seit zwanzig Jahren von einem Storchennest auf dem Strommast.

Er steigt in den Tümpel, ich kann nicht erkennen, was er dort macht, nach einer Minute ist er bereits auf der anderen Seite. Siehst du, es ist da so tot wie nur was. Er hat gleich erkannt, dass dort nichts zu holen ist, ein Dreckstümpel ist es geworden. An der Totholzhecke vorbei läuft er zum Gemüsegarten hinter dem Anbau.

Ich schleiche durchs Haus, um ihn nicht durch abrupte Bewegungen zu verschrecken. Der Gemüsegarten liegt außerhalb meines Blickfelds. Im Innenhof unter dem Fettknödel sehe ich eine Maus herumstöbern, sie kriecht durch ein kleines Loch in der Wand hinüber in den Gemüsegarten, kommt aber geschwind wieder zurückgewieselt und flüchtet unter den Plankenboden des Anbaus. Ich muss lachen. Da hast du dich aber erschrocken, was, mit diesem Storch plötzlich vor deiner Nase, für den du so ein leckerer Happen wärst.

Dann sehe ich durch die Gartentür in der Ferne Bewegung: Von der hohen Wiese zieht ein Rudel Damtiere mit den Kälbern vom letzten Jahr quer über den Acker zu dem kleinen Anglersee hinab, zuletzt das weiße Tier, mein Märchentier, schneeweiß glänzend in der Sonne. Ich grinse vor Freude bis über beide Ohren. Im nächsten Moment liegt der

Acker schon wieder still und verlassen da, aber das Lächeln bleibt noch eine Weile auf meinem Gesicht.

Doch warte, der Storch, wo ist der jetzt? Ich suche ihn vom Küchenfenster aus, er läuft an der Wäscheleine bei der Ostwiese vorbei, sieht sich suchend um, scheint aber nicht auf Fressen aus zu sein, er inspiziert das Grundstück. Plötzlich fühle ich mich wie eine Verkäuferin, die ihre Ungeduld unterdrückt, während sich der Kunde mit kritischem Blick alle Zeit der Welt nimmt, um ihr Angebot zu prüfen. Diese Abhängigkeit – man muss hinterlistig herausfinden, was jemand denkt, was er will, wie es sich beeinflussen lässt, jemandem nach dem Mund reden, ihm Honig ums Maul schmieren, bis man sich ganz kriecherisch fühlt. Und im selben Augenblick spüren, wie die Hoffnung *und* die Vorboten der Scham aufkeimen, wenn dem Kunden nicht gefällt, was du im Angebot hast.

Ich tröste mich: Der Storch hat ernsthaftes Interesse. Im letzten Sommers saß er bereits ein paar Stunden auf unserem Strommast. Schon da habe ich heimlich gedacht: Wer weiß, vielleicht überlegt er ja, sich hier ein Nest zu bauen.

Als ich später von meinem Platz am Ofen aufstehe, um rauszugehen, sehe ich auf dem Weizenfeld etwas Weißes liegen. Das weiße Damtier, nein, das kann nicht sein. Spähen, das Fernglas nehmen, es sind – Himmel noch mal – es sind die drei Schafe! Ich renne zur Haustür, besinne mich und renne zurück zum Fenster. Unruhig, mein Körper möchte in Aktion treten, aber ich will nicht, dass die Schafe sich davonmachen. Ich weiß genau, was ich will, ich will sie anlocken, fangen, aber wie?

Wenn ich sie lebend zu fassen kriege, müssen sie nicht auf den Spieß oder in die Pfanne oder, schlimmer noch, zum Abdecker. Ich kann ein versetzbares Gehege bauen, versuchen, sie wieder zahm zu bekommen, sie können unsere Wiese abgrasen. Man stelle sich vor, Tiere auf meinem Hof, *boerderijdieren*, wie sie auch niederländische Erwachsene immer häufiger in kindlicher Manier nennen, «Bauernhoftiere». «Nutztiere» heißen sie im Deutschen sachlich. Oder «Vieh», wie man sie früher bei uns auch nannte, *vee* – das hört man bei Städtern nur noch selten, es fängt sogar an, zu einem Schimpfwort zu werden.

Wenn es klappt, würde ich einen Schafscherer kommen lassen, damit die Schafe im Sommer nicht in ihren dicken Wollpelzen herumlaufen müssen. Ich könnte sogar wieder anfangen zu spinnen. Mein Spinnrad, das ich früher zu Hause hatte, steht jetzt hier auf dem Heuboden. Ich habe noch ein Schwarzweißfoto, auf dem ich als spinnendes Hippie-Mädchen auf einem Jahrmarkt stehe. Ohne das Foto hätte ich wahrscheinlich nie mehr daran gedacht.

Die Wolle kam von unseren eigenen Schafen, ganze Jutesäcke voll. Jeder wollte gern so einen grobgesponnenen Schal, eine Mütze oder einen Pullover haben. Meine Mutter und ich strickten ein Teil nach dem anderen. Ich reibe den Daumen über meine Finger, kann die glänzenden, gelben Fetttropfen an meinen Händen fast spüren, atme mit geschlossenen Augen den Geruch ungewaschener Wolle ein, Mmm, wie sich das anfühlte, wie es roch, ich höre das Blöken. Wenn es mit den Schafen klappt, werde ich wieder spinnen, stricken. Erneut höre ich es blöken. Es ist real, es ist hier, die Schafe sind aufgestanden, stecken die Köpfe zusammen und beraten über den heutigen Plan, und niemand darf es hören.

Ich könnte mal leise nach draußen gehen, ganz ruhig, sie müssen sich daran gewöhnen, dass hier Menschen sind, sonst hat mein Plan nicht den Hauch einer Chance. Die alte Idee, sie abzuschießen und aufzuessen, kann ich sowieso vergessen, schließlich darf ich hier nicht jagen, dazu müssten sie erst zurück ins Nachbarrevier. Doch vor allem: Ich habe sie lieber lebend auf meinem Hof als tot in der Pfanne. Schritt für Schritt bewege ich mich am Gemüsegarten entlang und behalte sie dabei scharf im Auge. Aber sie machen bereits Anstalten aufzubrechen, da gehen sie hin, trippelnd in ihrem Schafstrab über den Hügel.

Aus der Lockfuttertonne im Stall schöpfe ich einen Eimer Mais und gehe wieder zurück. Ich spähe um mich herum, ob mich nicht zufällig, rein zufällig, jemand sieht, und gehe dann über den Acker zu der Stelle, an der die Schafe lagen. Von dort aus lege ich mit dem Mais eine Spur bis zu unserem Hof, streue etwas auf die Karrenspur, nicht zu viel, das fällt auf, jedes einzelne Korn springt mir plötzlich ins Auge, dann weiter über den Wildwechsel, am Strommast vorbei bis zur Mitte der Südwiese. Dort steht ein Pfosten im Boden, an den ich meine Wildkamera hängen werde. Neben den Heuhaufen – der Grasschnitt vom letzten Sommer – stelle ich einen alten Emaille-Wok mit Wasser und werfe die Blumenkohlblätter von gestern daneben. Wildkamera einstellen, fertig.

Der Tag beginnt sonnenüberflutet, die Welt ist weiß, es hat ordentlich gefroren. Mit einem Stock kann ich die Eisschicht in der Mörtelwanne kaum zerschlagen. Darin steht schon seit Tagen eine Mischung aus Lehm, Kies, Erde von Maulwurfshaufen, altem Heu vom Dachboden und Wasser zum Einweichen. Ab und zu habe ich darin herumgerührt, der Brei wurde immer sämiger, aber jetzt lässt er sich wieder schwer umrühren. Ich sehe zu der Wildkirsche hinauf, die Knospen sind gerade aufgesprungen, die Blüte ist rosa und zart, das gibt wenig Kirschen für mich, für die Vögel, die Marder, Waschbären, Dachse und die Füchse. Welche Säugetiere Kirschen essen, sehe ich an den ausgeschiedenen Kernen in ihrem Kot. Die Süßkirschen bei der Getreideruine stehen noch in der Knospe, ihre Chance ist noch nicht vertan.

Monatelang hat hier alles auf den Frost gewartet, und jetzt kommt er zu spät und für den Frühling zu streng. Doch morgen soll das Wetter schon wieder umschlagen, zum Abend hin wird eine Regenwahrscheinlichkeit von zehn Prozent erwartet. Also muss ich *jetzt* in die Stadt, um Regentonnen zu kaufen und eine Teichfolie.

Ich muss mich jedes Mal überwinden, den Hof mit dem Auto zu verlassen. Rasch schaue ich noch auf die Wildkamera: drei Aufnahmen, jedoch nicht von Schafen. Was es genau ist, sehe ich mir dann später an, jetzt inspiziere ich nur noch kurz den Mais auf dem Wildwechsel – alles weg –, ich mache mich zurecht und fahre los.

Drei Stunden später biege ich wieder auf den Hof ein, das Auto voller Plastik. Als der erste Regen zum angekündigten Zeitpunkt fällt, bin ich gerade dabei, die Tonnen aufzustellen, eine an der Wand auf der östlichen Seite, eine an der auf der westlichen Seite. Die Tropfen ticken auf den Plastikboden, bis aus dem Regenrohr ein dünner Strahl rinnt. Nur her mit dem Regen, dreihundert Liter kann jede Tonne fassen. Mit meiner Begeisterung übertöne ich meine Plastikscham.

Am nächsten Morgen kann ich es kaum erwarten, rauszugehen und nach den Schafen, den Regentonnen und der Lehmpfütze zu sehen, doch unter der Wildkirsche stehen zwei Kraniche, so nahe, dass ich mich noch ein wenig gedulden muss. Sie schreiten an dem Feldsteinhaufen entlang, «Schreitvögel», denke ich, auch wenn sie taxonomisch nicht dazugehören. Wie Stehaufmännchen beugen sie sich auf ihren langen, anthrazitfarbenen Stelzen vor und picken mit den kräftigen, spitz zulaufenden Schnäbeln in den Boden. Nein, es ist eher ein Hacken, sehe ich durch mein Fernglas aus allernächster Nähe. Ihre langen, dünnen Hälse müssen ungewöhnlich kräftig sein, und dann bekommen sie etwas zu fassen, schieben ihre Beute mit kurzen, ruckartig nach hinten gerichteten Kopfbewegungen weiter durch den Schnabel bis in ihren Hals, so als würden sie sich Erdnüsse in den Mund werfen. Aber was sie verputzen, kann ich nicht sehen.

Bei dem kleinen Feldweg bewegt sich auch etwas: Es sind wieder die blonde Häsin und ihr Rammler, unzertrennlich in diesem Frühling, ich schmelze dahin und komme mir wie eine sentimentale Närrin vor. Als ich mir noch einen Kaffee mache, kommt der Storch angeflogen. Meine Hoffnung flammt wieder auf.

Ich schaue abwechselnd von den Kranichen zum Storch hinüber, nie zuvor hatte ich sie gleichzeitig auf dem Hof. Sie gehören nicht zueinander, es wird zwischen ihnen knirschen, und ich habe das absurde Gefühl, dass ich mich entscheiden muss. Schon bei meinem ersten Versuch bleibe ich stecken, denn auch wenn sie sich in vielerlei Hinsicht ähneln, haben sie doch kaum etwas gemein. Kraniche sind die Braven, Störche die Lausebengel, beschließe ich. Und sieh nur, sie würdigen sich keines Blickes.

Erst jetzt sehe ich auch das Schmalreh neben dem Kartoffelacker, es knabbert an den Sträuchern, sucht in aller Seelenruhe nach Leckerbissen und schnüffelt an dieser einen tapferen Narzisse im Gras, deren Kopf sich nach dem Frost heute Morgen schon wieder aufgerichtet hat. Sollte es etwa daran riechen? Gerührt stehe ich vor dem Stallfenster und lächle. Das Reh richtet den Kopf auf, schaut sich um und beugt sich wieder zur Blume hinunter – aber halt, nein, *das* wirst du nicht tun! Als das Tier den Kopf wieder hebt, sehe ich einen blütenlosen Stängel in der Wiese stehen.

Nachdem die «Schreitvögel», die Hasen und das Schmalreh verschwunden sind, kann ich nach draußen, um in die Regentonnen zu schauen, und finde darin eine Pfütze Wasser vor, in der noch nicht einmal eine Maus ertrinken könnte. Ich streune noch ein wenig herum. Die Blumenkohlblätter, die ich als Leckerbissen gedacht hatte, liegen noch da. Meine Begriffsstutzigkeit wundert mich, ärgert mich, ich versuche es immer wieder, will es einfach nicht wahrhaben, dass kein Tier die Blätter mag. Auf dem Komposthaufen ist es nicht anders, nur Schnecken, Würmer und Insekten fressen den Gemüseabfall. Das muss am Kaffeesatz liegen, dachte ich anfangs, aber als ich ihn wegließ, änderte sich nichts. Die Tiere sind wählerischer, als ich dachte.

In der Ferne, bei dem eisernen Strommast auf dem Acker, fliegt ein Raubvogel mit den Krallen voller Zweige. Sollte es wahr sein? Sollte es der Fischadler sein? Im letzten Jahr hatte ein Raubvogel auf dem Mast ein imposantes Nest aus Zweigen gebaut, mitten auf dem weitläufigen Getreideacker, bei Wind und Wetter, ja, es muss ein Fischadler sein, stelle ich fest, aber ich misstraue mir selbst: Ich entdecke zu gern etwas Besonderes.

Dann klopften eines Tages im Herbst die Osnabrücker Gastjäger an die Tür, ich kenne sie aus der Zeit, als ich selbst noch um den Hof herum jagen durfte. Der jüngste von ihnen ist ein leidenschaftlicher Falkner. Er fragte sofort, wie es denn den Fischadlern ergangen sei, die er im Frühjahr auf dem eisernen Mast gesehen hätte. Es war also doch ein Fischadlerpärchen gewesen. Es sei plötzlich weg gewesen, erzählte ich, und ob Eier im Nest gelegen hätten, wüsste ich nicht, zumindest sei es nicht mehr zum Brüten gekommen. Dann wären es wohl junge Fischadler gewesen, vermutete der Falkner, die seien noch unerfahren, und so ein Nest misslinge häufiger. Aber meistens kämen sie im Jahr darauf zurück.

Und da sind sie, denke ich, während ich den Vogel beobachte. Es ist das Männchen, es baut ein Nest und versucht damit ein Weibchen anzulocken. Fischadler brüten über dem offenen Land und ernähren sich, wirklich wahr, ausschließlich von Fisch. Der Mürzinsee ist nur etwa fünfhundert Meter Luftlinie entfernt, und der kleine Anglersee ebenfalls. Dem Strommast kommt kein Mensch zu nahe, es führt keine Karrenspur und kein Fußweg daran vorbei, es sitzt nur manchmal jemand in einem rundum geschlossenen Traktor, um Kunstdünger oder Pestizide auszubringen, oder auf einem Mähdrescher, um Getreide zu ernten. Aber das geschieht erst im August, und dann sind die jungen Fischadler bereits ausgeflogen.

Ich sitze auf dem Rand der Ofenbank, als die Aufnahmen der Wildkamera auf dem Bildschirm erscheinen: ein Rehbock und nach ihm ein Dachs, ein Hase, ein älterer Rehbock, Kraniche am Morgen, als die Kamera schon auf Farbe umgesprungen war, und noch weitere Kraniche. Dann, wieder in Schwarzweiß: eine Ricke, ein Fuchs, ein Schmalreh, ein anderer junger Bock, der ganz aus der Nähe von rechts in die Kamera schaut, dann zwei Dachse gleichzeitig. Bisher war es immer nur ein Dachs gewesen, und deshalb war er in meinen Augen auch stets derselbe. Jetzt sehe ich den Unterschied, der hintere ist deutlich jünger. Vornübergebeugt laufen sie mit ihren plumpen Körpern hintereinander her.

Aber mir geht es jetzt um die Schafe, den Mais habe ich für sie ausgelegt, die anderen Tiere sind lediglich Beifang, guter Beifang, das schon.

Am Nachmittag kommen sie dann endlich angetrippelt. Ich habe wieder frischen Mais gestreut, trotzdem gehe ich auch noch mit einem Eimer nach draußen, schüttele ihn leise und mache dazu Lockgeräusche. Keine Ahnung, woher ich das weiß, ich muss es von früher kennen, von den Bauern oder der Nachbarstante mit den Hühnern, und, natürlich, ich habe es selbst auch so gemacht, als wir später Schafe und Hühner hielten.

Die Schafe schauen hoch, reagieren nicht. Hatte ich etwa geglaubt, dass sie gleich zu mir kommen würden, dass die Verwilderung vorbei wäre, sobald eine Verrückte daherkommt und mit einem Eimer klappert? Glaube ich denn wirklich, dass niemand sonst versucht hat, sie anzulocken? Langsam ziehe ich mich zurück und verschwinde wieder im Haus, wo ich sie in aller Ruhe beobachten kann. Da liegt Mais, zischele ich noch schnell, aber sie finden die Körner nicht.

Ganz schön dumm. Es wird behauptet, dass Schafe dumm seien, aber diese drei haben schon fast ein Jahr aus eigener Kraft überlebt. «Wenn Leute anfangen, über den Wolf zu reden», erzählte meine junge Nachbarin eines Tages, «und dass er hier den Laden auch schon aufmischt, sage ich, dass das doch halb so schlimm ist, denn die Schafe laufen hier immer noch ungestört herum.»

Abends arbeite ich meine Notizen aus, es war einer dieser wunderbaren Tage voller Tiere. «Sie kommen alle in mein Biotop geströmt, da, wo das Leben gut ist», schreibe ich Boom, «es geht wie ein Lauffeuer durch Faunaland.» So sehe ich es am liebsten, und manchmal bilde ich mir ein, dass es wahr ist.

Auf dem Findlingswall schaue ich zum eisernen Strommast auf dem Acker hinüber. Das Nest ähnelt einem Reisighaufen, kurz bevor man ihn in Brand steckt. Doch warte, etwas Weißes ragt über den Rand, ein Kopf, das Nest ist fertig, und der Fischadler sitzt drin. Jetzt heißt es, auf ein Weibchen zu warten, und ich warte aus der Entfernung mit ihm. Noch nie hatten wir hier junge Fischadler, doch nun, ausgerechnet jetzt, wo es so trocken ist, macht der Vogel, der vom Wasser lebt, den Strommast ein zweites Jahr in Folge zu seinem Brutplatz, direkt vor meiner Nase. Es ist ein Trost, dass sich nicht alles nur im Rückwärtsgang bewegt. Du legst es dir ein wenig schöner zurecht, als es ist – da ist der Querkopf in mir, um mir etwas einzubläuen: Der Fischadler, fährt er fort, ist nicht von sich aus auf die Idee gekommen, auf diesem Mast hier seinen Horst zu bauen. Die Menschen haben ein Untergestell aus Eisen darauf montiert, das Fundament gelegt. Und weil er von Fischen lebt, wird er keine Probleme mit der Trockenheit haben, die Seen trocknen nicht aus.

Ein paar Tage später stehe ich in aller Frühe wieder mit meinem Fernglas draußen. Jetzt sitzt auch ein Raubvogel auf dem Strommast neben dem mit dem Nest: weißer Kopf, ein bisschen struppig, oben braun. Er scheint zwar etwas klein, aber sobald er seine Flügel spannt, ist es unverkennbar ein Fischadler. Mit breiten Handschwingen segelt er zum Nest hinüber und lässt sich auf dem Rand nieder. Und dann taucht dort ein Kopf auf: Es sind zwei, es hat also geklappt, das Weibchen ist da, wer weiß, vielleicht hat sie sogar schon ihr erstes Ei gelegt. Gut einen Monat wird sie dort bleiben, und wenn sie mal kurz weg muss, passt er auf das Gelege auf.

Auf einem Pfahl ein Stück weiter sitzt noch ein großer Vogel, ein Rabe – o je, der lauert auf die Eier, wage es nicht, drohe ich ihm innerlich. Der Fischadler denkt genauso, er fliegt auf den Raben zu, der nimmt schnell Reißaus, der Fischadler jagt ihm hinterher, fast bekommt er ihn zu fassen, er will ihn sich schon krallen, sie flattern sich duellierend umeinander herum und verschwinden hinter dem Hügel. Ich will losrennen, dem Schauspiel hinterher, doch es ist zu weit. Ein paar Minuten später kehrt der Fischadler wieder zum Nest zurück. Aber ob er diese Wachsamkeit über Monate hinweg durchhält? Zumindest ist er jetzt schon weiter als im vorigen Jahr um diese Zeit – wenn es denn derselbe ist.

Die Rauchschwalben können nun auch jeden Moment kommen, ich suche den Himmel ab. Rasch noch die Teichfolie zuschneiden und den Rand mit Feldsteinen abdichten. Als ich mich an der Pfütze hinknie und mit der Hand über den Rand streiche, fühle ich etwas Hartes. Da sitzt noch ein Stängel drunter, ich stecke die Hand unter das Plastik, ziehe den Stängel heraus und streiche den Sand wieder glatt. Ich spüre etwas Weiches, einen Hubbel, greife danach und hole es heraus, ach nein, es ist ein kleiner Frosch, ganz mit Kies bedeckt. Ich lege ihn ins Gras.

Wasser, ich brauche Wasser. Im Eimer neben der Mörtelwanne. Mit meinen Händen schöpfe ich das Wasser heraus und schütte es vorsichtig über den Frosch, ein Teil der Sandkörner bleibt an seiner Haut kleben. Ich weiß nicht, ob er es schaffen wird. Er kommt aus dem Kühlen, aus dem Dunklen, und jetzt liegt er plötzlich nass und beklebt mit winzigen Steinchen in der Sonne. Ich spüre, dass die Strahlen schon Wärme abgeben, als würde ich plötzlich fühlen, was der Frosch fühlt. So trocknet er aus oder verbrennt vielleicht sogar. Ich muss ihn noch einmal hochnehmen, setze ihn hinter den Eimer in den Schatten. Ich präge mir die Stelle ein, links hinter dem Löwenzahn, und streue noch ein wenig Gras über den kleinen Körper.

Er ist braun wie die Erde in der Grube, hier irgendwo hat er überwintert. Ich weiß nicht, wie schlimm es um ihn steht, er bewegt sich nicht. Muss er sich noch fangen, oder ist er vielleicht halbtot? Mich nimmt es immer mit, wenn ich ungewollt ein Tier verwunde oder töte. Je größer das Tier oder je seltener, lebendiger und leidender es ist, desto schlimmer. Aber auch: Je unmittelbarer ich sein Unglück verursache, je mehr mein eigener Körper mit seinem Blut, seinem Schleim und seinen Auswürfen beschmiert wird, desto mehr erschaudere ich. Ich will nicht sehen, nicht hören, nicht fühlen, ich will mich umdrehen, aber das verbiete ich mir. Ich muss es ertragen, es gibt kein menschliches Leben, das am Leben bleibt, ohne anderes Leben auf dem Gewissen zu haben. Nur in unserer Vorstellung – vom Paradies. Das Gewissen ist mir eine Last, doch zugleich wäre ich ohne mein Gewissen kein Mensch. Von meinem Gewissen und meinem Tod kann ich mich nicht befreien.

Der Frosch wird wahrscheinlich vom erstbesten Tier, das ihn findet, aufgefressen werden, denn Nahrung ist noch knapp. Ich habe bisher keine anderen Amphibien gesehen, die meisten stecken noch unter der Erde, im Schlamm oder sind im kaltblütigen Zustand vertrocknet. Es ist spät im Frühjahr für den ersten Frosch, den ich sehe. Dass ich beim

Graben nicht mehreren von ihnen begegnet bin, keinen mit dem Spaten kaputtgestochen habe, grenzt schon fast an ein Wunder.

Ich gehe rein und trinke einen Kaffee, damit der Frosch in Ruhe entkommen kann. Außerdem erwarte ich, dass sich jetzt mehr Frösche zeigen werden, auch sie müssen die Gelegenheit bekommen, sich aus dem Staub zu machen. Ich behandle Frösche schonend, seit es so trocken ist. Und jeden Abend, jeden Morgen lausche ich von meinem Bett aus, ob ich schon ihr nicht enden wollendes Paarungsquaken aus dem Froschteich vernehme, aber es bleibt still.

Als ich am nächsten Tag mit zwei schweren Einkaufstaschen auf den Hof komme, fliegt etwas anmutig durch die Luft, es dauert einen Moment, bevor es zu mir durchdringt: eine Schwalbe. Ich lasse die Taschen zu Boden sinken, springe auf dem Rasen herum, jauchze. Sie sind gekommen. Und die Lehmpfütze ist fertig.

Die Natur explodiert

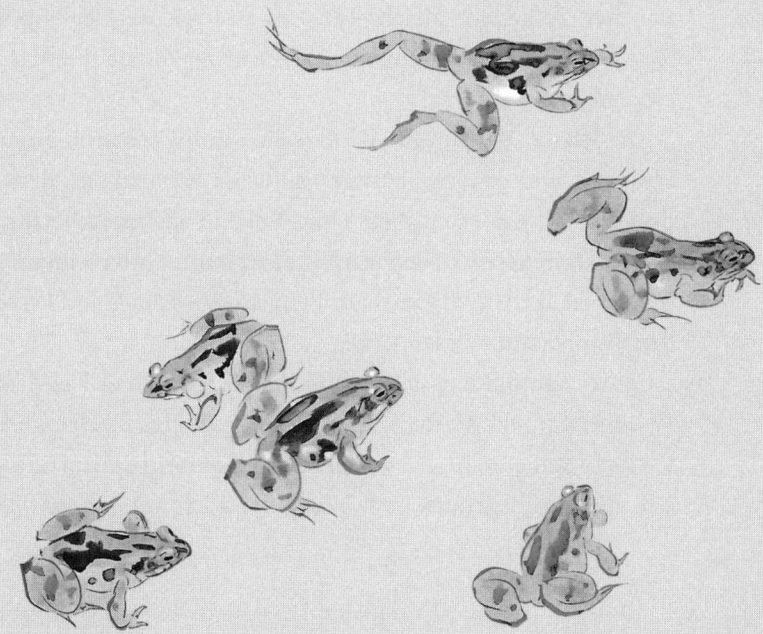

6.

«Trinkt, Trinkt!», rufe ich allem zu, was lebt

Das Wasser prasselt in die Tonnen, endlich, endlich, der Regen ist da. Ich lausche, schließe die Augen, damit es nichts anderes gibt als das Prasseln, seufze tief, im nächsten Augenblick renne ich in den Stall: Die Giebeltür oben steht offen, und der Wind drückt direkt dagegen. Rasch klettere ich die Leiter hoch, fühle mich gelenkig wie ein junges Äffchen. Der Regen peitscht auf das Blechdach, ich stehe mitten in einem riesigen Schallkörper, ich stimme johlend ein. Der Boden ist nass, die Tagesdecke feucht. Ich stehe in der Türöffnung und blicke über den Acker. Grau und schwer vom Regen hängt der Himmel über dem Land. Wie Schemen stehen die Bäume in der Wallhecke entlang der Grenze. Vorn bin ich schon klitschnass, ich lecke mir die Lippen, streiche mit den Händen über das Gesicht, schüttle die Tropfen von mir ab.

Die langen Kandelaberäste der Kastanien schwingen im Wind hin und her. Sollte sich gleich etwas im Stoffwechsel der Bäume ändern, jetzt, wo es regnet? Es muss sich doch etwas öffnen, um das Wasser zu empfangen.

Die letzten Blüten der Wildkirsche, die zwischen ihrem armseligen Blühen schon grünes Blattwerk aufweist, wirbeln mit dem Regen zu Boden. Sie kann es ein Jahr ohne Früchte aushalten, jetzt geht es um Wasser. Trinkt, trinkt, denke ich unbekümmert mit meinem Menschendurst. «Trinkt, trinkt!», rufe ich allem zu, was lebt, – und ich sehe bereits den Tümpel mit Wasser gefüllt.

In der Lehmpfütze steht schon Wasser. Als ich es letzte Woche vom Wasserhahn geholt habe, fühlte ich mich wie eine Spielverderberin, aber ich hatte keine Wahl, es ist nicht einfach nur ein Spiel. Die zwitschernd ein- und ausfliegenden Schwalben, die mich seit ein paar Tagen morgens wecken, um sie geht es. Ich lehne mich nach vorn aus dem Giebel, um nach der Tür zu greifen, und schlage sie zu.

Plötzlich zittere ich, ich ziehe meine nassen Kleider aus, schlage die Tagesdecke zurück und lausche, auf dem Bett liegend, ticketicketick, Tausende, Hunderttausende, unzählige Tropfen. Der Regen wird leiser, dann schwillt er wieder an und trommelt jetzt so schnell, dass die Tropfen zu einem einzigen Ton zusammenfließen. Unter dem Blechdach ist der Regen ein Musikstück, jedes Mal neu gespielt, jedes Mal anders aufgeführt. Ich habe es vermisst.

Allmählich gewinnt das Ticken wieder die Oberhand, gut so, denke ich vernünftig, von einem Wolkenbruch hat ein ausgetrocknetes Land nichts. Bevor es das Wasser aufsaugen kann, ist es schon in den See abgeflossen. Sanft muss es regnen und lang anhaltend, damit die Erdkruste weich und aufnahmebereit wird, ich höre den Spaten schon saugend in den Schlamm eindringen, bald kann ich endlich in meinem Gemüsegarten loslegen.

Regenjacke an, Regenhose, Stiefel (alles aus Plastik), nach draußen, ich werde mich an diesem Wasser laben, bis es dunkel wird. Während ich die Klinke der Eisentür noch in der Hand halte, strömt das Wasser aus dem Regenrohr neben mir über den Rand der Tonne. Ungläubig springe ich zur Seite. So viel ist in kurzer Zeit gefallen, in die Dachrinne gelaufen, durch das Regenrohr nach unten und über die offen stehende Klappe in die Tonne, so viel hat unser Dach schon gesammelt, und jetzt fließt es einfach über die Karrenspur in den ausgetrockneten Pferdeteich, dort, wo früher die Zugpferde gewaschen wurden – und weiter auf unterirdischen Wegen.

Der Regen erzeugt Ringe in der Lehmpfütze. Ich schaue zu, wie sie sich überschneiden, wie neue Tropfen kleine Ringe neben und in den großen erzeugen, so wie bei der Mengenlehre in der Schule. Andauernde Bewegung, je mehr Tropfen, desto weniger Zeit und Raum bekommt jeder einzelne Ring, sich als Einzelgänger auszudehnen, bis er wieder verschwindet. Und ich denke an die flachen Steine, die ich manchmal über das Wasser hüpfen lasse, und daran, wie lange es dann dauert, bis sich die Ringe berühren. Erst jetzt wird mir bewusst, dass ich hier etwas Lebendes geschaffen habe, etwas, das ich mir endlos anschauen kann, einen Mikrokosmos, der erst ein paar Tage alt ist, in dem aber bereits jetzt etwas geschieht, was es vorher noch nicht gab.

Weiter. Ich will in alle Richtungen gleichzeitig laufen, alles sehen im Regen, an allem teilhaben, also setze ich mich erst einmal in den Hängesessel unter der Wildkirsche und beobachte, lausche, rieche, sitze im Regen da. Es ist noch verlassener als sonst, der Regen dämpft jedes Geräusch und behindert die Sicht. Weil ich nicht in die Ferne sehen kann, sehe ich in die Nähe.

Der Wok fällt mir ein, das Wasser wird auch dort jetzt über den Rand gelaufen sein. Beim letzten Mal, als ich nachgesehen habe, stand nur noch ein letztes Pfützchen in seinem Boden. Nicht, dass die Schafe daraus getrunken hätten, die haben sich noch nicht näher herangewagt, auch wenn ich sie fast täglich auf dem Acker sehe.

Im Wok steht noch immer nur eine kleine Lache. Und in dem bisschen Wasser treibt eine Maus. Ertrunken? In meinem Wok? Betreten schaue ich es mir an. Ein Wok, wird mir bewusst, hat eine gemeine Form, wenn man herausklettern muss.

Ich hatte überhaupt nicht an Mäuse gedacht, als ich das Wasser hinstellte, ich hatte an Schafe, Wild und Vögel gedacht. Wie lange mag sie versucht haben, aus dem Wok herauszukommen, wie oft mag sie wieder zurückgerutscht sein, wie Sisyphos mit seinem Stein, nur war die Last, die die Maus hinaufschieben musste, ihr eigener Körper. In ihr steckt eine mythische Figur, denke ich zum Trost. Doch dann wieder: Es gibt sowieso zu viele Mäuse. Ich will sie mitsamt dem Wasser, das ihr zum Verhängnis geworden ist, ins hohe Gras gießen, besinne mich dann aber: Wenn ich sie im Wok liegen lasse, weiß ich später, ob sie von einem anderen Tier gefressen worden ist.

Der Regen spritzt dumpf auf meine Jacke. Vom Froschteich kommt noch immer kein Ton, in anderen Jahren gab es um diese Zeit längst ein einziges großes Quakkonzert. Neulich landete ich in einem Internetforum, in dem Leute darüber klagten, dass sie ganze Froschteiche hatten ausräumen müssen, weil sie von dem Krach nicht schlafen konnten. Lärm von Fröschen, die wir gerade hegen und pflegen sollten. Ich gebe zu, ich werde davon auch schon mal wach, aber das Quaken beruhigt mich und lässt mich schnell zurück ins Land der Träume gleiten.

Ich nehme den Wildwechsel hinter der Ruine der Getreidescheune, komme an eine Gabelung, die neu ist, und schlage den neuen Pfad ein. Der Raum scheint größer zu sein als sonst, ich bin kurz desorientiert. Das passiert mir in letzter Zeit häufiger, die Trockenheit hat die Vegetation ausgedünnt, die bewachsenen Ränder des Grundstücks sind durchsichtiger geworden, weniger undurchdringlich als einst, nun ja, einst in den Jahren meiner Anwesenheit hier, was natürlich ein armseliges Einst ist. Alles scheint aufgeräumter zu sein und wächst weniger üppig.

Fast alles. Verdutzt stehe ich bis zu den Oberschenkeln in einem grünen Meer. Klebkraut, triefnass vom Wasser. Als ich das letzte Mal hier war, vor gut einer Woche, hatte es den Boden noch als grüne Spitze bedeckt, frische sechsblättrige Sternchen um einen kleinen Stiel herum. Ich hatte es noch nicht wegmachen wollen, es würde noch dauern, bevor es in die Höhe schösse, es war viel zu trocken. Doch ich hatte nicht mit dem Wachstumsdrang des Klebkrauts gerechnet, der stärker ist als der Bedarf an Wasser.

Der Ast einer Esche, so dick wie mein Unterarm, hat einen Stachelbeerstrauch, der sich unter einem Schleier aus Klebkraut verbirgt, halb zerschmettert. Eine Schnecke mit Gehäuse sitzt auf dem Ast, ich werfe sie ins Grün ein Stück weiter, räume den Ast zur Seite und fange mit weit ausholenden Bewegungen meiner Arme an, in das Kraut zu greifen. Raffgierig werde ich von dem wuchernden Klebkraut, wortwörtlich, es lässt sich leicht abziehen, wie eine locker eingesteckte Bettdecke. Es blüht noch nicht, aber die Widerhaken am Stängel und am Blatt heften sich an alles, womit sie in Berührung kommen.

Ich drücke den grünen Wirrwarr in meinen Armen zusammen und greife erneut zu. Immer raffgieriger, es muss weg, jetzt ist es noch saftig und wie Filigran, aber demnächst im Hochsommer wird es alles unter seiner dürren, tödlichen Decke ersticken und jedem Ort, an dem es wächst, etwas Krankes verleihen, als hätten dort Prozessionsspinnerraupen oder eine andere Plage gewütet. Dann werden sich auch die kleinen Kugeln lösen und an meinen Kleidern kleben, so dass ich sie über das ganze Grundstück trage. Nicht nur ich, auch andere Tiere. Also alles auf einen großen Haufen, vor allem nicht überall kleinere machen, denn das würde ebenso viele Wachstumsherde ergeben.

Als das Bündel Klebkraut den Umfang eines Strandballs hat, bringe ich ihn zu unserer alten Abfallallee, wo ein Berg von Klebkraut aus mehreren Jahren liegt, der sich schon gesetzt hat. Allerdings nicht aus jedem Jahr, denn es gibt auch klebkrautlose Jahre – wüsste ich nur, warum.

Wegen des noch regennassen Klebkrauts in meinen Armen tropft und trieft es nur so von mir herunter, ich habe meine Kapuze abgesetzt, das Wasser läuft mir in Bächen in den Nacken und die Ärmel. Aber ich glühe und dampfe und kann mich nicht erinnern, dass ich Nässe jemals so genossen habe.

Als die ramponierte Stachelbeere und ihre Umgebung wieder freiliegen, ruhe ich mich auf einem Stein aus. Eigentlich habe ich diesen Stachelbeerstrauch vorher nie gesehen, anders als die Sträucher ein Stück weiter am Tor. Dort zerkratzen sie den Lack meines Wagens, wenn ich ihn mit einem Schlenker unter den Bäumen einparke. Aber Beeren tragen sie nie. Kurz nach dem Krieg hat eine Flüchtlingsfamilie hinter der Getreidescheune eine Obstecke angelegt. Der Schatten der aufgeschossenen Eschen wird dafür gesorgt haben, dass sie verkümmert sind.

Ich blicke zu den Eschen hinauf und kneife sofort die Augen zu. Dicke Tropfen fallen hinein wie kalte, harte Tränen, man kann nicht zum Regen aufsehen.

Die Eschen bilden einen schmalen Waldstreifen, in dem hier und da ein kräftiger Baum steht. Die anderen bleiben zu dünn für Brennholz, und jetzt sterben auch noch ihre Äste ab. Während die Kastanien allmählich der Miniermotte Herr zu werden scheinen, beginnen die Eschen unter einem Pilz zu leiden, der den hübschen Namen «Falsches

Weißes Stängelbecherchen» bekommen hat und zuerst ihre Zweige und Äste befällt, um schließlich ganze Bäume abzutöten, nicht nur die alten, auch die jungen, nicht nur hier, sondern in ganz Europa und darüber hinaus. Es ist ein invasiver Exot aus Ostasien. Anfangs wusste fast niemand etwas über die zerstörerische Kraft des Becherchens, jetzt machen alle ein Theater, weil die Esche ausstirbt. Vielleicht stimmt es. Im letzten Jahr habe ich angefangen, die vielen Eschen auf unserem Grundstück zu fotografieren.

Ich gehe weiter den Pfad entlang, der nahe an der Ruine vorbeiführt. Hier steht noch das Fundament aus gebrochenen Findlingen, es ist mehr als einen halben Meter breit und fast mannshoch, und es ist so stabil, als hätte es einst eine Burg stützen sollen. Wie sie das früher hinbekommen haben, einzig mit Pferdekraft und unendlich vielen Männern, die sich im Tausch für Brot und Schnaps von anderen schinden ließen.

Die morschen Balken und alten Äste entlang der Ruine sind grün bemoost. Ich denke immer, dass es die Sonne ist, die der Welt Farbe verleiht, heute ist es der Regen: Vor dem Hintergrund des grauen Himmels ist das Moos so grün, dass es fast leuchtet und alles um sich herum bescheint. Der Findlingsrand ist eine endlose Schattierung aus Graubraun, Graublau und Graugrün, und die Backsteine des größtenteils eingestürzten Mauerwerks darüber sind tiefrot. Efeu rankt sich über allem. Wenn ich jetzt reden würde, würde ich flüstern.

In der Nähe des Tors beginnt ein großer Buntspecht zu rufen, trommelt kurze Zeit später. Er sitzt in einem abgestorbenen Baum, und als ich dort ankomme, flitzt er am Stamm entlang nach oben zur Rückseite. Ich gehe ganz langsam um den Baum herum, und er steigt weiter im selben Tempo und außerhalb meines Gesichtsfelds nach oben, bis es ihm reicht und er laut kiekiekiekend davonfliegt. Spielverderber, murmele ich. Aber außer Schnecken ist es das einzige Tier, das ich sehe oder höre, alle anderen halten sich vor dem Regen verborgen.

Wieder sind Wildschweine im Obstgarten gewesen, überall gibt es frische Wühlstellen. Auf gut Glück fange ich an, sie wieder aufzufüllen.

Als meine Hände erst einmal schwarz vor Dreck sind und meine Nägel dicke Trauerränder haben, ist es mir egal, mit Vergnügen wühle ich in der Erde, lege die nassen Soden aus Moos und Gras zurück in die Löcher. Der kahle Boden ist dunkel, aber als ich darüber streiche, kommt schon wieder die staubige, gräuliche Erde zum Vorschein. Der Regen ist erst in die oberste, dünne Schicht eingezogen.

Während ich, die Augen zu Boden gerichtet, von Kuhle zu Kuhle gehe, erreiche ich die Ruine des Bienenhauses zwischen dem Obstgarten und dem Untergarten. Selbst da sind die Schweine gewesen. Der Weg weiter nach unten wird von einem großen, braunvioletten Findling mit scharfen Kanten versperrt: Er ist aus der kniehohen, nun halb eingestürzten Mauer entlang der Nordostseite des Grundstücks gefallen. Ungläubig stehe ich da, auch das müssen die Wildschweine mit ihren rohen Kräften gewesen sein. Ich habe keine Ahnung, was sie dazu bewogen hat, denn das Mäuerchen ist für sie kein Hindernis.

Ich gehe weiter zum baumbestandenen Teil des Grundstücks. Anders als in den zurückliegenden Wochen staubt es nicht mehr, es trieft und tropft drauflos und riecht prickelnd frisch nach Moder. Das Laub liegt verwelkt auf der kahlen Erde. Auch hier ist vom Bodenbewuchs nicht viel übrig. Auf dem Weg an der Rückseite komme ich an dem Apfelbaum mit dem gespaltenen Fuß vorbei. Darin befindet sich eine kleine Höhle, die Erde davor ist wie blankgefegt. Als würde ein emsiges Tier hier wohnen.

Mitten durch die Sträucher leuchtet plötzlich die Salzwiese in grellem Orangerot auf. Die Sonne ist dicht über dem Horizont noch kurz zum Vorschein gekommen. Ich bestaune die Glut, mache mir aber auch Sorgen darüber, dass es mit dem Regen jetzt schon wieder vorbei ist – ein paar Stunden, das ist nichts.

Als ich mich kurz darauf wieder in den Hängesessel setze, höre ich über mir im Kirschbaum ein lautes Rascheln, und dicke Tropfen fallen wie ein verspäteter Schauer auf mich herab. Die Giebelbretter sind schwarz von der Feuchtigkeit, die Wellblechplatten glänzen silbrig.

Über mir beginnt der Regen wieder rhythmisch auf die jungen Blätter zu tröpfeln, aber es nieselt nur. Ich werde die Tonnen leeren, jetzt gleich, damit auch das neue Wasser aufgefangen werden kann. Mit zwei Gießkannen laufe ich in der einsetzenden Dämmerung hin und her und begieße alles, was aus der Erde hervorlugt, alles, was Blätter und Knospen bekommt, alles, worin ich noch Leben vermute. Zuerst im Gemüsegarten: die Zitronenmelisse, die Pfefferminze und die Marokkanische Minze, das Wermutkraut, die Erdbeeren und die Frühlingszwiebeln, die Topinamburen, die Lampionpflanzen, den Frauenmantel, die Ringelblumen und die Vergissmeinnicht, den Majoran, den Salbei, den Thymian und den Rosmarin, der zum ersten Mal den Winter überlebt hat, das Bohnenkraut, den Lavendel, die Weinraute, die Akeleien, den Wilden Wein und die Petersilie vom letzten Jahr sowie alles, was dazwischen wächst, ohne dass ich es kenne. Dann weiter an der Westwand des Stalls. Knack, macht es unter meinem Fuß, als ich den Brettersteg betrete, und ich spüre die Erhebung, auf die ich getreten bin. O je, eine Schnecke mit Gehäuse, halb zerquetscht liegt sie auf den Lärchenbrettern, ich erschaudere, befühle das Schneckenhaus, soll ich sicherheitshalber noch einmal drauftreten? Nein, ich will nicht, mache schnell ein Foto und schüttle die Frage von mir ab, ob die Schnecke tot ist oder vielleicht leidet, während ich die leeren Gießkannen wieder in die Tonne tauche, weitermache mit allem, was hinter dem Brettersteg wächst, dem Waldmeister, der Knoblauchsrauke, den Stockrosen und den Weinstöcken, der Heckenrose, dem Gemeinen Flieder und dem kleinen Haselnussstrauch. Die Tonnen müssen leer sein für die nächsten Regenschauer. Dann wässere ich die Farne bei der großen Silberweide, die Beerensträucher und den Punktierten Gilbweiderich neben der kleinen Eiche, das Beet mit Rhabarber und Himbeeren an der Südwiese, den Efeu neben der Küchentür und die Kirschbäume vor der Getreideruine, wo auch die Grüppchen Echter Schlüsselblumen aus der Erde kommen, wie ich jetzt sehe. Die Tonnenböden kommen in Sicht, sie können aufs Neue fast sechshundert Liter Himmelswasser fassen – sechzig Gießkannen voll. Es ist gegen neun, als ich im letzten Licht der Dämmerung ins Haus gehe.

Die Schlepperei mit den Gießkannen hat meinen Rücken malträtiert, und ich drücke ihn gegen den warmen Lehm. Der Regen prasselt schon wieder in die Tonnen. Ich schicke Boom das Foto der Schnecke. «Sieht aus wie eine abstrakte Schnecke, was ist das?», textet er zurück. «Eine Knackschnecke, das ist eine, auf die ich getreten bin.» Ich lege das Foto im Ordner «Tod» ab.

Gestern sind noch nicht mal anderthalb Liter auf den Quadratmeter gefallen, lese ich auf der Wetterseite. Ich kann es kaum glauben. Die Temperatur wird nun schnell auf zwanzig Grad ansteigen, plötzlich ist der Frühling da, am späten Vormittag kommt die Sonne zum Vorschein. Ich mache schon mal die Stalltür auf, sofort fliegen Schwalben hinein, zwei, drei, fünf. Kommt nur, Jungs, ermuntere ich sie, als bräuchten sie die Aufforderung. Laut zwitschernd ziehen sie ihre Runden, der Kampf um den Stall hat begonnen, denn letztlich brütet dort nie mehr als ein Pärchen gleichzeitig. Plötzlich vermisse ich den Hund, der früher laut blaffend hinter den Schwalben herjagte, bis ich fast verrückt davon wurde. Die Schwalben interessierte es nicht, sie glitten über ihn hinweg, und er schnappte ins Leere.

Die Kastanien sind über Nacht kräftig und sattgrün geworden. Alles ist heller, hat mehr Farbe, der Regen hat den Staub von allem heruntergewaschen. Ich gehe zum Tümpel und ermahne mich dabei, nichts zu erwarten. So schnell geht das nicht.

Dennoch bin ich enttäuscht, als ich keinerlei Veränderung sehe, nur das moderne Laub glänzt ein wenig, doch dieser letzte Rest an Wasser wird durch die Sonne im Nu verdampfen. Ich muss eine Grube ausheben, überlege ich, bis ich ans Grundwasser oder an die Lehmschicht komme, die das Wasser festhält. Ich will wissen, was da unter der Erde vor sich geht.

Wenn ich im Frühling in den Obstgarten gehe, tue ich dies geräuschlos und mit gespitzten Ohren. Ich habe mir noch mehr als in früheren Jahren eingeschärft, dass dies *die* Zeit ist, um herauszufinden, welche Vögel hier brüten. Jetzt lassen sie von sich hören, und jetzt verstecken sie sich noch nicht gänzlich zwischen den Blumen und Blättern.

In meinem Archiv bewahre ich Listen auf aus meinen Anfangsjahren mit den Namen von Vögeln und den Zeitpunkten, an denen sie auftauchten. Ein Fernglas hatte ich damals nicht. Trotzdem kam ich auf zweiundfünfzig Arten, zwei-und-fünfzig, und fühlte mich gesegnet.

Warum habe ich die Gewohnheit eigentlich nicht beibehalten? Plötzlich weiß ich es: Die Listen steckten zwar in meinem Archiv, aber ich bekam sie nicht in den Kopf. Es entmutigte mich, jedes Jahr wieder fast von vorn anfangen zu müssen, ich hatte kein Erinnerungsvermögen für Vogelstimmen.

In diesem Jahr versuche ich es noch einmal, jetzt mithilfe von Vogel-Websites und -Apps auf die Gefahr hin, dass mir all mein Zählen und Aufschreiben die Sicht auf die Vogelwelt nimmt. Die Buchhalterin in mir ist hier zugleich meine Verbündete und meine Feindin, denn es sind nicht nur die Vögel, die meine Aufmerksamkeit erfordern, nicht nur das Wild, die Bäume und die Menschen, es sind alle Geschöpfe, die hier leben. Leitprinzip ist, die Buchhalterin, die Bürokratin, die Pedantin in mir im Zaum zu halten. Sie helfen mir zwar auf die Sprünge, aber wenn sie zu viel Aufmerksamkeit beanspruchen, hindern sie mich, tiefer in das Leben hier vorzudringen.

Denk an die Vögel unter dem Himmel, ermahne ich mich selbst, während ich auf dem Brachland unter einem Kirschbaum sitze und den Blick über den Nordhang der hohen Wiese schweifen lasse, sie säen nicht, sie ernten nicht … Ich schaue durch die Zweige voller aufbrechender Knospen nach oben. Dann bemerke ich eine Bewegung auf halber Strecke zum Chausseewald. Ich greife zu meinem Fernglas, gerade noch rechtzeitig: Es sind zwei Graugänse. Hinter ihren wackelnden Hinterteilen sehe ich, wie sich im Gras ein paar flauschige graue Kügelchen bewegen – Küken! Schon so früh im Jahr. Eigentlich sollte ich mich überhaupt nicht darüber freuen, trotzdem macht mein Herz einen Sprung. Wie merkwürdig, dass mein Körper Kuschelhormone zu produzieren beginnt, nur weil ich Flaum sehe und «junge Gänse» denke.

Nervös stapft das Gänsepaar durchs Gras. Das relativiert sofort den Bibelspruch. Als hätten Vögel im Frühjahr keine Sorgen, denke ich, während ich den Gänsen hinterhersehe, die eilig in den Sträuchern beim Waldsumpf verschwinden. Es ist bestimmt mein balzendes Paar, das da zum ersten Mal mit seiner Nachkommenschaft herumspaziert. Wieder entfährt mir ein Seufzer.

Ja, süß, spuckt mir meine Gegenstimme in die Suppe, aber du hast überhaupt keinen Grund, dich darüber zu freuen. Du kannst darin ebenso gut ein Zeichen ökologischer Verarmung sehen, den Beginn einer Gänseplage. Hör auf, Schwarzseherin, will ich einwenden, aber im nächsten Moment denke ich, während mir das Wasser im Mund zusammenläuft: Es wird nicht mehr lange dauern, bis ich eine Gans vom Himmel schieße, die dann in der Bratröhre landet.

Und wie ist das dann mit den Kranichen, fährt meine Gegenstimme fort, warum solltest du keinen Kranich essen? Die werden hier doch auch jedes Jahr mehr. Ja, warum? Die Frage geht mir schon eine Weile durch den Kopf. Es ist nicht erlaubt, noch nicht, aber meine Ansicht über den Kranich beginnt sich bereits zu wandeln. Ich frage mich schon, wie er wohl schmecken würde. Ich habe sogar Kranichrezepte gefunden, wobei fast alle Funde auf eine einzige Quelle aus dem Römischen Reich zurückgehen: *De re coquinaria* aus dem vierten Jahrhundert nach Christus, ein Werk, das dem reichen Schlemmer Apicius zugeschrieben wird, der drei Jahrhunderte vorher lebte. Allerdings sind die Kranichrezepte schlicht denen von Enten abgeschaut. Ich nehme mir vor, meine nächste Ente auf apicianische Weise zuzubereiten. Phantastin!, höhnt meine Gegenstimme, wann schießt du denn mal eine Ente? Betreten gebe ich klein bei.

Ich gehe zur seitlichen Pforte des Obstgartens, um die Wildkamera zu holen, und wieder schrecke ich zurück, jetzt liegt auch der Pfad zwischen den beiden Obstbaumreihen aufgerissen da, im Rhabarberbeet sind die jungen Stängel abgeknickt, aus einer Pflanze ist das Herz herausgefressen worden. Ich wusste gar nicht, dass Wildschweine Rhabarber mögen. Vielleicht brauchen sie Vitamin C? Unsinn, es wird Zufall sein, oder vielleicht war es ein anderes Tier. Bis jetzt haben sie den Rhabarber immer in Ruhe gelassen.

Von meiner Werkelei gestern Nachmittag im Obstgarten haben sie sich also nicht beeindrucken lassen. Wieso sollte auch der Geruch von Menschen Wildschweine fernhalten? Es hängt schließlich davon ab, was sie gewohnt sind. Ich denke an die Wildschweine in Berlin. Es wäre ein interessantes Experiment, eine Berliner Wildschweinrotte hier auszusetzen und eine Rotte von hier in Berlin. Sie wären beide ratlos.

Die Wildkamera hat in einer einzigen Nacht vierzig Aufnahmen gemacht, ich traue meinen Augen nicht. In der ersten Dämmerung, um halb acht gestern Abend, ich muss den Obstgarten gerade verlassen haben, saß da schon ein Hase. Eine Stunde später äste rund um das Rhabarberbeet ein Damwildrudel mit Geweihträgern und trächtigen Tieren. Um fünf nach zehn kam aus dem Gebüsch hinter dem äsenden Rudel ein mittelgroßes Wildschwein. Auf dem nächsten Bild läuft das Rudel Damwild dicht zusammengedrängt links aus dem Bild. Dann überall die kleinen Lichter der Augen, die den Infrarotblitz der Kamera reflektiert haben, die Bilder von Wildschweinen folgen in raschem Tempo aufeinander: Ein, zwei, drei dunkle, urtümliche Kolosse zähle ich, alle gleich groß, fünfzig oder sechzig Kilo schwer, mit den Köpfen nach unten in der Erde wühlend. Es muss eine ganze Rotte sein. Ich versuche mir vorzustellen, was sich außerhalb der Kameralinse noch so alles abgespielt hat.

Um zwölf Uhr nachts rannte ein Rudel Damwild von links nach rechts durchs Bild. Vier Minuten später wieder die Schweine, jetzt auch eine große Bache, mindestens achtzig Kilo schwer. Um Viertel vor drei wieder eine Bache, dieselbe – oder auch nicht. Dann bei Tagesanbruch noch ein Damspießer, und um sieben Uhr, nun in Farbe, ein Reh, bereits rotbraun in seinem Sommerfell: Um Viertel vor zehn ein grauer Pullover und struppige Haare: ein Mensch. Er stellt die Kamera aus.

Es ist vergebliche Mühe, die Wildschweine aus dem Garten heraus-halten zu wollen, solange es keinen Jäger gibt, der sie rund um unseren Hof energisch bejagt. Kommentarlos schicke ich dem Westfalen ein paar Fotos.

Die Sonne bricht durch, ich ziehe mit meinem Computer in den Anbau um. Einst war hier der Misthaufen, später stand alles voll mit Kanin-chenställen, und jetzt ist es ein Wintergarten mit Lichtplatten im Dach, unter denen es warm wird, sobald die Sonne scheint. Jedes Jahr läuten die Wildbienen, Hummeln und Wespen hier ihre Hochsaison ein, es ist der Ort, an dem der Sommer bereits summt, wenn der Frühling noch nicht einmal halb vorbei ist. Hier ist es jetzt wärmer als drinnen im Haus. Zum ersten Mal habe ich heute Morgen kein Holz in den Ofen ge-worfen. Auf dem Heuboden öffne ich die Tür im Giebel, über dem Acker steigt eine Feldlerche jubelnd auf. Es ist die erste, die ich höre, so spät erst, wird mir plötzlich bewusst. Die Luke zum Dachboden lasse ich ebenfalls offen, damit der Stall durchlüften kann und die Schwalben auch über das Treppenloch ein- und ausfliegen können. Ich schaue über das Land. Alles steht für den Einzug des Sommers bereit.

Eines Morgens öffne ich wieder die digitale Landkarte, um noch tiefer in das Gebiet einzudringen. Unser Grundstück liegt in einem Natur-park, das muss offiziell beschrieben sein. Bei meiner Suche nach den Luftbildern habe ich aus den Augenwinkeln den Punkt «Natura 2000» im Suchregister gesehen. Als ich mich heute zu den Natura-2000-Ge-bieten durchklicke und unser Grundstück heranzoome, überkommt mich eine leichte Erregung: Was werde ich dort finden? Schließlich lande ich beim Thema «Biotop», in Magenta gehalten, die Farbe springt mir förmlich vom Bildschirm entgegen.

Das Gebiet rund um unser Grundstück ist übersät davon: magenta-farbene Flecken, Streifen, Kreise, freie Formen. Beim Kuhstall ist auch etwas eingefärbt, sehe ich das richtig? Es ist der Tümpel, unser Weiden-tümpel! Auch er ist magentafarben. Ich bin baff. Und auch das Gebüsch zwischen Obstgarten und Brachland und gleich dahinter die Salzwiese und und und ... Ich kenne jeden Magentafleck in unserer Umgebung, als Toteisloch, kleinen Sumpf, Wallhecke, Wasserlauf, Wäldchen, See, Tümpel, Rinne, Feldsteinhaufen, Orte, die seit Jahr und Tag in Ruhe gelassen werden, weil sie sich nicht für die Landwirtschaft eignen. Die großen Maschinen können längst nicht überall hin. Und weil es sich um eine Endmoränenlandschaft handelt, gibt es viele solcher Orte. Aber unser *Tümpel* – mir schwillt vor Stolz die Brust, auch wenn ich überhaupt nichts dafür getan habe. Das hätte ich nicht zu hoffen gewagt.

Um meinen kindlichen Stolz zu unterdrücken, stelle ich mir vor, wie es gegangen sein muss. Biologen, Ökologen und ihr Gefolge haben eine komplette Gemeinde kartiert und alles vermerkt, was sie gefunden haben: besondere Arten, ein besonderes Mikroklima, besondere Ökosysteme, kurzum: Naturwerte. So ist der Tümpel, eingehend beschrieben, auf der Liste für Brüssel gelandet. Biotopname: temporäres Kleingewässer, Großseggenried; Weide; sonstiger Laubbaum. Name: Stehende Kleingewässer, einschließlich der Ufervegetation. Größe: 0,1228 Hektar.

Die Struktur der Landschaft, die bizarre Erdoberfläche mit ihren Toteislöchern und Wasserläufen, entstanden während der letzten Eiszeit, hat hier viel Natur gerettet. Aber ob uns das jetzt noch hilft? Die Trockenheit macht kurzen Prozess mit dem Tümpel. Mich beschäftigt das «temporär». Es kann nur bedeuten, dass er in Trockenzeiten immer wieder austrocknen kann, um sich in feuchten Perioden erneut mit Wasser zu füllen.

Bis jetzt. «Wir haben hier immer gegen Hochwasser und Überschwemmungen gekämpft», erzählte mir der für Umweltfragen zuständige Beamte der Gemeinde vor einiger Zeit. «Noch in den neunziger Jahren war der Wasserspiegel ziemlich hoch, danach hat eine Trockenperiode eingesetzt. Seither ist die Regenmenge gegenüber der Verdunstung und dem Wasserverbrauch zurückgeblieben. Der Grundwasserspiegel ist immer weiter gesunken. 2017 hatten wir endlich wieder ein nasses Jahr, das ganze Jahr über hat es Niederschläge gegeben, das hat alles wieder aufgefüllt.»

Ja ja, habe ich genickt. «Auch unser Tümpel ist damals zum ersten Mal über die Ufer getreten.»

«Wenn er damals übergelaufen ist», sagte der Beamte, «muss ein Abfluss verstopft gewesen sein, meist ist das dann ein Rohr, das bei einer bestimmten Höhe unter Wasser steht.» Und das versuche mal zu finden, denke ich, zwischen all den Findlingen, dem steinharten Lehmboden und den Wurzeln der Bäume und Sträucher.

Aber das ist jetzt nicht mehr das Problem. Wir kannten beide die Fortsetzung: Das Jahr 2018 kam mit seiner extremen Trockenheit, und der Winter 2019 setzte noch eins drauf. Der Beamte sagte: «Es scheint, dass es in diesem Jahr wieder so trocken wird. Dann werden viele Feuchtgebiete verschwinden.»

Dass daran der weltweite Klimawandel schuld ist, steht für ihn außer Frage. «Die Verbesserung des Bodens für die Landwirtschaft hat in unserer Gegend immer bedeutet, dass wir Drainagen anlegen mussten. Jetzt müssen wir uns plötzlich darum kümmern, Wasser zurückzuhalten. Wir werden das System so anpassen müssen, dass es beides kann, um sowohl längere Perioden von Niederschlag als auch längere Trockenperioden meistern zu können, wir müssen zwischen Entwässern und dem Einlauf von Wasser aus Reservoirs wechseln können. Wir werden also so viel Wasser wie möglich vor Ort auffangen und speichern müssen.»

Als ich zum Schluss wissen wollte, was ich tun könne, um wieder Wasser in den Tümpel zu bekommen, sagte er: «Es hat keinen Sinn, den Tümpel zu vertiefen, für die Wasserrückhaltung können Sie nichts tun.» Solange es kein Wasser gibt, schlussfolgere ich, und ohne technische und finanzielle Mittel.

Ich stehe in der Tür des Anbaus und schaue auf die Lehmpfütze keine zehn Meter vor mir, das Fernglas im Anschlag. Die Mühe hat sich gelohnt, vom ersten Tag an flogen die Vögel an und ab. Das nächste Gewässer ist der Froschteich in der Tiefe, aber das ist ein anderer Ort, auch für die Vögel, denke ich. Sie singen hier in den Bäumen, sie balzen oder bauen an ihrem Nest, es ist ihr Zuhause, ihr offenes Haus, ein Ort im endlosen Freien, der ihnen Schutz bietet. Das gilt sogar für mich, auch wenn ich einen Ort im Innern brauche, mit einer Tür und einem Schloss.

Die Stieglitze kommen aus den Eschen bei der Ostwiese angeflogen, in ihrem wellenartigen Flug, als würden sie jedes Mal, wenn sie ausatmen, fröhlich in ein Luftloch gleiten, um beim Einatmen wieder aufzusteigen. Eine Bachstelze läuft mit hohen, zierlichen Schritten um die Pfütze herum und pickt hier und da etwas von dem schwarzen PVC auf. Jäh verschwindet sie, als eine Wacholderdrossel landet, um ein Bad zu nehmen, die Tropfen fliegen nur so um sie herum. Kurz darauf ist sie jedoch schon wieder bei der Getreideruine, den Schnabel so voll mit kleinen Zweigen, dass es aussieht, als habe sie einen struppigen, blonden Schnurrbart mit hängenden Spitzen. Fanatisch sammelt sie mehr und noch mehr. Dann fliegt sie in den linken Kirschbaum hinauf, hüpft in die junge Esche daneben, dann in die dünne, hoch aufgeschossene Esche, als würde sie eine Treppe hinaufsteigen, zum Schluss in die ausgewachsene Esche, Ast für Ast, immer ein wenig höher, bis sie zu einer kleinen Mulde zwischen vier Ästen gelangt. Dort ist ihr Nest, es scheint fast fertig zu sein. Jetzt weiß ich endlich, wo sich ein Wacholderdrosselnest befindet. Als kurz darauf ein Kreischen losbricht, sehe ich drei Vögel wild zwischen den Ästen umherflattern, offenbar ist das Territorium doch noch nicht abgesteckt oder die Partnerwahl noch nicht abgeschlossen.

In den Weiden rund um den Tümpel nisten Goldammern. Es ist schön, all die Bekannten so in der Nähe eifrig und zielgerichtet beschäftigt zu sehen, doch wenn ein Vogel landet, den ich nicht kenne, freue ich mich noch mehr, so wie über den mit der knallroten Brust und dem dazu passenden Fleck über seinem Schnabel, scharlachrot, wie ich in einer niederländischen Vogel-App lese, er heißt *kneu*, doch das klingt plump und bedauernswert. Dann lieber Flachsfink oder, noch schöner, Bluthänfling. Der Fink fliegt in Richtung Getreideruine davon, da ist er also, vielleicht hätte ich ihn ohne Lehmpfütze nie entdeckt.

Das Schwalbenpaar am Rand der Pfütze pickt in den Lehm und fliegt in den Stall. Das Weibchen ist so klein und mottenzerfressen, dass ich mich frage, ob es nicht eine Mehlschwalbe ist, doch die brüten hier nie, außerdem bauen sie ihre Nester im Freien unter Dachrinnen. Das Rauchschwalbenmännchen ist groß und schwarzblau glänzend mit einem hellroten Fleck unter dem Schnabel, es ähnelt den Fotos, bei denen ich den Verdacht habe, dass sie eingefärbt sind, denn meine Schwalben sind in der Regel weniger blau, und ihr Halsfleck hat ein dunkleres Rot.

Sie fliegen in den Stall, ich gehe ins Haus und sehe sie von dort auf dem Balken über der Plastikschwingtür sitzen, durch die ich jeden Tag vom Haus in den Stall gehe. Wie dumm von ihnen, es ist die unruhigste Stelle für ein Nest, außerdem lasse ich mir nicht gern auf den Kopf scheißen. Am Balken kleben bereits Lehmkügelchen, der Beginn einer Mulde. Was nun? Den Nestansatz beseitigen mit dem Risiko, dass sie ganz von hier verschwinden? Immer wieder durch die Tür rennen, damit sie es vielleicht von selbst begreifen – übrigens mit demselben Risiko? Ich entscheide mich für Letzteres, ärgern statt zerstören. Ich will nicht schuld sein, ich betrachte mich als ihre Freundin. Warum nehmen sie sich nicht ein altes Nest weiter hinten im Stall, so wie Schwalben es hier häufiger tun, und richten es ein bisschen her? Es gibt genug davon. Ich denke mir allerhand kleine Tätigkeiten aus, um rein und raus zu gehen und dabei etwas Nützliches zu tun. Zwei Stunden später sehe ich die Schwalben nicht mehr.

Am nächsten Tag bauen sie weiter an ihrem Nest, doch es hat etwas Beiläufiges. Die Seele fehlt, und die Pausen werden immer länger.

Dann ist der Stall plötzlich voller Schwalben, aufgedreht jagen sie in rasend schnellen Runden hintereinander her. Zur Lehmpfütze kommen sie nicht. Offenbar ist es noch keine ausgemachte Sache, wer den Stall in diesem Frühjahr erobert. Als ich wiederum einen Tag später zum Heuboden hochsteige, fliegt kaum einen Meter von meiner Hand entfernt eine Schwalbe vorbei. Es ist ein anderes Pärchen, Männchen und Weibchen sind gleich groß, ich kann sie nicht unterscheiden. Sie restaurieren ein altes Nest auf der Rückseite des Balkens beim Treppenloch, kommen mit Lehmkügelchen angeflogen und fliegen wieder davon. Das ist eine bessere Stelle, sie brauchen sich nur daran zu gewöhnen, dass ich die Leiter rauf- und runtersteige. Vom Nest aus sehen sie mich nicht. Aber ich kann *sie* sehen: Vom Haus aus kann ich ihnen durch die Oberlichter nachspionieren, und zwar aus größerer Nähe, als es mir jemals möglich war. Mit meinen Schwalben wird es dieses Jahr ein gutes Ende nehmen, obwohl der wichtigste Faktor unsicherer ist denn je: Werden sie genügend Insekten fangen, um ihre Jungen großziehen zu können?

In dieser Nacht sehe ich von meinem Bett aus ein Wetterleuchten am Horizont, kurz und grell flackert ein Streifen Licht unter den tiefhängenden Wolken, hoch am Himmel sehe ich den Widerschein glimmen. Das Grollen im Nordwesten kommt näher, und es beginnt leicht zu regnen. Der Wind frischt auf, aber die Luke kann offen bleiben, der Giebel liegt im Windschatten.

Es stürmt, mit langen Stößen tost und heult der Wind, die Kälte kriecht in den Heuboden hinauf, der Regen beginnt zu prasseln, zu peitschen und zu trommeln, hagelt es jetzt? Der Donner kommt nicht dagegen an, ich muss die Ohren spitzen, um ihn noch zu hören, wenn ich nach jedem Blitz die Sekunden zähle. Der erste Regen von vor ein paar Tagen ist nichts dagegen. Ich liege in meiner warmen Höhle, schaue und lausche, während sich das Wasser, Zehntausende Liter Wasser, am dünnen Blech entlang in die Dachrinne ergießt. Die Tierwelt hat sich verkrochen so tief es geht und hält den Atem an.

7.

Experiment Tümpelgrube

Zur Blauen Stunde werde ich von einem neuen alten Geräusch geweckt: Quaken – ein knarrendes, sägendes, pfeifendes, unkendes, rickendes, ratterndes, knurrendes, inniges Quaken. Endlich, es hat angefangen, die Kröten und Frösche paaren sich, wolllüstig locken die Männchen ihre Weibchen. Nicht so laut und in solchen Mengen wie in anderen Jahren, aber sie sind da, nicht alle sind im ausgetrockneten Schlamm verschrumpelt.

Auch all das andere Leben wird jetzt in Gang kommen, der Frühling wird nicht länger dürsten und dahinsiechen, draußen herrscht Feierstimmung. Die Fledermäuse streichen haarscharf über mein Bett hinweg, sie fliegen ein und aus. Im alten Holz auf der Grenze zwischen innen und außen stecken immer Insekten. Ich richte mich auf, es ist ein Wunder, dass noch nie eine Fledermaus mit mir zusammengestoßen ist, so abrupt ich mich auch bewege.

Über mir höre ich Wespen summen, ich suche mit den Augen die Balken ab, nahe am First befindet sich eine Kerbe in einem Dachsparren, wo sie ein- und ausfliegen, sie bauen dort an ihrem Nest. Es ragt schon etwas gräulich-sprödes Nestpapier heraus. Zum Glück, im letzten Sommer hatte ich auf dem Dachboden erstmals überhaupt kein Wespennest.

Kurz darauf stehe ich mit bloßen Füßen im nassen Gras, die Erde dampft, hinter einem Schleier streckt die Sonne ihre rosafarbenen Finger über den Grenzwald aus. Alles wirkt frisch, jetzt gibt es kein Halten mehr, alles wird wachsen, blühen und Früchte tragen.

Die Vögel singen gegen das Quaken an, übertönt nur von der hellen Stimme des Kuckucks, ich horche, ob das Weibchen schon mit seinem merkwürdig kreischenden Kichern antwortet. Jetzt fehlt mir nur noch der Pirol, er ist noch später dran als sonst. Oder wird er überhaupt nicht mehr kommen, wie ich mich im letzten Jahr zum ersten Mal gefragt habe?

Ich werde herumlaufen, den ganzen Tag im Freien arbeiten und zusammen mit all dem Leben um mich herum aufblühen. Im Gemüsegarten reiße ich ein paar Quecken aus. Endlich brechen die Halme dabei nicht mehr über dem Boden ab, sondern kommen mitsamt den Wurzeln aus der durchweichten Erde. Ich merke es, wenn eine Pflanze abbricht, meine Finger spüren es, wenn ich zu viel Kraft aufwende, obgleich mir nicht klar ist, was genau ich dann spüre. Egal, solange es meine Finger nur wissen, sonst muss ich die Wurzeln später ausstechen.

Es macht mich gierig, dieses Jäten im weichen Boden, her mit euch, raus, bevor ihr euch wieder mit euren Wurzeln im Lehm festkrallt. Ich jäte und jäte wie eine Besessene, schnell muss ich sein, denn auf neuen Regen brauche ich nicht zu hoffen, nicht in den kommenden sechzehn Tagen, und der Lehm wird in ein paar Tagen hart sein.

Es wundert mich, wie viel schon wächst, und nicht nur ungebetenes Grün. Verborgen unter den dürren und früh aufgeschossenen Pflanzen tragen die Erdbeeren bereits kleine grüne Früchte. Ein milder Winter hat nicht nur Nachteile. Ich knicke tote Halme und Stängel ab. Dazwischen sprießt frisches Wermutkraut und Topinambur, die Lampionblumen haben schon saftige Stiele. Das muss alles ausgedünnt werden, denn ich freue mich schon auf dicke, süße Erdbeeren. Im Nu habe ich eine Schubkarre bis zum Rand mit allem gefüllt, was im Gemüsegarten zu viel ist.

Schnecken sehe ich kaum, ein paar winzig kleine mit einem Gehäuse sowie vereinzelt ausgewachsene Weinbergschnecken. Die werfe ich ins Gras. Keine Spur von Spanischen Nacktschnecken. Das wäre dann schon das zweite Jahr. Erst im letzten Jahr hatte ich meinen Gemüsegarten aufgegeben, weil ich den Kampf gegen die Schnecken satt hatte. Sollte mir die Trockenheit jetzt helfen? Ein schwacher Trost, denn in dem Fall muss ich den Gemüsegarten mit Leitungswasser gießen, und das will ich nicht. Dann kaufe ich lieber Salat vom Biobauern, er hat einen Brunnen auf seinem Land.

Ich bin keine Selbstversorgerin aus Prinzip, ich sorge nur hin und wieder für Fleisch, meistens habe ich grüne Kräuter, und wenn die Jahreszeit danach ist, gibt es frisches Obst, aus dem ich manchmal Marmelade mache und Apfelsaft pressen lasse. Seit zwei Wochen stehen im Anbau Torftöpfe, in die ich Zucchini eingesät habe. Wider Erwarten sind alle neun aufgekeimt. Wohin damit? Am besten an die sonnige Westseite des Stalls, ich werde ihnen, wie allen Anpflanzungen, auf die Sprünge helfen, solange der Vorrat an Regenwasser reicht. Na gut, wenn sie schwächeln und die Tonnen leer sind, überbrücke ich die Zeit vielleicht mit ein paar Gießkannen Wasser aus dem Hahn. Ich bin keine Dogmatikerin. Es bleibt ein Spiel, jedes Jahr ist es wieder ein Experiment. Ich muss ja nicht davon leben.

Im letzten Jahr war ich im Frühsommer einen Monat in Amsterdam, währenddessen haben die Tiere meine Zucchini aufgefressen und die Blüten von den Stockrosen abgeknabbert. Im Hochsommer kam ich zurück, doch anders als in den Jahren zuvor fand ich kein Füllhorn des Überflusses vor, es war nicht einmal grüner geworden. Alles hätte üppig wachsen und gedeihen müssen, aber das war nicht so, es ist nicht mehr selbstverständlich.

Mit den Händen suche ich die alten Blätter vom Wilden Wein ab. Endlich bekommt er auch an der Außenwand dichtes Blattwerk. Im Anbau hängen seine Ranken schon wie grüne Gardinen von den Balken herunter. Vor Jahren sind sie unter dem Wellblech hindurch ins Hausinnere gekrochen, seither sind sie mein Augenschmaus, selbst in diesem trockenen Frühjahr, gerade jetzt. Draußen sind ziemlich viele junge Weinblätter verwelkt, fällt mir auf, ihre Ränder sind braun geworden, einfach so, von einem Tag auf den anderen. Sie sind nicht verdorrt, es ist kein Wassermangel, denn dann wären die Enden im Anbau auch nicht frischgrün.

Ich will es als eines der vielen Rätsel der Natur abtun, als ich an den Traktor denke, der vor ein paar Tagen den Acker besprüht hat. Wie immer, wenn ich ihn mit seinen Chemikalien ankommen sehe, schließe ich Fenster und Türen und klettere die Leiter hinauf, um auch die Giebeltür zu schließen. Diesmal kam der Wind aus Südsüdwest, ein scharfer Wind, er wehte alles aufs Grundstück, direkt in den Gemüsegarten und weiter ins Haus hinein. Meine Zungenspitze fühlte sich plötzlich taub an. Ach, dachte ich, sicher Einbildung, mein Körper reagiert auf eine allzu lebhafte Phantasie.

Doch dann höre ich, dass bei starkem Wind überhaupt keine Chemikalien ausgebracht werden dürfen. Ich spüre Wut in mir aufsteigen, gleich darauf Ohnmacht, aber ich schiebe sie beiseite. Was bringt mir meine *Not in my backyard*-Empörung. Alles, was lebt, hat unter den Pestiziden zu leiden, außer das Getreide selbst.

Ja ja, ich weiß, das wirkt feige, aber heute scheint die Sonne, und der Boden ist durchweicht. Ich will mir keine giftigen Gedanken machen und Trübsal blasen. Dann fällt mir auf, dass die Akelei, die gerade zu blühen begonnen hatte, verschwunden ist, einfach weg. Ich suche zwischen dem Majoran, durchsuche die Erde, nichts, keine Fraßspuren, spurlos verschwunden, als hätten hier nie Akeleien gestanden, obwohl sie dort schon seit zwanzig Jahren mit ihren weißen und violetten Blüten stehen, sich wiegend auf ihren dünnen Stielen. Nicht aufs Geratewohl Verbindungen herstellen!, halte ich mir vor, Chemikalien können die Akeleien nicht wegretuschieren, ohne auch nur eine einzige Spur zu hinterlassen.

Verteilt über den Gemüsegarten säe ich etwas Dill und Petersilie zwischen die Stauden und Sträucher sowie Ringelblumen und Frühlingszwiebeln von der Saat aus dem letzten Jahr. Große Pläne für einen «essbaren Garten» habe ich nicht mehr, ich gärtnere nach Lust und Laune. Es blüht immer etwas für Bienen, Hummeln, Wespen, Schmetterlinge und alles, was sich sonst noch von Nektar ernährt.

Als ich an der Wand einen Streifen Erde für das Basilikum vorbereite, huscht unter meiner Harke eine Eidechse davon. Die sitzen hier immer, um ein Sonnenbad zu nehmen, sie leben zwischen den Feldsteinen oder unter dem Fußboden des Anbaus. Still, als ob sie aus Plastik wäre, sitzt sie da, bis sie zuckend davonflitzt. Lebendgebärend ist diese, das finde ich anrührend, eierlebendgebärend, um genau zu sein – auch wenn so ein Ei nicht mehr als ein Windei ist, hat das Junge, wie ich las, den Mutterleib kaum verlassen und kommt auch schon aus seiner Eihaut gekrochen. Ich glaube nicht, dass ich jemals die Geburt einer Eidechse in natura sehen werde. Es ist schon ungewöhnlich, dass ich es mir in einem Video ansehen kann.

Eigentlich sehe ich nie mehr, dass Tiere geboren werden. Das wird mir erst jetzt bewusst, vielleicht, weil mir das Bild so vertraut ist. Als Kind habe ich eine ganze Menge Geburten bei Tieren gesehen: Welpen, Kätzchen, Kälber, Ferkel, Lämmer, Fohlen und Küken, die aus ihrem Ei krochen. Plötzlich habe ich Sehnsucht: So viel ich in meinem Leben auch gewonnen habe, im Laufe der Jahre habe ich auch viel verloren.

An der tiefsten Stelle des Tümpels steche ich den Spaten in den Boden und schippe die wulstige Schicht Weidenlaub zur Seite. Es ist noch immer nahezu gewichtslos, an nichts ist zu merken, dass erst vor Kurzem kübelweise Wasser darauf niedergegangen ist, als hätte ein durstiger Tümpelgeist den Regen sofort weggeschlürft. Ich sammle Speichel in meinem Mund, drücke meine Zunge wie einen weichen Lappen leicht gegen den Gaumen und hole tief Luft, ja, dieses Geräusch. So klingt es auch manchmal aus dem Ausguss im Spülbecken. Doch der Tümpelgeist saugt und schlürft im Stillen.

Unter der Laubschicht ist sofort die lehmige Erde. Ein Stück weiter grabe ich ebenfalls die Laubschicht ab, wieder lehmig. Das war so ziemlich das Letzte, was ich erwartet hatte. Ich hatte mich sogar gefragt, ob es mir überhaupt gelingen würde, mit dem Spaten die Lehmschicht zu erreichen. Auf jeden Fall hatte ich geglaubt, dass ich mich erst durch einen dunklen, stinkenden Brei würde graben müssen, so wie ich es beim Nachbarn im Froschteich gesehen hatte. Aber kein Brei, nicht einmal in getrockneter Form, nichts, was auch nur entfernt an üble Gerüche und Fäulnis erinnert. Und gerade das ist es, was mich wirklich alarmiert.

Ich trete auf den Spaten, er verschwindet im Boden wie in einem Block gereiften Fetas. Das war bei der Lehmpfütze durchaus anders, mit den Klumpen Erde, die ich dort ausstach, hätte ich ohne Weiteres eine kleine Lehmwand bauen können. Der Lehm im Tümpel zerbröckelt schon auf dem Spatenblatt und ist gespickt mit rostfarbenen Flecken. Ich denke an den verschlammten, kackbraunen Graben meiner Kindheit, der sich von der Mädchenschule zur Dorfkirche zog. Das Braun rührte, wie ich wusste, vom Raseneisenerz her, keine Ahnung, wer es mir erzählt hatte, aber ich habe es nie wieder vergessen. Eigentlich sollte ich vom Grund des Tümpels eine Bodenprobe nehmen und untersuchen lassen, doch die Online-Formulare schrecken mich ab – viel Papierkram und teuer.

Das Graben geht mühelos, bis ich auf den dünnen Ausläufer einer flachen Baumwurzel stoße, doch ich grabe einfach unter ihr hindurch weiter. Wenn es so einfach ist, warum lege ich dann hier nicht auch eine Lehmpfütze an, einen Pfützensumpf, den ich Stück für Stück vergrößern kann, um so einen Anfang mit der Wiederherstellung des Tümpels zu machen? Aber natürlich ohne Plastik, keine Kurzfristlösungen, damit würde ich dem Tümpel entgegenwirken, und ich will ihm ja gerade in seiner Bewegung folgen.

Die Erdbrocken werfe ich gleich in eine Mörtelwanne. Alles, was ich aus dem Tümpel entferne, ist ein Gewinn, denke ich, ich darf nur nicht die Lehmschicht durchstechen.

Ach komm, jetzt mal ernsthaft! Glaube ich denn wirklich, dass ich mit einem Spaten so einfach, aus Versehen, hindurchstechen kann? Ich bin kein Bagger.

Also grabe ich weiter und suche unterdessen nach etwas Lebendigem. Es könnte doch allmählich mal ein kleiner Käfer oder eine Raupe herumkriechen, es könnte eine Biene hochfliegen oder ein Schmetterling? Anderswo auf dem Hof habe ich schon Zitronen- und Aurorafalter gesehen, die vor allem auf der Knoblauchsrauke sitzen. Gibt es denn im Tümpel für die Tiere gar nichts mehr zu erleben? Nur ein Wölkchen Gnitzen sah ich gerade zwischen den Grashalmen tanzen.

Hätte noch Wasser im Tümpel gestanden, wäre es hier jetzt voller Leben gewesen.

Ich hebe die Grube ungefähr sechzig Zentimeter tief aus. In den Wänden sind ein paar Löcher, kleine Gänge von Tieren, wie ich gleich wieder hoffnungsvoll denke. Mit den Händen schöpfe ich die lose Erde heraus, die vom Rand nach unten rieselt. Es gibt noch keine Spur von Wasser, Schlamm oder Feuchtigkeit. Wenn ich jetzt tiefer graben will, wird das Loch automatisch ein Stück größer, mache ich mir klar, sonst kann ich den Spaten nicht mehr flach halten. Es wird ein hartes Stück Arbeit werden, hier einen kleinen Teich auszuheben.

Hätten wir den Tümpel doch von dem neuen Nachbarn ausbaggern lassen sollen, der sich vor sieben Jahren unten im Weiler angesiedelt hatte? Er hatte eine kleine Tiefbaufirma, und zusammen mit dem Waldarbeiter ihm gegenüber war er eines Tages im Sommer vorbeigekommen, um sich die Lage anzusehen.

Der neue Nachbar sagte, dass ein mittelgroßer Bagger ausreichen würde, damit könne er die rückwärtige Seite des Tümpels gut erreichen. Doch die beiden Gebüsche am flachen Ufer müssten weg, dahin würde der Schlick kommen, das werde einen ziemlichen Berg geben. Ich sah zum Weidenhackwäldchen hinüber, zum rosafarbenen Weißdorn, den wir mit einem Lederband an eine Weide gebunden hatten, als er immer schiefer zu wachsen drohte, und der inzwischen wieder aufrecht und stolz dastand. Ich betrachtete den Gemeinen Schneeball, den ich in einem Frühjahr vor vielen Jahren plötzlich entdeckt hatte und der hier vielleicht einst als Samen von einem Vogel ausgeschieden worden war. Und ich schaute zur gegenüberliegenden Seite, wo sich die umgefallene Weide auf einen Hauptast stützte, während sich der andere Ast zum Himmel reckte, seine Samenfasern schwebten durch die Luft, und sah – in mir krampfte sich alles zusammen – seinen bemoosten, gefurchten Stamm, aus dem schon von Anfang an ein kleiner Weißer Johannisbeerstrauch wuchs.

Es würde einen Kahlschlag geben und aussehen wie ein frisch angelegter Park, jeglicher Zauber wäre verflogen. Und was würde mit den Vögeln geschehen und dem Laubfrosch, der rasselnd in der Silberweide quakte? Mit all diesem Leben, von dem ich kaum etwas wusste, das dort schon seit Jahrzehnten unbekümmert seinen Lauf nahm und den Ort zu dem machte, der er war. Ich sah nichts als Zerstörung vor mir und das ganze Jahr hindurch eine spiegelnde Wasseroberfläche, auf der wir die Enten füttern konnten. Ich sperrte mich dagegen, alles in mir rief, dass es ein Irrtum wäre.

Es würde sich schon wieder einrenken, sagte Boom, es brauche vielleicht ein paar Jahre, dann habe sich die Natur erholt, aber auch bei ihm war kein Funken Begeisterung mehr zu spüren. Ein paar Jahre, dachte ich, ein paar Jahre! Ich will nicht ein paar Jahre lang auf einen künstlich angelegten Tümpel schauen, aus dem der Tümpelgeist entwichen ist. Ich lebe hier *jetzt*, ich lebe hier nicht, um alles nach meinem Willen zu gestalten, in der Erwartung, es später hübsch zu haben und Ahs und Ohs zu ernten. Sollen die Leute nur denken, dass wir den Kram verkommen lassen, ich schaue mit meinen eigenen Augen, höre mit meinen eigenen Ohren, empfinde die Orte um mich herum als Räume mit ihrem eigenen Klang, Lichteinfall, Geruch, mit ihrem eigenen Leben ohne mich, mit ihrer unveräußerlichen Atmosphäre.

Wir würden es nicht machen, sagten wir dem Tiefbauer. Aber hätten wir uns damals nicht doch beherzt für die Zukunft entscheiden sollen? Und vor allem: Wäre der Tümpel dann jetzt nicht ausgetrocknet?

Jeden Abend suche ich den Himmel nach Fledermäusen ab, es sind weniger als in anderen Jahren, oder bilde ich mir das ein? Im Frühling flogen sie sonst schon am Stall vorbei, auf den Heuboden und über den Tümpel. Es wimmelte dort immer von Mücken, aber jetzt ist nur noch wenig zu holen.

Im Laufe des Mai sind die Fledermäuse dann doch auf den Hof gekommen, sie hängen im Westgiebel des Bauernhauses, zumindest die Weibchen, sie haben dort ihre Wochenstube. Jeden Abend, wenn es anfängt zu dämmern, schießen sie geradewegs ins Freie, um zu jagen, zwischendurch kehren sie ein paarmal zurück, um ihr Junges zu säugen. Jedes Weibchen ist eine fliegende Milchfabrik für *einen* Nachkommen.

Es müssen hundert sein, die dort hängen, sie verlassen in einer Kolonne das Grundstück, denn beim Mürzinsee, dem kleinen Anglersee oder in den Wäldern ist mehr zu holen, oder, noch näher, im Froschteich. Alles dreht sich darum, Nahrung zu suchen, um die Vielfraße von Jungen zu füttern, es ist Arbeit, Arbeit, Arbeit. Das ist keine Entscheidung, es ist Instinkt.

Eines Vormittags sehe ich durch das Küchenfenster den Storch an der Getreidescheune vorbeistapfen. Gut so, auch wenn er nicht auf dem Strommast brütet, kommt er doch her, um Nahrung zu suchen. Ich hatte schon gehört, dass Störche hier in der Gegend seltener werden. Auf Höhe der Kirschbäumchen bei dem großen Haufen morscher Balken und Äste steigt er in die Ruine. Was er dort macht, kann ich nicht sehen, doch kurz darauf kommt er eilends zurück zur Hofwiese. Was hat er denn da? Es scheint, als habe er eine Krawatte mit einem Zickzackmuster um den Hals. Das Teil glänzt in der Sonne. Ein Streifen Plastik? Menschlicher Abfall? Es ist möglich, es werden häufiger Tiere gefunden, deren Bauch voll mit Plastik ist, auch Vögel. Aber wir werfen dort nichts hin, was nicht schnell von der Erde aufgenommen werden kann.

Der Storch versucht, den Streifen herunterzuschlucken. Für eine Blindschleiche ist seine Beute zu groß, vielleicht eine Ringelnatter? Aber die sind doch nicht so weiß? Es muss aber ein Reptil sein. In der Mitte ist es dicker, offenbar hat es selbst gerade eine Beute verschlungen und lag in der Sonne, um sie zu verdauen. Aber eine so große Schlange, die bis zum Boden reicht und sich wild windet? Eine Nummer zu groß für dich, mein Junge, grinse ich hinter dem Fenster, um mich dann plötzlich in Bewegung zu setzen und in meinen Schlappen nach draußen zu rennen, dabei laut «Hey, hey!» rufend. Ich muss versuchen, ihm das Reptil abspenstig zu machen, ich will wissen, was er da hat.

Der Storch sieht auf, flüchtet aber nicht. Rasch versucht er, die Schlange herunterzuwürgen. «Hey, lass los!», rufe ich wieder. Als ich näher komme, hüpft er mitsamt der Schlange um die Ecke in Richtung Ostwiese. Als ich sie erreiche, ist er verschwunden, mit der Schlange oder ohne sie? Ich sehe nirgendwo etwas liegen oder davonhuschen, und am Himmel ist auch kein Vogel zu sehen.

Stümperin, warum bist du auch nach draußen gerannt? Was wolltest du da?

Ich wollte den Storch aufscheuchen, mache ich einen kleinlauten Versuch, vielleicht hätte ich die Schlange noch retten können, und wenn sie schon halbtot oder sogar ganz tot gewesen wäre, hätte ich sie mir wenigstens noch anschauen können. Ich hatte gedacht, dass der Storch seine Beute loslassen würde.

Warum sollte er sie denn loslassen, *er* hatte sie doch gefunden, es war doch nicht deine Schlange?

Ja, aber so etwas habe ich noch nie gesehen, ich dachte, dass es eine besondere Schlange wäre, die hätte ich hier gern behalten, für die Artenvielfalt, weißt du, übrigens, auch Ringelnattern sind geschützt, die müssen wir ebenfalls in Ruhe lassen.

Wir, ja, aber doch nicht der Storch! Der will fressen, der muss seine Jungen füttern, der hat vielleicht noch nie so eine fette Beute gemacht. Und wenn du wirklich wissen wolltest, was für eine Schlange es war, hättest du besser erst vom Fenster aus ein Foto machen und dich anschließend anschleichen können, um noch mehr Fotos zu machen, bis er weggeflogen wäre, mit oder ohne Schlange, statt wie eine Verrückte auf ihn zuzustürmen.

Jetzt suche ich im Internet. Es könnte eine Kreuzotter gewesen sein. Die *Vipera berus* sieht auf den Bildern genauso aus wie die Schlange, die der Storch im Schnabel hatte. In der gleißenden Sonne wirkte sie allerdings noch etwas heller als auf den Fotos.

Ich frage herum. «Die gibt es hier nicht», sagt der eine. «Die haben wir hier früher öfter mal gesehen», sagt ein anderer. Der Biologe macht ein skeptisches Gesicht. «Eine Kreuzotter, bist du sicher? Das kann ich mir kaum vorstellen. Ringelnattern können auch ziemlich groß werden, weißt du.»

Wenn ich ihm glaube, muss ich an meiner eigenen Wahrnehmung zweifeln. Das ist nicht einfach, auch wenn ich weiß, wie unzuverlässig sie ist. Aber ich ziehe schon genug in Zweifel. Ich will meinen Augen trauen, ich will, dass es etwas anderes als eine Ringelnatter war.

Ich kann sie mit meiner Handschaufel gerade erreichen, die zwei kleinen Farne, die zwischen den Spalten des Brettersteges hervorlugen. Es ist mir ein Rätsel, wie sie da hingekommen sind. Sollten sie von den Sporen der beiden großen Wurmfarne stammen? Vor Jahren hatte ich sie heimlich aus dem Wald geholt und an der schattigsten Stelle des Gartens eingepflanzt, zwischen der Wildkirsche und der großen Silberweide, wo im Sommer die Hängematte hängt. Jetzt baumelt dort nur der Hängesessel an einem Ast der Wildkirsche. Es ist der Ort, wo ich mich draußen am meisten zu Hause fühle.

Jedes Jahr sehe ich vom Beginn des Frühjahrs an nach, ob die Farne schon die ersten Federblätter in ihrem Bett aus verdorrten Stielen entrollen. Wenn der Gundermann tiefviolett zu blühen beginnt und das Moos auf den Findlingen hellgrün erstrahlt, muss es so weit sein. In diesem Jahr dauerte es lange, und ich befürchtete, dass die Farne wegen der Trockenheit eingegangen waren. Hätte ich ihnen doch nur schon im März Wasser gegeben, meinetwegen Leitungswasser, ich habe nun mal eine Schwäche für sie.

Es ist merkwürdig, in all den Jahren haben die Farne sich nie vermehrt, und ausgerechnet in diesem Jahr, wo es zum zweiten Mal so trocken ist, sprießen zwei neue. Hat der Wind die Sporen hierhin geblasen, sind sie mit Vögeln oder Mäusen mitgereist und lagen wartend im Schatten des Brettersteges beim Regenrohr in bester Farnerde? Wie auch immer, jetzt, wo sie da sind, muss ich sie retten, denn unter den Brettern überleben sie nicht.

Ich bringe sie ins Gehölz bei der Ostwiese, da wollte ich immer schon Farne haben. Sonne gibt es dort nie, und die Erde ist schwarz und locker. Wenn ich ihnen über die erste Zeit hinweghelfe, gedeihen sie sicher.

Während ich hin und her laufe, mit den Gedanken bei Farnen, Wasser und Erde, lande ich wie von selbst beim Tümpel: Warum gieße ich nicht

Wasser in meine Grube, um die Sickergeschwindigkeit zu ermitteln, so wie beim Bau der Klärgrube? Natürlich, das muss ich tun. Und ich werde nicht auf den nächsten Regen warten, ich will es jetzt wissen. Aus der Regentonne fülle ich zwei Gießkannen, das muss reichen. Neugierig gieße ich das Wasser der ersten Kanne in die Grube – und schaue zu.

Wieso zuschauen, wobei? Einmal blinzeln – ich schlürfe –, und weg sind die ersten zehn Liter. Ungläubig starre ich in die Grube. Dann greife ich zu der anderen Gießkanne und drehe sie um, so dass sich das Wasser in einem Schwall in das Loch ergießt. Da! Zweimal blinzeln.

Wie ist das bloß möglich? Mit meiner Handschaufel schabe ich über den Boden und an den Wänden entlang. Eigentlich habe ich keine Ahnung, wo in dem Tümpel ich bin, bis zu welcher Schicht ich gekommen bin. Ich grabe das Loch, das dicht über dem Boden in der Wand ist, weiter auf, es ist tatsächlich ein kleiner Gang, der zu einem weiteren Gang führt, der wiederum schräg abwärts in Richtung des Chausseewalds läuft. Was für Tiere hier wohl leben?

Mit dem Spaten erweitere ich die Grube noch ein wenig, steche sachte in die Wände, vielleicht sind es überhaupt keine von Tieren gemachten Gänge. Wie komme ich eigentlich darauf? Weil es meist so ist? Ich wüsste nicht einmal, was hier durch die Erde kriechen sollte. Man kann es auch kaum Gänge nennen, sie sind bizarr geformt, und ihre Wände sind rau. Die Öffnungen verlaufen zwischen Lehmklumpen, sehe ich nun, es sind keine Gänge, es sind Risse, der Lehm ist *gerissen*. Durch die Trockenheit? Sollte das der Grund sein? Sollte der Lehm getrocknet und dann gerissen sein?

Ich sinke zu Boden, mein Körper beginnt zu glühen angesichts meiner Entdeckung, und langsam formt sich in mir eine vage Vermutung, die Konsequenz aus dem, was ich sehe. Einen kleinen Teich zu graben, allmählich seine Oberfläche zu vergrößern und das Ganze zu vertiefen hat überhaupt keinen Sinn, wenn das Wasser sofort durch die Risse wegfließt. Und wahrscheinlich hilft nicht einmal ein Ausbaggern.

Den Boden dann mit Plastik auslegen? Nein, nein, das werde ich nicht machen, nicht im Tümpel, das hieße, die Götter versuchen.

Ich suche den Tümpel ab, schaue mit anderen Augen auf jedes Loch. Aus einem von ihnen kommt eine Wespe und dann noch eine. Und eine fliegt auch wieder hinein. Also gibt es hier doch Tiere. Vielleicht erst seit Kurzem. Erdwespen. Ich hocke eine Weile vor dem Loch neben meiner Grube. Die Wespen fliegen ein und aus. Ist da ein Nest? Das kann ich auf die Schnelle nur herausfinden, wenn ich das Loch, den Gang erweitere. Doch das werde ich nicht tun. Dann wäre ich vielleicht etwas klüger, doch die Wespen hätten kein Nest mehr. Und dann wäre meine Chance vertan, aus der Nähe mehr über sie zu erfahren.

Es hat auch keinen Sinn, wird mir klar, noch mehr von dem knappen Regenwasser in die Grube zu gießen. Der Tümpel ist ein Fass ohne Boden geworden.

Ein flügelschlagendes, pfeifendes Geräusch nähert sich, da sind die Höckerschwäne, leuchtend weiß in der Sonne. Sie setzen zur Landung im Froschteich an. In diesem Jahr sind sie ganz hinten, im verwilderten, morastigen Teil. Es gibt auch dort kaum Wasser. Junge Schwäne sind nirgends zu sehen. Haben sie keine Eier gelegt, oder sind diese sofort aufgefressen worden?

Als ich die Ostwiese betrete, bleibt mir der Mund offen stehen. Über dem Schlamm hängt in Schlieren der sich langsam verziehende Morgennebel, auf einer ausgetrockneten Erhebung im Froschteich läuft ein junger Rehbock. Alles glänzt schaumig-grün zwischen spiegelnden Wasserlachen. Zwei Vögel stehen darin. Der eine ist ein Reiher, wie ich an seinem langen, eigenwillig gebogenen Hals erkenne. Der andere, der ganz links ein wenig abseits steht, ähnelt einer Gans, hat jedoch einen langen, kräftigen Schnabel und eine dunkle Färbung. Und in der Kulisse dahinter treiben die beiden Höckerschwäne.

Ich sehe mir den dunklen Vogel noch einmal genau an, er hat überhaupt keine kurzen Gänsebeine, sondern watet mit seinen langen Stelzen durch das flache Wasser. Es wird doch nicht … doch, es ist ein Schwarzstorch mit seinem orangefarbenen Schnabel. Ich hatte schon häufiger munkeln hören, dass er gar nicht weg sei und man die Geschichte, es gebe ihn hier nicht mehr, nur deshalb in Umlauf gesetzt habe, um ihm Ruhe zu gönnen, damit sich nicht Horden von Vogelbeobachtern über ihn hermachen und ihn doch noch verscheuchen. Es ist Jahre her, dass ich ihn gesehen habe, er ist sehr scheu, und ich bin auch nie auf die Suche nach ihm gegangen.

Ich stehe stocksteif da und ziehe mich dann Schritt für Schritt zurück, ganz langsam. Der Storch breitet träge seine schwarzen Flügel aus, und ich sehe die weißen Federn an seinem Bauch. Er löst sich vom Boden und schwenkt hinüber aufs Brachland, das hinter dem Teich liegt. Kurz darauf sehe ich ihn hoch oben am Himmel über die kurze Kastanienallee und weiter hinter dem Landesforst verschwinden. Ich suche mit den Augen den Teich ab, auf unserer Seite ist er schon fast ausgetrocknet. Jetzt schon, obwohl es noch einen langen Sommer zu überstehen gilt.

So gut wie alle kleinen Gewässer sind ausgetrocknet. Es gibt weniger Frösche und Reptilien, und die wenigen, die es gibt, sehe oder höre ich selten. Sie sparen Energie, das Einzige, was zählt, ist zu überleben. Hinzu kommt, dass es hier jedes Jahr im Sommer mehr Urlauber gibt, meistens Naturfreunde, die neue Erfahrungen sammeln wollen. Es ist nur eine Frage der Zeit, bis der Schwarzstorch seinen Brutplatz hier aufgibt. Mir ist ein bisschen feierlich zumute, als hätte er sich mir zum Abschied noch ein letztes Mal gezeigt.

Ich tröste mich mit dem Gedanken, dass der Fischadler jetzt gelegentlich an den Froschteich kommt. Die Fischadler, wo sind sie? Ich habe sie schon seit Tagen nicht mehr gesehen. Ich denke an den Kopf, der manchmal über den Rand des Horstes schaut und dem Weibchen gehört, das tagein tagaus brav brütend dasitzt, an das Männchen, das kommt, um Fisch zu bringen oder das Weibchen abzulösen. Das Weibchen muss dort schon seit Wochen sitzen. So allmählich muss es doch Junge geben? Schnell laufe ich den Findlingswall hoch – und sehe nichts. In letzter Zeit fliegen dort viele Raben herum, denke ich besorgt. Hör auf, seufzt die Gegenstimme, du hast doch schon öfter nichts gesehen, das Nest ist viel größer und tiefer, als du von unten aus glaubst. Einen Tag später hat der Kopf doch schon wieder über den Rand geschaut, oder das Männchen ist zum See geflogen. Warum behältst du immer alles so peinlich genau im Auge? Wie willst du sie denn beschützen?

Am frühen Abend sitze ich mit meinem Feldstecher auf dem großen Stein am Komposthaufen, fest entschlossen zu warten, bis ich Aufschluss erhalte. Auf dem Rand hockt ein Fischadler, er schaut in die Tiefe, schaut in die Runde, schaut, und ich warte auf – wer weiß, vielleicht doch – ein Kükenköpfchen, einen hungrigen kleinen Schnabel, der sich dem Fressen entgegenstreckt, dem Schnabel seiner Mutter, dem Kropf, gefüllt mit Fisch. Nichts.

Vielleicht sind sie doch noch zu jung, um über den Rand zu schauen, hoffe ich noch. Aber wo ist der andere Elternteil? Es ist still, nichts ist zu sehen, obwohl doch jetzt mit kleinen, jungen Vögeln Stoßzeit herrschen müsste. Dann fliegt der Fischadler mit langsamen Flügelschlägen aus seinem Horst, gleitet tief über das Getreide hinweg und verschwindet hinter der Böschung in Richtung Anglersee. Lässt er seine Jungen allein? Ich warte. Bleib sitzen!, sage ich mir selbst, wenn er jetzt mit Fisch zurückkommt, weißt du es.

Ich warte und warte, wie lange lässt ein Fischadler sein Nest unbewacht zurück? Wie lange werden sich die Jungen noch versteckt halten? Wie lange müssten sie jetzt schon da sein? Unwillig rechne ich es zum soundsovielten Mal nach. Siehst du, du weißt doch eigentlich schon, dass es nicht mehr möglich ist!

Ich sitze auf dem Stein, bis ich merke, dass ich aufgestanden bin. Nein, nicht weggehen! Die Hoffnung kannst du immer noch aufgeben. Ich warte wieder und spüre die Sturheit in mir wachsen, sie ist umgekehrt proportional zu der geschrumpften Hoffnung. Hinter mir springt das Moped des Nachbarsjungen an, *reng-reng* gibt er Gas. Er wird gleich meine Richtung einschlagen, die Hand heben, an mir vorbeiflitzen.

Ich stehe auf, heute nicht, ich habe jetzt keine Lust zu winken.

Den Sommer feiern

8

Ein Geständnis an den Laubfrosch

Im Trödelladen des nahen Städtchens sehe ich die Bücherstapel aus Haushaltsauflösungen durch. Einmal fand ich die Originalausgabe von *Bambi* des österreichisch-jüdischen Autors Felix Salten. Heute fällt mein Blick auf einen kleinen, in Frühlingsgrün gebundenen Hardcover-Band, auf dessen Rücken *L. L. Stischkowskaja. Belauschte Tierwelt* steht. Den glänzenden Umschlag ziert ein grüner Laubfrosch mit einer sonnengelben Quakblase unter dem Kinn und molligen Gliedmaßen. Seine Saugnäpfe, die keine Saugnäpfe sind, kleben auf einem Stängel mit feinen Riffeln, begeistert blickt er in die Ferne.

Ich schnappe nach Luft: Da bist du wieder! Gestern erst sprach ich noch von dir, weil ich glaubte, dich am Tümpel gehört zu haben. Du warst lange weg. Oder bist du nur kurz vorbeigekommen und hast dann gesehen, dass der Tümpel trocken ist?

Ich habe das Buch schon an meine Brust gedrückt, gehe damit zur Kasse und trage es wie eine Trophäe in meinen Stall. Der letzte Laubfrosch, den ich hier vor Jahren gesehen habe, steht mir noch deutlich vor Augen: zerquetscht.

Draußen im Hängesessel starre ich am Abend auf das Buch auf meinem Schoß. Es ist, als wärst du wieder da, sage ich zum Laubfrosch, und vielleicht ist das auch so. Und nicht nur am Tümpel. Ich habe dich vor Kurzem sogar noch ein anderes Mal gehört, als ich in der offenen Kanzel bei der mächtigen Silberweide saß, du weißt schon, am Grenzsumpf bei dem kleinen Anglersee. Oder bist du da nie?

Es war sogar noch verrückter, ich habe dich damals erst mit einer Verzögerung von mehr als einer Stunde gehört. Ich hatte da ohne Gewehr ein bisschen herumgesessen, ich darf ja dort überhaupt nicht mehr jagen, wahrscheinlich war ich so in Gedanken versunken, dass meine

Ohren dein Quaken zwar auffingen, es aber nicht zu mir durchdrang. Trotzdem muss mein Gehirn dein Geräusch gespeichert haben, denn später, als ich noch eine Weile im Hängesessel saß, wähnte ich mich plötzlich wieder in der Kanzel und hörte dich quaken in deinem schnellen, sägenden Rhythmus. Ich erinnerte mich also an etwas, das ich nicht wusste.

Es ist vielleicht etwas ungewohnt, dass ich jetzt so zu dir spreche, denn ich glaube nicht, dass du zuhörst oder mir etwas erzählen möchtest oder dass wir ein richtiges Gespräch führen. Was hast du von mir zu erwarten? Du verschwendest keinen Gedanken daran, du bist nicht so. Ihr seid nicht so. Ihr braucht es nicht für euren Fortbestand. Du nimmst mich sowieso nicht so wahr, wie ich mich selbst wahrnehme. Aber um ehrlich zu sein, das kann ich kaum fassen. Ich kann es nicht lassen zu glauben, dass alles, was wahrnimmt und denkt, die Erde ungefähr auf Menschenweise wahrnimmt. Natürlich ist das Unsinn, es gibt auf dieser Erde noch so viel anderes Wahrnehmen und Denken. Wir Menschen können es uns vielleicht noch gerade vorstellen, aber nicht danach leben. Auch wir können nichts außerhalb unserer selbst, auch ich kann die Welt nicht als Laubfrosch erleben.

Ich gebe es auf, ich kann nun mal nicht auf eine nichtmenschliche Weise da sein. Ich habe keinen Zugang dazu. Das ist schade, ein einziges großes Versagen finde ich es manchmal, einen einzigen großen Verlust, es macht mich traurig und umso einsamer. Aber es zeigt mir auch meinen Platz als Mensch. Ich bin kein Gott, auch nicht in den tiefsten Tiefen meiner Gedanken.

Auf dem Buchumschlag schaust du in die Ferne. Wenn du in Wirklichkeit so nahe bei mir wärst wie auf dem Buch, würdest du nicht so unbekümmert in die Ferne blicken, dann würdest du versuchen, mir zu entkommen, das machen fast alle wilden Tiere: indem sie sich blitzschnell verstecken, sich tot stellen, wegrennen, hochfliegen, sich verwandeln, die Farbe wechseln, zu stinken beginnen, Gift spucken oder mich sogar angreifen, als wäre ich ihr Feind. Ich, mit meinen guten Absichten. Wie oft muss ich es euch noch sagen: Ich bin nicht euer Feind.

Ach, jetzt ist es wieder so weit, die alte Leier, ich kann es nicht lassen, muss zurück auf Los und mir selbst jedes Mal wieder sagen: Du kannst nicht auf meine Weise denken, und ich nicht auf deine. Wider besseres Wissen, oft ohne es überhaupt zu merken, versuche ich es immer wieder. Ich bin wie Sisyphos.

Ich schlage das Buch auf. Das russische Original ist 1980 im Verlag MIR Moskau erschienen. Sechs Jahre später wurde es in der DDR vom Urania Verlag auf Deutsch herausgebracht, drei Jahre vor der Wende. Im Impressum lese ich auch den vollständigen Namen L. L. Stischkowskajas: Ljudmila Leonidovna. Eine Frau, es wird immer schöner! Eine russische Wissenschaftlerin, die ihr Leben der Bioakustik gewidmet hat und mit Kollegen aus der ganzen Welt in Kontakt stand. Wegen des Laubfroschs ist sie mir sofort sympathisch.

Du merkst es nicht, aber ich rede mal weiter. Es ist mir inzwischen egal, dass du nicht zuhörst. Ljudmila und ich sind natürlich nicht die Einzigen, die eine Schwäche für dich haben. Woanders wirst du «rührend» genannt, «charismatisch» sogar und – halt dich fest! – «dekorativ». Wir Menschen können nicht anders, es sind unsere Hormone, eure Niedlichkeit ist für uns überwältigend.

Unser Anblick setzt bei euch prompt ganz andere Hormone frei, Alarmhormone, durch die ihr euch gegenseitig warnt, die bewirken, dass ihr Reißaus nehmt oder euch versteckt. Und das ist auch gut so, denn dass wir euch so niedlich finden, macht uns unberechenbar und gefährlich, wir jagen euch, handeln mit euch, Leute bezahlen einen Haufen Geld für euch, nur um euch zu haben, in ihrem Garten, im Haus, als Spielzeug, als Hobby.

Was nützt mein Herzensschrei, dass Ljudmila und ich und viele andere euch überhaupt nichts Böses wollen, dass wir euch helfen und für euch eintreten wollen. Wir Menschen nehmen uns gern eurer an, ob ihr nun mitarbeitet oder nicht. Wir haben mehr Überblick, glauben wir, wirklich, es ist alles zu eurem Besten. Eigentlich müsstet ihr uns dankbar sein, dass wir uns ausgerechnet für euch entscheiden, denn es ist unmöglich, sich für alle Arten einzusetzen. Wir sind auch nur Tiere, haben unsere Vorlieben. Für manche Menschen sind Mensch und Tier gleich, einander ebenbürtig. Jeder, der nicht an die Gleichheit der Arten glaubt, wird von ihnen Speziesist genannt. Das ist jemand, der andere Tiere aufgrund ihrer Art diskriminiert. Das sei nicht gestattet, finden sie, und deshalb würden sie, die Antispeziesisten, es auch nicht tun. Das klingt alles sehr edel, aber in meinem Lebensraum hier merke ich jeden Tag, was für eine Traumtänzerei das ist.

Wir können überhaupt nicht leben und handeln, ohne einen Unterschied zwischen den Arten zu machen, also ohne zu diskriminieren. Das Hemd ist uns näher als der Rock, und das ist bei allen Arten so, ich sehe es an mir selbst. Ich habe die Neigung, Arten, die bedroht sind, zu beschützen, und solche, die es im Überfluss gibt oder die in meinen Augen schädlich sind, zu vertreiben oder zu töten. Das tue ich zwar im Namen eines besseren Gleichgewichts zwischen den Arten, aber das interessiert die Tiere nicht. Sie wollen leben, und sie sind mit diesem Wunsch, wenn ich den Antispeziesisten Glauben schenken darf, im Recht, also muss es respektiert werden.

Aber lass es mich noch konkreter machen. Kennst du das moralische Dilemma der Programmierer selbstfahrender Autos: Wen sollen sie, wenn die Bremsen versagen, überfahren lassen, eine Mutter, die die Straße überquert, oder einen Obdachlosen? Wenn ich das auf eine Kuh und eine Menschenmutter übertrage, entscheide ich mich, ohne mit der Wimper zu zucken, für den Tod der Kuh, denn in einen Menschen kann ich mich am besten hineinversetzen, einen Menschen totzufahren ist ein bisschen so, als würde ich mich selbst oder jemanden, der mir lieb und teuer ist, totfahren. Eine Kuh ist so wie ich ein Säugetier, sie steht mir also noch ziemlich nahe. Eine überfahrene Kuh würde ich, glaube ich, schlimmer finden als einen überfahrenen Laubfrosch. Das kommt auch daher, dass ihr so klein seid, das macht euch unbedeutender – ja, ich weiß, es ist nicht gerecht. In einem anderen Kontext empfinde ich den Tod einer Kuh auch nicht unbedingt als etwas Dramatisches. Ich bin verrückt nach Rinderzunge und Beefsteak. Froschschenkel mag ich auch ganz gern, habe ich aber selten gegessen.

Unser Leben ist voller willkürlicher Entscheidungen. Wir entscheiden alles Mögliche, ohne es auch nur zu merken, mit einem Schulterzucken oder, im Gegenteil, schweren Herzens. Die Antis mit ihrem Gleichheitsgedanken ignorieren unser springlebendiges Tiersein, das der Quell all unseres Strebens ist. Es verwundert mich immer, woher sie wissen, was gut für euch ist, oder – und das ist nicht unbedingt dasselbe – was ihr selbst wollt. Als wären sie, eure selbsternannten Fürsprecher, nicht mit all ihrem Tun und Lassen fest mit der materiellen Welt verbunden, als wären sie kein Körper, sondern könnten losgelöst von allem jedermanns wahre Art gleichzeitig zu ihrem Recht kommen lassen.

Luftschlösser, mein Lieber, erbaut auf Hybris. Ohne es selbst auch nur zu merken, spielen sie sich als die neue Krone der Schöpfung auf. Alle Schweine sind gleich, aber einige sind gleicher. Kennst du den Spruch?

Ach, na ja, das ist jetzt alles typisch für die Menschen. Du hast ganz andere Sorgen. Es ist zurzeit schon viel wert, wenn es dir gelingt, dich fortzupflanzen. Haben deine Eiklumpen dieses Jahr überlebt, oder sind sie vertrocknet oder verschlungen worden? Oder kümmerst du dich überhaupt nicht mehr um sie, wenn die Eier erst einmal gelegt sind?

Hier bei mir hast du kein Laichwasser mehr, ich weiß. Doch ansonsten haben wir hier eigentlich alles, was du brauchst, obwohl du ziemlich anspruchsvoll bist: sonnige Stellen, Bäume, Sträucher und Gebüsche, abwechslungsreiche Krautschichten mit Brombeeren. Ich hoffe, dass du in der Gegend etwas Geeignetes zum Laichen gefunden hast, einen Tümpel, eine Pfütze oder Schlamm, in dem noch etwas Wasser steht, ohne Fische, und in dem es auch deine Larven geschafft haben. Beim Grenzsumpf vielleicht, wo ich dich, wie ich glaube, neulich gehört habe? Ich fange zurzeit Waschbären. Wenn ich darin erst einmal geübt bin, wird es für dich einen gefürchteten Feind weniger geben, einen, der genauso gut klettern kann wie du. Ich hoffe, dass es klappt. Kommst du dann hierher zurück, wenn in unserem Weidentümpel jemals wieder Wasser stehen sollte?

Und noch eins, eine Sache will ich noch loswerden: In den letzten paar Jahren ist etwas gekippt, ich kann es nicht mehr anders sehen, so gut wir es vielleicht auch meinen mögen: Wir Menschen sind eine Plage, die die Erde verwüstet, eure Erde und unsere. Die von uns allen. Wir machen das Gegenteil von dem, was wir glauben zu tun, wir schöpfen nicht, wir heilen nicht, wir schützen nicht, wir brauchen alles auf, laugen aus, reißen nieder. Und wir ziehen euch mit.

Genug, es reicht für heute, jetzt lasse ich dich in Ruhe. Oder nein, wenn ich ehrlich bin, lasse ich mich selbst in Ruhe. Ich bin müde und mutlos von meinen herumwirbelnden Gedanken. Es macht mich traurig, dass ich dein Feind bin und dich nicht erreichen kann. Trotzdem tut es mir gut, hin und wieder zu dir zu sprechen, nicht weil du mich verstehst, sondern um meinem Verlangen Ausdruck zu verleihen. Ich habe dich schon seit Jahren nicht mehr lebend gesehen.

Es ist schon dunkel, es wird kalt, ich werde mal reingehen.

Immer dieses Reden, all die Wochen und Monate, in denen ich hier allein bin und mit mir selbst rede. Und ab und zu mit Menschen, Auge in Auge oder über digitale Geräte, von denen ich nicht das Geringste verstehe. Ich habe mein ganzes Leben lang zu Tieren gesprochen, zu Haustieren und Nutztieren, Tieren, die keine Angst vor mir hatten. Deshalb wollte ich die Schafe anlocken, sie zähmen, eine Weile für sie sorgen: um mit ihnen zu reden, sie in der Nähe zu haben. Das wollte ich lieber, als sie totschießen und am Spieß rösten. Doch die paar Male, die ich sie noch gesehen habe, sind sie nicht weiter als bis zu ihrem Stammplatz auf dem Acker gekommen. Wer weiß, vielleicht haben sie meine Maiskörner nicht mal gefunden, oder die echten wilden Tiere sind ihnen zuvorgekommen.

Eines Tages fuhren zwei Männer in einem kleinen Pick-up vorbei, auf der Ladefläche Pfähle, Stricke, Eimer. Ich kannte sie nicht und brachte sie sofort mit den Schafen in Verbindung. Vielleicht haben sie sie über einen Wildwechsel durch die Wallhecke auf der Grenze getrieben und sie auf der anderen Seite, in Brandenburg, gleich eingefangen. Diesseits der Grenze kann mir niemand etwas dazu sagen.

Am häufigsten rede ich mit den Schwalben, weil sie so nahe kommen, in meinem Stall balzen, nisten, brüten, ihre Jungen aufziehen und über mein Bett streichen, während ich schlafe oder daliege und sie beobachte. Sie vertrauen ihrer Flugkunst völlig, und ich inzwischen auch. Ihre Wendigkeit ist schwindelerregend. Meistens.

Eines Nachmittags herrscht wieder Tumult im Stall. Vier Junge sind gerade aus ihrem Nest ausgeflogen. Ich stehe am Vorratsschrank und zähle mehr als fünfzehn Schwalben. Sie sausen mit einer Geschwindigkeit herum, die so gar nicht zu einem hundert Quadratmeter großen, vier Meter hohen Raum voller Hindernisse passen will. Auf den Leisten, die senkrecht im Holzregal stehen, sitzen die vier jungen Schwalben zusammengeduckt wie kleine Kugeln und beobachten das Spektakel.

Dann wagt sich die erste in die Luft, gleich darauf die zweite, ich gehe unter der Leiter hindurch, eine Schwalbe muss mir ausweichen und fliegt in voller Fahrt gegen den Eisenpfosten der Tür. «Hey, nein», rufe ich, «sorry, sorry ….». Ich schaue zu den Leisten, die Schwalbenkugeln sind verschwunden. Ich sehe zu Boden, auf der Schwelle liegt, in verdrehter Haltung, eine Schwalbe. Verdammt, ein Junges, hat es sich den Hals, den Rücken oder die Flügel gebrochen? Die junge Schwalbe beginnt zu flattern, bleibt dann aber auf dem Rücken liegen. Tot? Ihre Beine zittern leicht, sie bewegt den Schnabel ein wenig. Lautlos. Das Kreischen und Schreien der anderen Schwalben schwillt zu einem Crescendo an und tut mir in den Ohren weh, sie gehen in den Tiefflug, fliegen ganz nahe an dem Kleinen vorbei, tief, viel tiefer als sonst.

Was nun? Immer wieder aufs Neue die Frage: Muss ich die Schwalbe nun töten? Ja, ist mein erster Gedanke, es ist nicht mitanzusehen, aber ich merke, dass es mir an Tatkraft, aber auch an Überzeugung fehlt. Warum so ein kleines Tier gleich von seinem Leiden erlösen, ihm den Kopf einschlagen, einen schweren Stein darauf fallen lassen? Ich weiß nicht, wie groß seine Schmerzen sind, ich weiß nur, dass ich schleunigst aus seinem Blickfeld verschwinden muss, um ihm nicht länger Angst einzujagen. Warum sollte ich sein Leben mit noch mehr Gewalt beenden? Wäre das richtig, wäre das gut, wäre das mitfühlend, tierliebend? Oder wäre es moralische Wichtigtuerei und würde von einer schroffen Ablehnung des Leidens zeugen?

Die junge Schwalbe kann hier nicht auf der Schwelle liegen bleiben. Ich muss gleich los, da ich eine Verabredung habe, die Tür muss zu sein. Ich werde schauen müssen, dass ich sie nach draußen bekomme. Stattdessen filme ich den sterbenden Vogel. Und murmele in mich hinein: Das kannst du nicht machen, wie geschmacklos, aber ich mache es doch, während ich mit Grauen zusehe, wie das kleine Tier wieder zu flattern beginnt und sich flügelschlagend und taumelnd ins Freie arbeitet, um im Gras nahe der Schwelle zu landen.

Jetzt kann ich die Tür vorsichtig schließen und gehen. Aber was, wenn gleich jemand vorbeikommt, jemand, der nichts von der Schwalbe weiß? Was, wenn sie noch einmal hochflattert und mitten auf der Karrenspur liegen bleibt? Ein Fuß, der auf das sterbende Tier tritt und es halb zerquetscht. Pfui Teufel, mir graust es. Wir mit unseren Elefantenbeinen, überall stiefeln wir hindurch.

Ich muss an den zerquetschten Laubfrosch denken, den ich vor vielen Sommern gesehen habe, und an den kleinen Jungen, der zu Besuch war und mich mit sich zog, «komm, komm». Er wollte mir etwas zeigen, etwas, für das er so schnell keine Worte fand. Bei der Glastür in der Westseite des Stalls zeigte er auf das unterste Scharnier. Dort war auf dem schwarzen Winkelband des Türpfostens etwas Knallgrünes, ein kleines Blatt?

Dann sah ich zwei zerquetschte Ärmchen mit jeweils drei kleinen Fingern, einen breiten Kopf, alles platt, zweidimensional, und außen am Rand des Pfostens die prallen Hinterbeine, gefaltet, wie kurz vor dem Sprung. Zu spät. Es musste am Vorabend passiert sein, als wir mit ein paar Leuten erhitzt Tischtennis gespielt hatten, die Mücken schwirrten in Mengen in den Stall, griffen heftig an, jemand zog die Tür zu. Keiner hatte eine Ahnung davon, dass zwischen den Winkelbändern der Tür ein Laubfrosch starb. Wir johlten, schrien, spielten.

Morgens machte ich die Tür wieder auf, ohne etwas zu bemerken. Die Wand an der Westseite war vollkommen mit grünen Weinblättern bewachsen, ein Frosch fiel da nicht auf. Bis der Junge ihn mir zeigte, grinsend. Eine Welle des Bedauerns durchströmte mich. Ja ja, es sah lustig aus, sogar schön, nicht eklig und breiig, sondern so, als würde der Frosch nicht größtenteils aus Flüssigkeit bestehen. Als wäre er aus Plastik, als wäre nie Blut durch seine Adern geflossen. Aber ich wusste es ja besser: Es war, durch unsere Unachtsamkeit, wieder einer weniger hier.

Wie alt mochte er gewesen sein? Ein Laubfrosch kann bis zu zwölf Jahre alt werden, aber an einem Tag im Leben dieses einen Frosches wurde eine Tür zugeschlagen.

Mit einer kleinen Schwalbe kann so etwas auch leicht geschehen – es ist Hochsommer, also sind Menschen auf dem Grundstück. Sie laufen herum, nehmen die Karrenspur am Stall entlang. Ich will sie nicht völlig platt getreten im Gras finden. Ich will, dass sie schön daliegt, ohne Anzeichen von Gewalt, auch wenn sie starke innere Verletzungen haben muss. Dennoch, äußerlich intakt ist würdiger.

Ich suche die Schwalbe im Gras bei der Schwelle, sehe sie aber nicht mehr. Sie kann doch nicht weg sein? Wilde Tiere können sich verstecken wie kein anderer, das vergesse ich immer wieder, offenbar nehme ich mich selbst zum Maßstab, und ich verstehe nichts davon, mit meiner Umgebung zu verschmelzen. Sie schon, sie sind draußen so sehr zu Hause, dass sie sich unsichtbar machen können. Das können sie von Natur aus, denn wie viel Zeit hat so eine junge Schwalbe denn schon draußen zugebracht? Vielleicht ist sie vorher noch nie auf dem Boden gewesen.

Erst als ich das Gras zur Seite biege, sehe ich sie. Ich muss sie hochnehmen, aber nicht mit einer Schaufel, dann verletze ich sie noch mehr, auch nicht mit einem Tuch, allein schon, weil ich mich vor ihrem wilden Geflatter fürchte. Ich lasse meine alberne Ängstlichkeit doch nicht über ihre Todesangst triumphieren! Also bleiben meine bloßen Hände. Als ich sie vorsichtig hochnehmen will, flattert die Schwalbe wild über die Karrenspur, im nächsten Augenblick ist sie zwischen Brennnesseln, Schilfstängeln und dem Klebkraut im ehemaligen Pferdeteich verschwunden.

Die Eltern fliegen noch immer aufgeregt herum, sie wollen mich verjagen, und da haben sie auch recht. Hätte ich doch nur nicht die Packung Kaffee aus dem Schrank geholt, dann würde sie noch leben. Es tut mir leid, aber das sage ich nicht laut. Eine Schwalbe weniger, spielt es eine Rolle? Habe ich mir insgeheim eingebildet, ich könne inmitten der wilden Tiere leben und meine Hände sauber behalten?

Es ist ein hartnäckiger Reflex, kein Leben auf dem Gewissen haben zu wollen, und ein reichlich willkürlicher obendrein, dessen bin ich mir deutlich bewusst, seitdem ich jage und diese Grenze jedes Mal wieder sehenden Auges überschreite. Ich selektiere: Dich lasse ich leben, dich mache ich zur Beute. Ich bin eine Art unter den Arten. Ich töte ein Tier, schneide es in Stücke und esse sein Fleisch.

Ist es wirklich erst ein paar Wochen her, als ich zusammen mit dem Lebensmittelhändler aus dem Nachbardorf das nackte Wildschwein in eine Tonne mit Salzlake und Kräutern hinabgelassen habe? Dass es sich am flachen Ufer des trockenen Tümpels am Spieß über dem schwelenden Feuer drehte? Dass der Hof voller Menschen war, mit ihren Zelten und Wohnmobilen, ihren Stimmen und ihrem Treiben? Im Nachhinein kommt es mir wie ein Film vor, in dem ich eine Rolle spielte, ohne zu wissen, ob ich mich in einer ländlichen Idylle oder in einem Albtraum befand.

In den Monaten davor, als ich hier noch als die Einzige meiner Art lebte, fuhr mir der Schreck in die Glieder, wenn ich an das Sommerfest dachte. Es konnte nicht stattfinden. Wie hatte es so weit kommen können, dass ich ausgerechnet während dieser drohenden Versteppung, jetzt, wo die Natur dahinsiechte, alles, was verletzlich war, im Stich ließ und meinen Lebensraum für an die hundert Menschen öffnete? So ein großes Fest, ausgerechnet in dem Jahr, in dem ich mir nicht nur vorgenommen hatte, mich um die Biodiversität zu kümmern, sondern auch herauszufinden, wie mein Lebensraum weniger fragil werden könnte, um sich dem Klimawandel anzupassen, sich mit der Natur mitzubewegen, und wie er sich, um noch einen Schritt weiter zu gehen, zu einem Genpool entwickeln könnte, einem Zufluchtsort, an dem ökologisch wichtige Arten überleben können, bis die Agrarwende einsetzt, die ich als eine Rückkehr vor mir sehe, oder nein, als eine Öffnung hin zur Natur mit modernen Methoden. Vielleicht würde ich sogar noch, wenn mir so viel Lebenszeit vergönnt sein sollte, deren Entstehung miterleben, auch wenn es mir schwerfiel, daran zu glauben, ohne Wasser im Tümpel *und* ohne die Möglichkeit, Wasser aus der Tiefe der Erde oder aus den Seen zu holen.

Je näher das Fest rückte, desto häufiger sah ich auf die Wettervorhersagen und hoffte insgeheim, dass es keinen Regen geben würde, sondern noch mehr sonnendurchflutete, schwüle Sommertage – und blickte meiner Untreue, meinem Verrat, meinem unverbesserlich egomanischen Menschsein plötzlich direkt ins Gesicht. Aber ich hatte mich schon umgedreht und beugte mich voll Vorfreude über die Festrezepte, erstellte lange Einkaufslisten, mailte mit Verwandten und Freunden und jubelte, als sie kamen.

Während ich mich in der Hängematte zwischen den Wildkirschen wiegte, merkte ich, dass ich anfing, mich mit anderen Augen umzuschauen. Wenn ich sie halb zukniff, gelang mir dies mit Leichtigkeit, die Menschen nahmen in meinem Kopf bereits sehr viel mehr Raum ein als die Geschöpfe in meinem Biotop. Was ich vor mir sah, war ein Foto aus dem Magazin *Landlust*, und in meinem inneren Ohr hörte ich eine anmutige Frauenstimme dazu: *Wohnen, wo andere Urlaub machen*, das sagen die Leute hier aus der Gegend gern.

Aber ich kenne uns Menschentiere besser als jedes andere Tier, und richtig, da schoben sich die Horrorbilder schon wieder vor meine Augen: eine Invasion von hundert Menschen, die das Leben hier ein paar Tage lang auf den Kopf stellen. In ein paar Tagen würden sie – ich sollte besser sagen: würden *wir* – das wankende System feiernd noch weiter aus dem Gleichgewicht bringen, und fast keiner würde es merken, denn niemand wüsste, wie es hier normalerweise war, niemand würde hinter der Idylle das Ökosystem stöhnen und knirschen hören, niemand wüsste, wie es hier in früheren Jahren vor Insekten nur so gewimmelt hatte. Niemand, der noch daran dächte, dass man im Hochsommer entweder die Türen fest verschlossen halten oder sich mit einem stinkenden Zeug gegen Mücken einschmieren oder aber sich stoisch von ihnen stechen lassen musste, bis es einem schließlich nichts mehr ausmachte. Nein, sie würden lediglich froh sein, keinen Ärger mehr mit Insekten zu haben.

Unbeholfen machte ich mich ans *nudging*, mähte kleine Wege durch das hohe Gras, ließ sie sich um die Wiesenblumen herumschlängeln, denn ich konnte von anderen nicht erwarten, dass sie einen Blick für Pflanzen haben würden, die seltene Schmetterlinge anzogen oder den Boden mit den richtigen Mineralien anreicherten, oder für die Gewohnheiten der Tiere, die hier zu Hause sind. Ich sah mich selbst in meiner Geschäftigkeit und wusste nicht, ob ich mich lächerlich fand oder grinsen sollte. In meinen trübsinnigsten Momenten wurde ich zu einer pedantischen Beamtin, die ihr Biotop mit *Minderungsmaßnahmen* gegen die heranstürmende Plage schützen will, deren Verursacherin sie selbst ist. Ich hätte für die Lebewesen in meinem Biotop Partei ergreifen müssen, doch was tat ich? Ich umgab mich mit meiner eigenen Art, ich war als Mensch wieder einmal kurzsichtig, so unzuverlässig wie immer, die eigene Art zuerst, die eigene, unersättliche Art zuerst, auch wenn es sich um einen Überfall handelte.

Begann sich in mir nun wahrhaftig auch schon eine Antispeziesistin zu regen? Sollte ein Anti hier kein großes Sommerfest geben, sondern seinen Platz kennen und ruhig in der eigenen Ecke seines Lebensraums bleiben, unter dem Motto: «Beachtet mich gar nicht?» Wäre das konsequent und erstrebenswert? Ich zuckte mit den Achseln – jetzt gerade mal nicht.

Unterdessen schleppte ich mit Boom Wagenladungen voll Essen und Trinken in den Stall. Ich vermisste die türkischen und marokkanischen

Läden in meinem Amsterdamer Viertel und fuhr dreißig Kilometer zum einzigen orientalischen Lebensmittelgeschäft weit und breit, das von afghanischen Flüchtlingen betrieben wurde, um den Laden mit bündelweise Koriander, Petersilie und Minze zu verlassen, denn in meinem Gemüsegarten hatten nur ein paar dürre Stängel die Trockenheit überlebt. Damit ließen sich keine großen Töpfe mit Harira zubereiten, und das hatte ich mir nun mal in den Kopf gesetzt. Die würde ich den Gästen vorsetzen, wenn sie müde von der langen Reise auf den Hof gefahren kämen.

Entschlossen mähte ich auf der Südwiese ein großes Rechteck für das Zelt, mit geschlossenen Augen, als die Maschine den Rainfarn, der an dieser Stelle gerade zum ersten Mal zu blühen begann, stutzte. Ab und zu, wenn ich frühmorgens vom Bett aus über die Felder sah oder abends im Hängesessel kurz ausruhte, redete ich gewohnheitsgemäß noch mit den Tieren, doch es schien, als hätten sie sich bereits davongemacht.

Aufgeregt war ich gewesen, ausgelassen, als sich am Freitag der Hof füllte, endlich, nach Monaten, sah ich Verwandte und Freunde wieder – an dem Ort, der Jahr für Jahr immer mehr zu dem meinen geworden war. Dennoch hatte ich mich in den Tagen des Festes gelegentlich heimatlos gefühlt, eine Fremde auf meinem eigenen Hof, eine Fremde in Gegenwart meiner eigenen Leute.

Am Tag des Festes lief ich wie benommen mit Sachen hin und her, während an langen Tischen Gemüse geschnippelt wurde, es in den Töpfen brodelte, die auf gusseisernen Hockerkochern standen, frische Maränen aus dem See auf der Feuerstelle am Pferdeteich geröstet wurden und nebenbei Tischtennis gespielt, gekickert und Holz gehackt wurde. Hängesessel und Hängematte schaukelten unablässig unter der Wildkirsche, kleine Gruppen von Badenden kamen vom See zurück, Flaschen wurden entkront und entkorkt, Schalen mit Essen auf lange Tische gestellt. Der Duft von geröstetem Fleisch waberte über dem Grundstück, und die Leute drängten sich mit ihren leeren Tellern um das fetttriefende Wildschwein am Spieß oder schauten mit leichtem Bedauern auf das Fleisch, das sie schon seit Jahren nicht mehr aßen. Wieder in meinem Element, ging ich mit den gerösteten Scheiben Halloumi herum, den unser Ofensetzer, der mit Frau und drei Kindern gekommen war, mitgebracht hatte und der, frisch geronnen, von der Milch ihrer Kuh stammte, bis ich mich endlich hinsetzte, Boom mir einen Teller in die Hand drückte und ich mein Wildschwein und alle anderen Gerichte auf dem Tisch kostete.

Als im Festzelt Musik erklang und die Sonne ihr letztes Licht als schmalen Streifen über den Horizont legte, sah ich die Kinder in einer Reihe hinter dem einzigen Jungen herlaufen, der das Gelände kannte. Er zog sie mit ins Dunkel. Ich konnte es nicht lassen, hinter ihnen herzuschleichen, sie zu belauern wie die wilden Tiere, die aufs Grundstück kamen. Der Junge, den ich als schüchtern kannte, gab den Anführer und stapfte energisch an der Totholzhecke hinter der großen Silberweide vorbei. Am Ufer des Tümpels blieben sie stehen, eines der Kinder fragte, was das für eine offene Stelle und was dieses Ding sei, das da in der Mitte stehe. Der Junge zögerte kurz und wollte schon eine Geschichte erfinden, doch da hatte ich aus den Kulissen heraus bereits gerufen, als würde ich dazugehören: «Ein Entenkorb.» Wütend blickte der Junge in meine Richtung, und während ich mich verschämt wieder zum Festtrubel zurückschlich, hörte ich ihn brüsk sagen: «Kommt, wir gehen hier weg.»

Ich habe ihm alles verdorben, dachte ich, während ich mich halb im Dunkeln auf einen Stuhl setzte und die Stimmen an den Stehtischen und rund um das Feuer an mir vorbeiplätschern ließ. Knapp eine halbe Stunde später lief der Junge mit seinem Tross erneut zum Tümpel, ich bezwang meine Neugier: Es waren keine gewöhnlichen Tiere, es waren Kinder meiner Art, ich wusste, was in dem Kerlchen vorging. Während ich die Ohren spitzte, ob ich nicht doch etwas aufschnappen konnte, kam Boom und zog mich ins Zelt. Wir schwebten zwischen den anderen über den Tanzboden, mehr als dreißig Jahre ballten sich zusammen, und wir drehten uns und schwebten und tanzten im Kreis, und ich schleuderte die Stöckelschuhe von den Füßen.

Später, auf der Bank im Gemüsegarten, beobachtete ich durch die Plastikfenster des Zelts die Leute. Sie swingten, zogen sich gegenseitig in die Arme oder standen am Rand, wogten mit und schauten auf die Tänzerinnen und Tänzer, sie tranken, redeten oder erzählten sich mit weit ausholenden Gesten Räuberpistolen, hin und wieder pflückte jemand ein Stück Fleisch vom Wildschweingerippe, das jetzt in Stücken auf dem Tisch im Zelt lag, ein Glas fiel zu Boden und zerbrach, jemand kippte um. Über die Musik hinweg hörte ich die Geräusche des Kickertisches, die Stangen, die sich wild drehten, den Ball, der gegen die Seiten prallte, Lachsalven, hörte es rufen, jauchzen, fluchen und lärmen, auf Niederländisch und auf Deutsch.

Ich saß in der Schwüle der Nacht auf der Bank und beobachtete durch die Plastikscheiben die Menschen. Gab es andere Arten, die so miteinander spielten und feierten? Auch wenn sie erwachsen waren, auch wenn sie kahler wurden und ihre Haut nicht mehr so straff war, auch wenn ihr Tanz nicht mehr so geschmeidig und leichtfüßig wirkte wie früher und sie in ihrem Spiel langsamer wurden, heute war es ihnen egal, sie waren von nah und fern hierher gekommen und vergaßen die Zeit und ihre Sorgen. So wie ich auf meiner Bank in zeitloser Leichtigkeit am Rande des Festes.

Schräg hinter dem Zelt standen die Kastanien stumm in der Nacht, so wie sie dort immer stehen. Sie waren sogar noch grün, wie sie es im Sommer schon seit Jahren nicht mehr gewesen waren. Ich hatte im Frühling umsonst um ihr Leben gefürchtet. Vielleicht mochte die Miniermotte keine Trockenheit, oder die Kastanien hatten ausgerechnet in diesem Jahr die Oberhand über sie gewonnen.

Ich drehte den Kopf noch weiter nach links und suchte mit den Augen die kleinen Wege ab, über die die halb verwilderten Katzen liefen, wenn sie sich unbeobachtet glaubten, die Rehe und das Damwild, der Dachs, der Marder und die Waschbären – und wir natürlich und jetzt auch unsere Freunde, und ich wusste, dass dort im Dunkeln der himmelblaue Natternkopf bei dem Haufen mit dem Kies wuchs, und bei der Lehmpfütze standen die blassen, graublauen Wegwarten, ein

Stück weiter die Margeriten, der Hornklee, die Ackerdisteln, die Wiesen-Flockenblumen, der Wiesensalbei und die Futterwicke sowie die vielen Arten sich wiegender Gräser. Ich sah zur Getreidescheune hinüber, die in den zurückliegenden zwanzig Jahren bis auf die Fundamente zusammengefallen war, ich dachte an die Erde, auf der meine nackten Füße standen, ich sah zu den Sternen, von denen jetzt nur die hellsten funkelten, weil die anderen nicht gegen das Licht ankamen, das wir entzündet hatten.

Mit dem Rücken an die Wand des Kuhstalls gelehnt, der hier vor zwei Jahrhunderten gebaut worden war, sah ich durch die Nebelfenster auf die flüchtige Gegenwart meiner Artgenossen, für die die Zukunft eine Weile keine Rolle spielte – sie waren wie die Vögel unter dem Himmel, die Blumen im Feld.

Mein Blick schweifte nach rechts zu den Tischen, dorthin, wo der Tümpel sich hinter dem Weidenhackwäldchen verbirgt. Hatte ich denn wirklich geglaubt, dass sich die Tiere, die in diesem Ökosystem finden, was sie brauchen, um sich fortzupflanzen, zu ernähren und sich sicher zu fühlen, durch die paar Tage, die sie gestört wurden, für immer vertreiben ließen? Selbst unter dem Tanzboden würden es die Bodentiere einige Zeit aushalten – oder vielleicht auch nicht. Nur die Passanten, die sich sowieso ein neues Territorium suchen mussten, würden jetzt vielleicht die Flucht ergreifen. Schade drum.

Am frühen Morgen streunte ich über das Grundstück, es herrschte noch eine ländliche Stille, die Luft war schon warm. Ich mag den Morgen nach einem Fest, wenn alles achtlos zurückgelassen dasteht. Leise begann ich die Gläser und die Essensreste wegzuräumen. Aus zwei kleinen Zelten war ein Schnarchen zu hören, als würde das Gespräch durch die Zeltwand hindurch fortgesetzt, während die Menschen schliefen.

Bei dem kleinen Kartoffelacker hopste ein junger Hase davon. Im Westen setzte der Storch zur Landung an und ließ sich nieder, wo er es immer tat, nahe am Komposthaufen. Ob dort nun plötzlich Zelte standen oder nicht, der Storch legte Wert auf seine Gewohnheiten. Siehst du, dass sie sich hier einfach weiter herumtreiben, genau wie ich, als würden sie damit unterstreichen, was ich gestern gedacht habe.

Nach dem Frühstück gingen wir zu dem kleinen Anglersee. Die Sonne brannte bereits sengend auf uns herab, vor uns in der Ferne schlenderte ein Tross unserer Gäste über die Hügel. Als wir zwischen den Pappeln und den Erlen den Pfad zum See einschlugen, war der Angelsteg bereits besetzt. Überall im Wasser trieben Kugeln. «Sind das Bojen?», fragte jemand hinter mir. Bojen? Es gab hier keine Bojen, für wen denn, für die Tiere? Abgesehen von dem Angler, der den See gepachtet hatte, kam niemand hierher. Außer jetzt, die Bojen waren Köpfe.

Einer nach dem andern plumpste vom Steg ins Wasser, als wäre eine Plage über das Land hereingebrochen, die sich jetzt auch über das Wasser verbreitete. Das Bild war so stark, wir ähnelten Heuschrecken, die alles, was da war, mit unserer Fresssucht und Massenhaftigkeit vernichteten. Unvermittelt war das Gefühl wieder da an diesem trägen, verkaterten Tag. Ich fühlte mich als Teil der Masse, das ist es, was ich bin, trotz allem: eine dieser Heuschrecken.

Die Ersten reisten wieder ab, die Zurückgebliebenen ließen den Tag im Schatten der Bäume verstreichen. Er könne sich an keinen Tag erinnern, sagte einer der Gäste, an dem nicht wenigstens ein Termin in seinem Kalender gestanden habe, es gab keinen ganzen Tag, an dem er nicht nach der Uhr zu leben brauchte, in der die Zeit keine Rolle spielte.

Plötzlich wurde mir bewusst, dass meine Tage hier häufig so waren, in der Stille, beim unmerklichen Verrinnen der Zeit. Das war, was dieser Ort mit Menschen machte, auch wenn die Stille für mich nun gerade in weiter Ferne lag, doch jedes Mal, wenn ich mich kurz absonderte, spürte ich wieder den Raum, der uns umgab, die Natur, in die wir aufgenommen wurden.

Und dann, am Montag, war der Hof plötzlich verlassen. Nur das Zelt und all die Dinge, die der Verleiher gebracht hatte, standen noch da, einschließlich der Dixi-Klos. Wieder allein, räumten Boom und ich auf, streiften über das Grundstück, saßen zusammen auf der Bank im Gemüsegarten. Er würde noch zwei Wochen bleiben.

Am nächsten Tag erhob sich wie aus dem Nichts ein schwerer Sturm, das Zelt beulte an der Seite gefährlich aus, der Wind bekam immer mehr Macht über die Konstruktion. «Es weht weg», schrie ich. Querstäbe aus Eisen rissen aus den Ringen am Saum des Zelttuchs, es blitzte und donnerte. Unter äußerster Kraftanstrengung schlugen wir große Heringe durch die Ringe und rannten klitschnass in den Anbau, ließen uns keuchend auf die Stühle fallen und sahen durch die Fensterscheiben, bis das Unwetter Richtung Osten abgezogen war. Der Regen hatte den Staub von der Welt gespült, der Himmel klarte auf, und die Regentonnen waren wieder gefüllt.

Wiederum einen Tag später war auch das Zelt weg. Zwischen den abgemähten Stängeln des Rainfarns sah ich den Ansatz zu neuen Blumen. Im Tümpel war der Entenkorb von seinen Stützen gezogen worden und lag im dürren Laub. Ich lachte, das war die Rache der Kinder. Ich legte den Korb in den Stall. Wer weiß, vielleicht würde er irgendwann noch mal dem Zweck dienen, für den er geflochten worden war.

Und dann, eines Tages, überfällt mich die ununterbrochene Stille, jetzt, wo mit der Abreise von Boom auch die letzte Gemeinschaft verschwunden ist. Der Kuckuck ist weg, bemerke ich jetzt erst. In der Stille um mich herum gibt es ein Loch.

Ich höre mein eigenes Schweigen. Es ist so allgegenwärtig, dass mein Mund versiegelt zu sein scheint. Vielleicht halte ich das erste Wort ja tatsächlich zurück, weil ich befürchte, dass ich sonst anfangen würde, laut mit mir selbst zu reden, und dann der Damm bräche. Es ist etwas Magisches, eine Zwangsvorstellung: Wenn dies, dann das. Als ich klein war, habe ich oft mit Ursache und Wirkung jongliert. Auch jetzt empfinde ich noch manchmal Vergnügen daran, doch das dauert nie lange. Ich bin kein Kind mehr.

Mit den Tieren oder Pflanzen rede ich jetzt auch nicht, obwohl ich nichts dagegen hätte, es sind Lebewesen, doch mit Dingen zu reden habe ich mir abgewöhnt, das entfremdet mich nur von mir selbst. Es ist übrigens überhaupt nicht schwer, die Dinge appellieren nicht an uns, sie sind da, aber niemand ist zu Hause, sie haben keine Intention wie all das, was lebt.

Sprache ist etwas für lebende Wesen und dient dem Austausch, denke ich, während ich schaukelnd im Hängesessel unter der Kirsche wieder einmal in Ljudmilas *Belauschte Tierwelt* blättere und hier und da hängen bleibe. Die Natur ist voll von Zeichensystemen. Jede Tierart nutzt sie auf ihre eigene Weise. Die älteste Weise, etwas zu übermitteln, ist chemisch, die älteste Sprache ist die der Gerüche, und es gibt Sprachen, die Geräusche, Bilder und Gesten nutzen. Die Frage ist nicht, schreibt Ljudmila, ob Tiere eine Sprache haben und worin sich diese ausdrückt, sondern ob das instinktive Verhalten der Tiere selbst nicht bereits eine Art Sprache ist. Die Antwort ist natürlich Ja.

In Ljudmilas Fachgebiet, der Bioakustik, geht es um den Austausch von Lauten, darum, wie Laute gemacht und wie sie empfangen werden. Das beschränkt sich nicht auf Emotionen wie Angst, Aufregung, Freude und Schmerz, es geht vor allem um die Situation im Hier und Jetzt. Insekten, Fische, Vögel und Säugetiere teilen sich gegenseitig mit, dass ihr Territorium besetzt ist, erklären einander ihre Liebe, geben Informationen an die Nachkommen weiter, rufen um Hilfe, gehen zum Angriff über und noch vieles mehr.

Zustimmend zitiert Ljudmila den französischen Philosophen Michel de Montaigne, der schon im sechzehnten Jahrhundert wusste, dass Tiere eine Sprache haben, die Menschen nicht verstehen, und er fragte sich, wessen Schuld das sei.

Allein schon physikalisch, erklärt Ljudmila, ist unser Gehör ungeeignet dafür, die Sprache der Tiere zu verstehen. So sind die Pausen und Triller der meisten Vögel zu fein für unsere Ohren, obwohl sie wesentlich für die Bedeutung dessen sind, was sie pfeifen, piepsen, trällern oder zwitschern. Erst recht begreifen wir nicht ihre Syntax und ihren Wortschatz.

Ich lese über die Graugans. In *Belauschte Tierwelt* sagt sie *gang*, auf

Niederländisch sagt sie *gak*. Wenn ihr Schnattern aus mehr als sechs Silben besteht, bedeutet es so etwas wie: «Hier ist reichlich Nahrung, lasst uns hier bleiben.» Sagt sie *gangangangangangang*, meldet sie, dass es nur wenig Gras gibt, und schlägt vor, woanders zu suchen. Fünfsilbiges Schnattern bedeutet: «Wir sollten einen Schritt zulegen», vier Silben: «Laufen wir, so schnell es geht», drei Silben: «Vorwärts! Wahrscheinlich muss geflogen werden.»

Um zu zeigen, dass Laute nicht für sich stehen, sind kleine Zeichnungen von Graugänsen in unterschiedlichen Posen abgebildet: in Ruhestellung, alarmiert, drohend aus großer Entfernung, energisch angreifend, heftig im Zwiespalt zwischen Angst und Angriff – wobei die Gans ihren Kopf geneigt und zugleich verkehrt herum hält, was sehr anrührend aussieht –, in Verteidigungshaltung, unterwürfig, unsicher bei der Begegnung mit einer Artgenossin oder beim Anbandeln mit einem Geschlechtspartner.

Jede Tierart setzt Laute auf ihre ganz eigene Weise ein, hat ein Gehör, das dazu passt, und nimmt damit genau die Dinge wahr, die für das Überleben wichtig sind. Das Gehör von Raubtieren ist auf die Geräusche abgestimmt, die ihre Beutetiere machen. Ljudmila beschreibt in einer der Passagen, in denen sie die wissenschaftlichen Zügel schießen lässt, einen hungrigen Fuchs, der im Schnee auf der Suche nach Mäusen ist: «Halt, hier könnte es sein! Auf die Nase ist eben Verlass. Doch nun gilt es zu lauschen, was sich unter dem Schnee tut. Vielleicht piepst eine Wühlmaus, oder aber verräterische Laute künden davon, dass ein Bewohner der ‹Unterwelt› gerade trockenes Gras frühstückt. Unser Fuchs macht sich's bequem. Ein Piepsen hört er noch aus 250 Meter Entfernung. Er würde auch merken, dass einen halben Kilometer weg, im Birkengehölz am Waldrand, ein Birkhuhn von Ast zu Ast flattert. Und wenn in derselben Entfernung ein Rabe vorüberfliegt, hebt Herr Fuchs augenblicklich den Kopf und verfolgt ihn mit seinem Blick.»

Beim Lesen komme ich aus dem Staunen über den Reichtum, den die Bioakustik freilegt, gar nicht mehr heraus. Wir Menschen heben uns mit unseren mäßig entwickelten Sinnesorganen nur sehr schwach dagegen ab, und was uns alles entgeht! Offenbar brauchen wir nicht mehr. Und es wird nicht besser werden. Mit Spezialwerkzeugen können wir inzwischen sehr tief in die physische Wirklichkeit hineinschauen und -hören, sehr viel weiter als mit unseren eigenen Augen und Ohren. Aber was eine Art nicht braucht, verkümmert. Es ist erschreckend, dass wir einen immer dichteren Technologieschild zwischen uns und der Welt errichten.

Auch Ljudmila hatte schon diese Angst, wie die letzten Sätze ihres Buchs beweisen: «Was kann es Schöneres geben, als einen ganzen Tag im Wald zu verbringen! Besonders, wenn der Tag nicht ziellos verbracht wird. Sicher ist es nicht einfach, den Gesang eines Vogels oder den Ruf eines Wildtieres auf Band aufzunehmen. Dazu muss man viel über die Tiere wissen. Doch wie groß ist die Freude, wenn es gelingt, unseren ‹kleineren Brüdern› näherzukommen! Irgendwann einmal haben sich unsere Vorfahren gut in den Stimmen der Tiere ausgekannt. Sollte uns diese Gabe etwa für immer verlorengegangen sein?»

Die Lebenskraft schwindet

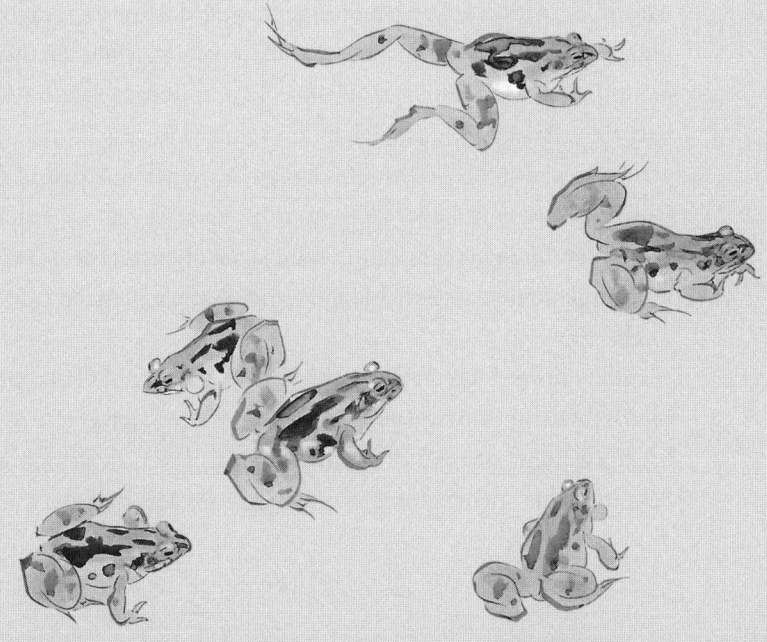

9

Storch und Mäuse stellen meine
Tierliebe auf die Probe

Durch die Gartentür schaue ich nach draußen, der Storch kommt auf das Grundstück gelaufen, er steht im hohen Gras, pickt, hackt und hat eine Blindschleiche erwischt. Eilends geht er damit zu dem frisch gemähten Streifen um das Schlehdorngebüsch. Dort versucht er der Blindschleiche, die sich wild um seinen Schnabel ringelt, Herr zu werden und sie zu schlucken, doch er beißt sie mittendurch. Blitzschnell pickt er eines der Stücke aus dem Gras, es windet sich noch, eine halbe Blindschleiche ist nicht sofort tot. Wenn sie Glück hat, ist das aufgepickte Stück ihr abgeworfener Schwanz. Aber der Vogel kennt diesen Trick und hat sicher als Erstes das dickere Ende verspeist.

Bevor ich hierherkam, hatte ich gedacht, Blindschleichen gehörten zu den Schlangen. Aber es sind Eidechsen. Verrückt, denn sie haben keine Beine. Dass es keine Schlangen sind, erkennt man an ihren beweglichen Augenlidern. Schlangen haben eine starre Haut vor den Augen. Die eine Eigenschaft zählt also nicht, die andere schon. Dahinter verbirgt sich keine Logik, man muss es wissen, Taxonomie ist keine Mathematik. Vielleicht hat die Blindschleiche im Laufe ihrer Evolution die Beine ja verloren, weil sie als Scheinschlange gefährlicher aussah und sich so ihre Feinde besser vom Leib halten konnte. Aber da hatte sie nicht mit den Menschentieren gerechnet, die Blindschleichen gerade deswegen töten, *weil* sie glauben, dass es Schlangen sind, denn Schlangen rufen Urängste wach.

Im Laufe der Jahre habe ich mit dem Wiesenmäher eine ganze Menge Blindschleichen entzweigemäht, und immer wieder graute es mir, wenn ich die beiden sich windenden Hälften mit den fleischig-dunkelroten Schnittflächen nebeneinander im Gras sah. Mit Bedauern über meine menschliche Tollpatschigkeit schleuderte ich sie mit einem Zweig zur Seite. Ich hatte schon bald eine Schwäche für die Blindschleichen mit ihrer metallisch glänzenden Haut und ihrem etwas steifen Davongleiten, sobald man sie entdeckt. Sie sind völlig ungefährlich, fressen sogar Schnecken und, nun ja, auch Regenwürmer. Und sie stellen wenig Ansprüche an ihren Lebensraum.

Hörst du, was du da denkst?, unterbreche ich mich spöttisch. Dieser letzte Gedanke, er klingt, als wäre Bescheidenheit eine Tugend bei den Tieren. Wieder mal eine hübsche Probe deines Anthropomorphismus.

In diesem Jahr sehe ich nur wenige Blindschleichen, ich schreibe es der Trockenheit zu. Aber am Storch sehe ich, dass ich nicht genau hinschaue. Inzwischen steht er bei dem kleinen Kartoffelacker und schluckt wieder eine Blindschleiche herunter, dann noch eine. Kurz darauf läuft er dicht vor meiner Nase am Brettersteg vorbei. Rasch beziehe ich meinen Posten im Anbau, damit ich dort schon stehe, wenn er um die Ecke kommt, und endlich einmal sehen kann, was er in meinem Gemüsegarten treibt. Da ist er schon.

Er sucht den Rand aus Feldsteinen ab, hackt ein paarmal mit dem Schnabel ins Fünffingerkraut, das sie überwuchert, und hat schon wieder eine Blindschleiche erwischt, eine dicke sogar, sie sieht aus wie ein Aal. Das Tier zappelt und windet sich, der Storch schluckt und schlingt, sein Hals lässt peristaltische Bewegungen erkennen, und ich sehe die Blindschleiche den Storchenhals hinabgleiten, wo sie, noch in den letzten Zuckungen, entdecken wird, dass sie nicht allein ist.

Kannst du deine Beute nicht wenigstens ein bisschen genießen, will ich dem Storch zurufen, als er wie der Blitz drei weitere kleine Blindschleichen aus meinem Gemüsegarten pickt und verschlingt. Systematisch arbeitet er seinen Parcours ab. Auch beim Pferdeteich hat er gleich einen Volltreffer, schnell stapft er mit einer Ringelschleiche im Schnabel zurück zum Rasen vor der Küchentür. Jetzt beginnt es mir zu dämmern, im kurzen Gras kann seine Beute nicht so leicht entkommen, wenn sie sich seinem orangefarbenen Greifschnabel entwinden sollte. Noch zweimal kommt der Storch mit Beute vom Rand des Teichs aufs

Gras zurück. Später paradiert er am Bruthaufen in der Getreideruine entlang, doch da sieht oder hört er heute nichts. Er schreitet an der im Wind flatternden Wäsche vorbei zur Ostwiese. Ich schleiche hinter ihm her, er dreht sich um. So viel Annäherung möchte er nicht, mit kräftigen Flügelschlägen macht er sich im Tiefflug davon, landet auf der Südwiese und steigt in den Tümpel. Nur kurz, dann sehe ich ihn wieder am westlichen Rand, wo er noch rasch eine ausgewachsene Blindschleiche verputzt, bevor er verschwindet.

Elf, zähle ich, elf Blindschleichen – mindestens – in nicht einmal einer Dreiviertelstunde. Ich stehe fassungslos da. Wie groß ist so ein Storchenmagen eigentlich? Und, wichtiger: Wie viele Blindschleichen gibt es hier überhaupt? Der Storch schaut schon seit Wochen fast jeden Tag vorbei! Jedes Blindschleichenweibchen bekommt höchstens einmal im Jahr acht bis zwölf Junge, oft überspringt sie das Jahr darauf, um wieder zu Kräften zu kommen. Sie müssten allmählich weggefressen sein. Vor allem, weil der Storch nicht der Einzige ist, der verrückt nach ihnen ist. Auch Raubvögel, Eulen, Drosseln, Stare, Raben und Krähen, Füchse, Dachse, Igel, Ratten, Wildschweine, Spitzmäuse, große Laufkäfer, Schlangen und sogar Blindschleichen selbst fressen Blindschleichen.

Ich fange an, mir Sorgen zu machen, ob überhaupt noch welche in meinem Biotop übrig bleiben werden. Es reicht mir mit meiner Gastfreundschaft und ganz bestimmt mit meinem Stolz darauf, dass der Storch hier bei mir offenbar ausreichend Naschwerk findet, das er sich schnell in den Schnabel stopfen kann. Ich werde ihn vertreiben, hier sind nicht die Fleischtöpfe Ägyptens. Oder doch? Oder noch immer? Was mischt du dich da eigentlich überhaupt ein, zischt der Querkopf in mir, was weißt du denn schon? Lass es die Tiere selbst untereinander ausmachen, wem ist mit deiner Steuerung geholfen?

Wem? Den Blindschleichen natürlich. Ich las neulich bei der Zoologin Lucy Cooke, dass eine Schar Störche an einem Tag eine komplette Plage Kommandowürmer verputzen kann, die Raupen eines überwiegend in Afrika lebenden Schmetterlings, die plötzlich explosionsartig in riesigen Mengen auftreten und dann ganze Ernten wegfressen können. Wenn ich an Fotos solcher Plagen denke, kann ich es kaum glauben. Kein Wunder, dass der Storch in Afrika auch «der große Freund des Bauern» hieß, bis die Pestizide aufkamen und sowohl der Raupenplage als auch vielen Störchen ein Ende machten.

Es besteht also durchaus die Gefahr, dass «mein» Storch kein Maß hält und «meine» Blindschleichenpopulation vernichtet. Warum sollte ich dem tatenlos zusehen? Blindschleichen mögen zwar unsere Phantasie weniger anregen, doch für die Biodiversität und als Beutetier sind sie unverzichtbarer als der Storch. Nicht nur wir Menschen rotten Arten aus, wird mir plötzlich bewusst.

Es reicht mir! Wenn er morgen kommt, werde ich mein Territorium verteidigen, ich werde nun eine Weile voll auf die Blindschleichen setzen. Herr Storch kann, wenn man mich fragt, ebenso gut Mäuse fangen, die werden hier sowieso zur Plage.

Am nächsten Tag halte ich schon frühmorgens Ausschau, suche mit den Augen seinen Futterparcours ab, aber der Storch taucht nicht auf, auch am nächsten und übernächsten Tag nicht. Man möchte fast glauben, dass er etwas ahnt. Doch da ist eine andere, trübere Vermutung, die sich in meinem Kopf festsetzt: Die Blindschleichen sind tatsächlich fast alle weg, und das weiß er.

Dichte ich ihm jetzt zu viel Einsicht an? Oder ist es völlig normal, dass ein Storch so etwas weiß, und ich nicht? Wäre der Gedanke «wenn ich es nicht weiß, dann weiß es so ein Vogel auch nicht» ein Zeichen menschlicher Hybris – oder ein Mangel an Vorstellungskraft oder beides?

In jedem Sommer vermisse ich als Ersten den Kuckuck: Kaum werden die Tage kürzer, ist er schon wieder verschwunden, wie eine vorzeitige Ankündigung des Herbstes. Danach höre ich schon bald die lärmende Anwesenheit der Wacholderdrosseln nicht mehr. Wenn ihre Jungen groß sind, machen sie sich davon. Aber wirklich vorbei mit dem Sommer ist es, wenn es keine Schwalben mehr gibt. Auch im Stall ist es jetzt still, der Herbst bricht an.

Doch es gibt etwas anderes, das jetzt umso lauter zu hören ist: Rascheln und Trippeln. In und um das Haus herum wird es immer unruhiger, dauernd huscht Leben vorbei. Zunächst hatte ich es nicht so bemerkt, wenn die Türen im Sommer offen stehen, rennt öfter mal eine Maus rein und raus.

Nun sind es aber keine gewöhnlichen Hausmäuse, sondern Feldmäuse. Ihr Schwanz ist kürzer als ihr Körper, und die kleinen Ohren ragen kaum aus ihrem Fell. Großer Vorteil: Sie können nicht klettern. Also fand ich in den Schränken unter der Spüle keine Kötel oder angenagten Plastikverschlüsse bei der Erdnussbutter oder der Sojasauce. Aber warum kommen sie dann rein und wagen sich so nahe an mich heran?

Ungeziefer heißt im Niederländischen *ongedierte*, also *Un*-Getier, wie *Un*-Kraut, so als wären Tiere, die Schaden anrichten, keine Tiere mehr. Daher werden sie bei uns immer öfter *plaagdieren*, Plagetiere, genannt. Denn zu Schädlingen werden solche Tiere erst, wenn sie in großen Mengen auftauchen. Und eine Plage muss bekämpft werden, finden wir, mit allen Mitteln, die uns zur Verfügung stehen.

Es ist vorbei mit unserer Tierliebe, sobald die Tiere unsere Nahrung auf den Feldern und in den Lagerräumen auffressen, unsere Deiche unterhöhlen, Gärten und Felder umwühlen, Bäume befallen, die Tragbalken unserer Häuser von innen her zernagen. Dann kennen wir keine Gnade, ich auch nicht, wie ich bei den Nacktschnecken draußen gemerkt habe. Und jetzt bei den Feldmäusen im Haus, obwohl sie bei mir keine Schäden anrichten. Sie sind nicht eklig, und gruselige Krankheiten scheinen sie auch kaum zu übertragen. Trotzdem treiben sie mich in den Wahnsinn. Den ganzen Tag rennen sie rein und raus, und jedes Mal erschrecke ich, wenn eine an meinen Füßen vorbeiflitzt. Ich zische schon *kssst, kssst*, bevor ich darüber nachdenke. Es sind einfach zu viele. Es müssen ganze Familien sein, die im, unter und um den Kuhstall herum zur Welt kommen, sich wieder fortpflanzen und sterben. Sie scheinen ein riesiges System aus Gängen zu unterhalten. Ich höre es sogar in der ehemaligen Futterrinne rascheln, durch die jetzt die Rauchabzüge des Lehmofens laufen, damit man im Winter schön warm darauf sitzen kann. Erst konnte ich das Geräusch nicht deuten, es ähnelt einem eingeklemmten Vogel, der mit den Flügeln schlägt. Aber es müssen Mäuse sein, auch wenn es mir ein Rätsel ist, wie und warum sie solche Geräusche machen sollten. Vielleicht weil sie sich in einem engen Raum einnisten oder einen Vorrat anlegen wollen, aber einen Vorrat wovon, was schleppen sie denn da hinein? Es ist nichts weg oder angefressen.

Anfangs denke ich noch über eine Möglichkeit nach, sie aus dem Haus zu vertreiben. Wenn ich aus Ärger wieder einmal eine mit dem Schürhaken in die Ecke getrieben habe und unschlüssig dastehe, höre ich in meinem Kopf eine boshafte Stimme rufen: Schlag sie tot! Das muss mir irgendwann einmal jemand gesagt haben, ich höre noch die Intonation. Nein, erschrecke ich, das mache ich nicht. Das machst du nicht? Was bist du denn für eine Jägerin? Aber auch wenn ich spüre, wie die Wut in meinem Körper aufsteigt und es mir in den Fingern kribbelt, ist mein Widerwille zu groß, um zuzuschlagen. Was hat es denn für einen Sinn, eine einzige Maus zu töten, um eine ganze Plage zu bekämpfen? Und was hat das mit jagen zu tun?

Schließlich gewöhnt man sich daran. Nachts, wenn die Türen zu sind, nagen die Mäuse die Knorren aus den Fußbodenbrettern, um sich einen Weg in den Kriechboden zu bahnen. Wollen sie in dem Moment nach draußen, oder gehen sie planmäßiger zu Werke und wollen sich einen Zugang zur Wohnung verschaffen, sobald die Türen auch tagsüber wieder zu sind? Nein, das glaube ich nicht, Feldmäuse sind nicht so gescheit, habe ich gelesen.

Eines Morgens will ich die leeren Flaschen an die Trennwand im Stall stellen. Dort, in der Flaschenecke, wo der Beton schon seit Jahren zerbröselt ist, liegt mit einem Mal ein großer Haufen gelber Sand. Ich erschrecke. Wer ist da gewesen, was ist passiert? Eine so plötzliche Veränderung, obwohl niemand im Haus ist außer mir, ist wie die Eingangs-szene eines Horrorfilms. War es ein Eindringling? Alarmiert schaue ich mich um, ob sich noch mehr unbemerkt verändert hat. Ich sehe nichts. Was Mäuse doch in kurzer Zeit schaffen können, versuche ich zu denken, während ich den Sand in einen Eimer schaufele. Sie haben von hier aus unter der Trennwand hindurch noch einen weiteren Tunnel zu den Rauchabzügen des Ofens gegraben. Ein hübsches warmes Plätz-chen. Ich sehe vor mir, wie sie das gesamte Innenleben des Ofens kaputt machen. Und wenn ich ihn wieder anzünde, was dann? Dann wird es ihnen zu heiß unter den Füßen, denke ich grimmig, selber schuld. Aber ich lasse es nicht darauf ankommen. Zwischen dem Baumaterial liegt noch ein offener Sack Zement, ich rühre schnell in einer kleinen Wanne etwas Mörtel an und spachtele das Loch zu. Jetzt sind sie wieder dran.

Derweil werde ich von Tag zu Tag gelassener. Wenn Schwalben oder Fledermäuse nahe an mir vorbeisausen, bin ich froh, dass es sie gibt. Wenn Mäuse an meinen Füßen vorbeiflitzen, graut es mir. Was ist der Unterschied, außer dass sie mich erschrecken?

Ich schaue mich im Stall um, überall sieht man Streifen von Schwal-benkot an der Trennwand, den Schränken, der Tischtennisplatte, den Fahrrädern und auf dem Deckel der Gefriertruhe. Das nötigt mir nur ein Achselzucken ab, Vogelkot trocknet rasch, ich werde es irgendwann wegmachen. Also was kümmern mich dann die Mäuse? Sobald es kälter wird und ich tagsüber die Außentüren geschlossen habe, können sie sowieso nicht mehr ins Haus. Die Zahl der Spalten und Löcher ist be-grenzt, die spachtele ich einfach wieder zu.

Draußen scheint die Lebenskraft der Pflanzen zu erlöschen, als ich sehe, dass der Efeu kräftige Ranken durch die Risse in der Wand des Anbaus getrieben hat. Wenn die Sonne scheint, ist es dort wie in einem Brut-kasten. Ohne Gnade schneide ich die Zweige ab, sie winden sich überall hindurch, werden rasch dick und holzig. Wenn man sie lässt, werden sie in ein paar Jahren die Mauern des Anbaus sprengen. Der Wilde Wein mit seinen zarten Ranken richtet dagegen kaum Schaden an. Trotzdem sind sie jetzt über mein Vitrinengestell mit den Knochen gekrochen, haben sich an einen Fuchsschädel geheftet und suchen sich mit ihren weichen, dünnen Trieben einen Weg durch das Gerippe einer Ente, so, als würden sie Nahrung daraus holen, und vielleicht stimmt das sogar. Ich mache sie los und leite sie um.

Das Grün zieht sich immer weiter aus der Landschaft zurück, bis zum Frühling des kommenden Jahres. Draußen ist alle Sommerblüte trocken wie Papier, die Pflanzen sehen matt aus. Die Weinranken kränkeln sogar und sind zu einem unheimlichen Stillleben zusammengeschrumpft, die mickrigen, dunkelvioletten Trauben sehen ungenießbar aus. Ich stecke mir eine in den Mund und kaue den letzten Rest Saft heraus. Er schmeckt süß und bitter, nach Herbst.

Die Jagdsaison bricht an, Zeit, um Beute zu machen und die Gefriertruhe zu füllen. Der Ansitz auf Rehböcke, der schon am 1. Mai begann, sowie, ganzjährig, auf Wildschweine hat mir in diesem Jagdjahr noch nichts eingebracht. Ich bin eine langsame Jägerin, ich zweifle viel. Als ich vor nunmehr fast sieben Jahren mein erstes Tier schoss, war mir längst klar, dass meine Sinne nachließen, die Reflexe langsamer und weniger treffsicher wurden und meine Geschmeidigkeit schwand. Ich wage weniger als junge Jäger.

Jagen heißt vor allem Geduld aufbringen. Sitzen. Allein im Freien, stundenlang und zu Zeiten, wenn andere drinnen bleiben. Mit meinem Gewehr griffbereit und meinem Feldstecher, vor allem meinem Feldstecher. Mit ihm hole ich die Tiere von meinem Versteck aus näher heran.

Am ersten Abend sitze ich am Rand eines Ackers auf einer kleinen Wildwiese, die an drei Seiten von Bäumen umschlossen ist. Nach der Weizenernte ist dort eine Mischung aus Gründüngern eingesät worden, auf jeden Fall Phacelia, Bienenfreund, wie ich an den gefiederten Blättern erkenne. Das ist nicht nur gut für den Boden, sondern auch für das Wild, das in diesem Jahr unter der Dürre leidet. Im Frühjahr wird hier zum ersten Mal Mais ausgesät werden. Der Landwirt hat durch die Trockenheit zwei schlechte Erntejahre hinter sich und geht nun auf Nummer sicher, und das bedeutet Mais. Der Jagdnachbar, der mit seiner Frau das Revier unserer Jägergruppe gepachtet hat, macht sich jetzt schon Sorgen wegen des Wildschadens, denn Schweine lieben Mais. Das kann für ihn teuer werden. Hier gibt es Flächen, die kein Jäger mehr pachten will aus Angst, daran pleitezugehen.

In der Ferne am Hügel sehe ich ein paar Rehe laufen, die in den letzten Sonnenstrahlen äsen. Es ist merkwürdig still, ich vermisse die Betriebsamkeit der Vögel. Hin und wieder hört man weit entfernt ein paar Kraniche, ihr Rufen hallt lange nach. Gerade als ich in der Stille des Abends aufgehe, knackt es am Waldrand, da kommt etwas, schräg vor mir. Drei Damtiere springen mit ihren Kälbern aufs Feld und rennen in Richtung des Mürzinsees. Warum diese Eile? Warte, da kommen noch mehr! Oder nein! Eine große Bache mit fünf kräftigen Frischlingen schießt wie ein Speer auf den Acker, und das am helllichten Tag. Keine Ahnung, wovor sie auf der Flucht sind. Ich greife nicht mal zum Gewehr. Sie sind mehr als hundert Meter entfernt und bewegen sich viel zu schnell. Aber in mir hat sich ein Schalter umgelegt, plötzlich bin ich wie versessen darauf, in Aktion zu treten. Vielleicht kommen sie zurück.

Aber das machen sie nicht. Allerdings tauchen zwei Rehkitze auf, aus demselben Wurf. Sie knabbern an den Äpfeln, die etwa vierzig Meter vor meiner Kanzel auf der Kirrung liegen. Dem Gesetz nach darf ich die kleinen Böcke erlegen, aber so richtig weidmännisch wäre das nicht: Sie sind zu klein, haben noch nicht genug Fleisch. Ich beobachte sie auch lieber, beim nächsten Mal ebenfalls, und beim darauffolgenden Mal auch. Ich bestaune die Reinheit ihres jungen Lebens, ihre Arglosigkeit, sie treiben sich noch im Paradies herum.

Ein paar Tage später sitze ich wieder dort, zwei Stunden vor Sonnenuntergang. Wieder kommt keines der Rehe in Schussweite. Ich warte auf die Wildschweine und den Mond. Als er anderthalb Stunden später dreiviertelvoll zwischen dem schon ausgedünnten Eichenlaub zum Vorschein kommt, treiben Stapelwolken heran. Von nun an ist die Welt keinen Moment lang mehr dieselbe. Jetzt entscheiden der Mond und die Wolken darüber, was ich sehe. Denke ich gerade noch, dass ich mit

Leichtigkeit ein Wildschwein erlegen kann, bohrt sich mein Blick im nächsten Augenblick ins Dunkel.

Ich höre etwas rascheln, es kommt aus dem Gebüsch links von mir. Ich sitze schon wieder aufrecht da, reflexhaft. Lausche … ein Tier, es sind sogar mehrere. Höre genau hin, sie halten an der Kirrung an. Ich schaue und schaue, bis meine Augen schmerzen. Dann lassen die Wolken einen vagen Lichtschein durch, und ich sehe etwas Weißes mit Schwarz darin und noch etwas in der Art und noch etwas. Damwild! Es sind ihre Wedel. Ich schaue nach oben, die Wolken haben sich in dichte Schleier aufgefächert. Mehr Licht wird der Mond vorläufig nicht geben.

Die Chance auf Beute ist für heute dahin. Später in der Woche werde ich mein Glück beim Kormoransee versuchen.

Dem Jagdnachbarn zufolge zieht früh am Abend ein Damwildrudel von den Wiesen hinter dem Kormoransee zum Wald am Ausläufer des Mürzinsees. Um halb sechs sitze ich in der Kanzel. Es ist eine dieser altmodischen, aus Rundholz und rohen Holzbrettern, mit einem kleinen Dach, rundum offen, also habe ich gute Sicht. Die Sonne scheint, der Wind bläst mir von Nordwesten her kalt in den Rücken. Vor mir liegt der See, eingeschlossen von einer Wand aus Bäumen und Gesträuch. Rechts ein Gebüsch in einem Toteisloch. Ich stelle mich darauf ein, stundenlang auf Damwild zu warten oder besser noch auf Wildschweine, denn die sind, so wie Mond und Wolken, am launischsten. Heute ist der Mond voll, gegen Mitternacht wird er im Süden an seinem höchsten Punkt stehen. Wenn der Himmel offen bleibt, reichen meine Chancen auf Beute bis tief in die Nacht hinein. Aber so viel Sitzfleisch habe ich selten.

Verteilt zwischen den Gründüngern sind noch kahle Stellen zu sehen, alte Wühlstellen. Schräg vor mir steht eine offene Kanzel. Dort saß ich vor einem Monat bei Vollmond auf der Wildschweinjagd. Ich war in der Dämmerung angekommen, in der Nähe rief schon der Waldkauz, und die Kormorane setzten in ihrer Kolonie am Ufer des Sees gerade lautstark zu ihrer skurrilen Abendunterhaltung an. Dicht vor mir am Geländer raschelte plötzlich etwas, ich duckte mich laut zischend zur Seite, etwas Viereckiges, Rotbraun-Schwarzes war haarscharf an mir vorbeigesaust. Ich zitterte, und ja, ich hatte wirklich gezischt, es hallte noch in meinen Ohren nach, es war mir wie einem Tier entfahren. Das Rascheln hielt an, ich entdeckte Mäusekötel auf dem Boden, nach einer Weile sah ich Beinchen, die nach rechts krabbelten, dort, wo der Spalt zwischen dem Brett und dem Balken breiter war, ich wandte den Kopf ab und duckte mich wieder, doch das Zischen ließ ich diesmal bleiben. Es waren Fledermäuse, eine Armlänge von mir entfernt. Und schon flog die nächste dicht an meinem Kopf vorbei. Ich zwang mich, wieder zum Spalt zu schauen, sah eine kleine Schnauze, Ohren, sie waren schwarz, die Beine ebenfalls, da kam Nummer drei zum Vorschein, es gelang mir sogar, weiter hinzusehen, und wie in einem Sperrfeuer kamen jetzt auch Nummer vier, fünf und sechs.

Wenn es wieder passieren würde, denke ich jetzt in der anderen Kanzel, würde ich mich weniger erschrecken. Beim letzten Mal musste ich mich zwingen, auf die Fledermäuse zu vertrauen, das heißt auf das Wissen, dass sie etwas können, was ich mit dem Kopf nicht erfassen kann, nämlich in rasender Geschwindigkeit und äußerst wendig umherzufliegen und dabei im Bruchteil einer Sekunde auf die Echos der von ihnen erzeugten Ultraschallgeräusche zu reagieren. Noch nie ist eine Fledermaus mit mir zusammengeprallt, und sie müssen mir schon Tausende von Malen ausgewichen sein, draußen im Dunkeln oder auf dem Heuboden oder sogar ab und zu auf meinem Balkon in Amsterdam. Es ist faszinierend, aber auch beängstigend.

Die Vorstellung, wie eine Fledermaus, genau wie ich ein Säugetier, in der Welt zu Hause ist, hat etwas Beklemmendes für mich, als wäre ich in eine Eisenklaue eingezwängt. Ich würde absolut nie mit einer Fledermaus tauschen wollen. Na ja, vielleicht *ein* Mal, um zu wissen, wie es wäre, die Welt über Echoortung wahrzunehmen. Aber das ist reine Spinnerei, denn wie es wirklich wäre, könnte ich nur erfahren, wenn ich nicht um mich selbst als Mensch wüsste, wenn ich ganz und gar Fledermaus wäre. Doch warum sollte ich es dann noch wissen wollen, dann *wäre* ich meine Echoortung und könnte mir kein anderes Wahrnehmen vorstellen.

Während meine Gedanken weiter entgleisen, sehe ich, wie sich vorne rechts zwischen dem Toteisloch und dem Waldrand etwas bewegt. Schlagartig bin ich wieder im Hier und Jetzt. Da kommt ein Damtier und noch eins, außerdem Schmaltiere und Kälber. Das wird das Rudel Kahlwild auf dem Weg zum Ausläufer des Mürzinsees sein. So pünktlich. Sie traben vorwärts, halten inne, zögern, äsen ein wenig. Die älteren Tiere sind mit ihren weißen Tupfern noch im Sommerfell, die Kälber haben schon eine etwas dunklere Farbe, ihr Fell hat einen Hauch von Schwarz. Ich zögere – siebzig Meter, vielleicht achtzig? – und lege das Gewehr an, ziele durch das Fernrohr, schätze meine Chancen ab.

Ich lege den Lauf meines Gewehrs auf das Geländer und schaue abwechselnd mit bloßem Auge und durch das Zielfernrohr. Das Rudel kommt noch etwas näher – gut so, kommt nur! –, läuft dann aber weiter unter der untergehenden Sonne hindurch, die mich so stark blendet, dass ich nicht die Spur einer Chance habe. Dann zieht es vor einem baumbestandenen Feldsoll vorbei, hinter dem die Sonne bereits verschwunden ist. Es bleibt wahrhaftig wieder stehen, ich entsichere mein Gewehr, drücke den Abzug nach vorn in seine leichte Stellung: das Gewehr eine Fortsetzung meines Körpers, mein Auge eins mit dem Zielfernrohr. Jetzt? Doch dann sammelt sich das Rudel, alle Köpfe weisen in dieselbe Richtung, hin zu dem Feldweg, den es gleich überqueren muss. Zu spät, seufze ich, während ich mich ein wenig entspanne, die Chance ist vertan, nicht ein einziges Tier steht frei. Dicht zusammengedrängt setzt sich das Rudel wieder in Bewegung. Und dann läuft plötzlich ein Kalb vorneweg, trabt, löst sich vom Rest, verhofft und wartet. Ich lasse den roten Lichtpunkt in meinem Fadenkreuz von seinem Vorderlauf hinauf bis hinter sein Schulterblatt gleiten und drücke ab. Die Mauser, der Knall, der Rückschlag, der unumkehrbare Moment, die Kugel, die das Kalb durchbohrt, der Haarstrich zwischen Leben und Tod, der Sturm in meinem Körper, alles ballt sich zu einem einzigen dunklen Inneren zusammen – keine Zeit, kein Ort, keine Welt.

Das Rudel stiebt zurück zum See. Erstarrt bleibt das Kalb an dem Ort zurück, der ihm zum Verhängnis geworden ist, jetzt ganz allein, dann springt es wild in die Luft. Warten, ich halte den Atem an. Nicht zur Sicherheit noch einmal schießen! Dann fällt das Tier um, zappelt mit den Läufen, und bleibt still liegen. Tot, denke ich, hoffe ich – immer dieselben Worte. Aber sie beruhigen mich nicht, auch das ist immer dasselbe. Tot ist das Kalb wahrscheinlich schon, aber perfekt geschossen?

Von dem Augenblick an, als das Rudel auftauchte, hat sich alles in einer einzigen, überrumpelnden Abfolge von Ereignissen vollzogen. Langsam komme ich zu mir. Der Sturm in meinem Körper legt sich. Ich kehre zum Heute zurück, zur Alltäglichkeit, zu dem Ort, an dem ich mich befinde. Ich entlade das Gewehr und steige die Leiter hinunter, gehe langsam, fast unwillig zu dem Kalb, mit Bangen vor dem, was ich in ein paar Sekunden vorfinden werde. Klein, sehe ich, als ich näher komme, so klein. Es liegt auf einem Beet junger, zarter Phacelia, sein linker Vorder- und der rechte Hinterlauf unter seinem Bauch, die beiden anderen Läufe gestreckt, als wäre es im Trab umgekippt. Der Einschuss ist dort, wo er hingehört, hinter dem Schulterblatt. Ich streiche dem Tier über Kopf und Hals, rasch und mit trübem Gemüt. Das hätte es mir, wenn es noch gelebt hätte, nie erlaubt. Kein Schmierentheater jetzt, ermahne ich mich – so wie jedes Mal. Ich habe auch keine Zeit, ich muss jetzt handeln, das Kalb aufbrechen, es muss in die Kühlung.

Ich hebe seinen Hinterlauf hoch, befühle seinen Bauch zwischen dem weichen, schmutzig-weißen Fell: Eine Rute, ein männliches Kalb. Ich drehe es um und sehe mir den Ausschuss an, der immer größer und blutiger ist als der Einschuss. An den Hinterläufen schleppe ich meine Beute zum Feldweg. «Beute», sobald ein beschossenes Tier tot ist, ist es erbeutet. Dennoch bleibe ich behutsam. Es ist noch warm, sein Kopf darf nicht zu hart auf den Boden schlagen. Ich muss mich noch daran gewöhnen, dass das Leben aus ihm entwichen ist. Fühle mich fürsorglich. Ja, jetzt auf einmal, spottet etwas in mir. Über den Acker ziehe ich eine dünne Spur durch das Grün, den Hang hinauf, den Hang hinunter bis kurz vor das Auto.

Jetzt liegt es da auf der Böschung. Die ersten Male habe ich noch versucht, die Augenlider meiner Beute zu schließen, so wie bei toten Menschen. Ruhe nun, du siehst nicht mehr! Doch die Augen ließen sich nicht schließen. Sieh nur, das Auge, das tote Auge ist schon trüb, aber als ich genauer hinschaue, sehe ich, dass es nicht von innen heraus trübe geworden ist, nicht durch den physischen Tod des Tiers, nein, der Staub vom Acker hat sich darauf gelegt. Ich hebe das Kalb in die rechteckige Mörtelwanne und stelle sie in den Kofferraum zurück. Kurz drehe ich mich noch einmal um und schaue über die Schleifspur hinweg zur Kanzel hinüber. Es ist merkwürdig, jetzt schon wieder zu gehen, obwohl die Sonne noch nicht einmal untergegangen und der Mond noch nicht aufgegangen ist. Die ersten Kormorane kommen aus dem Osten angeflogen und lassen sich bei ihrer Kolonie am See nieder.

Zu Hause hänge ich das Kalb an die Aluminiumleiter, die zum Heuboden führt, und wetze mein Jagdmesser für die «rote Arbeit». Durch die jährlichen Drückjagden habe ich Routine. Zusammen mit Treibern und einzelnen Jägern breche ich ein Tier nach dem anderen auf: Wildschweine, Damwild, Rehe. Ich mag die Arbeit, eine Mischung aus Handwerk und Studie. Es erinnert mich noch immer an früher, wenn mein Vater auf einem Bauernhof ein Tier sezierte, um die Todesursache zu ermitteln.

Seitdem ich jage, habe ich die Gelegenheit, immer wieder aufs Neue mit meinen eigenen Händen zu entdecken, wie es auch bei uns im Innern aussieht, wenngleich ein Hirsch vier Mägen und keine Gallenblase hat. Wir ähneln eher den Schweinen. Ich sinne über das Tier nach, das ich im Innern bin, jetzt, wo ich durch die Fell-, Fett-, Bindegewebs- und Muskelschicht schneide, den Bauch und den Brustkorb öffne.

Als ich das Kalb gewogen habe – aufgebrochen ist es achtzehn Kilo schwer –, hänge ich es in die Kühlung, lege Herz, Leber, Nieren und Hoden in den Kühlschrank und werfe den Rest der Eingeweide hinter den Totholzwall an der Ostwiese. Ich schrubbe den Stallboden, wasche das Blut von meinen Händen und werfe meine Kleidung in einen Eimer kaltes Wasser.

Kurze Zeit später sitze ich mit einem Bier im Hängesessel. Ich will noch nicht rein, nicht zurück in mein alltägliches Leben, mein Haus mit all meinen Dingen und meinen digitalen Verbindungen. Ich sitze noch einen Moment nahe am Tümpel, der leer und ausgetrocknet ist, dem Herz meines Biotops, das nicht mehr schlägt.

Der Moment, in dem vorhin das Rudel auftauchte, und alles, was darauf folgte, steckt mir noch in den Knochen. Dass mein Körper noch immer so stark reagiert, überrascht mich. Ich erinnere mich an heftige Momente der Angst in meinem Leben, tierischer Angst, auch Momente der Zügellosigkeit, der Lust, aber niemals fallen sie mit der äußersten Beherrschung, Kaltblütigkeit, Konzentration und Präzision zusammen, die ein Schuss erfordert, zu denen mich eine Schusswaffe zwingt.

Was dann alles in meinem Innern geschieht, weiß ich nicht, es werden physiologische Reaktionen in Gang gesetzt, biochemische Prozesse, Hormone und Neurotransmitter sind dabei im Spiel, Worte wie Cortisol, Adrenalin, Dopamin, Endorphine, Oxytocin steigen in mir auf. Doch was sagt das? Ich empfinde Stress, Angst, Euphorie, Lust, Glück, weiß aber nicht genau, warum sich diese Gefühle in einem bestimmten Moment einstellen, und erst recht nicht, wie persönlich sie eigentlich sind und wie allgemein menschlich oder tierisch.

Oft schrecke ich davor zurück, jagen zu gehen, doch erst einmal in der Kanzel, komme ich sofort zur Ruhe, und wenn Wild auftaucht, nimmt es mich völlig gefangen. Ich kann das Wild stundenlang beobachten, aber sobald es so nahe kommt, dass ich entscheiden muss, ob ich es erbeuten will, ob ich dieses eine Tier schießen will, spüre ich, dass mir das Herz bis zum Hals schlägt. Ich ziele, um zu sehen, ob und wie es möglich ist, bevor ich entscheide, ob ich es auch tun werde. Meine Handflächen werden feucht. Wovor habe ich Angst? Vor einem schlechten Schuss? Das auch, aber ich habe mehr Angst vor dem Töten an sich.

Es müsste mehr zur Routine werden, doch etwas in mir widersetzt sich. Wenn ich ein Tier getötet habe, gehe ich in den Tagen danach nicht erneut auf die Jagd, dann ist es erst einmal genug. Zuerst muss meine Beute ein paar Tage abhängen, danach muss ich sie zerwirken. Und erst wenn sie portioniert in der Gefriertruhe liegt, ist das Ganze erledigt. Das Tier, das ich getötet habe, soll meine volle Aufmerksamkeit bekommen. Es hat etwas von einer Bußübung.

Am nächsten Morgen höre ich von meinem Bett aus die Raben krächzend ihre Runden drehen. Unten sehe ich sofort nach. Doch die Eingeweide liegen noch genauso da, wie ich sie zurückgelassen habe, sie sind ihnen noch nicht auf der Spur. Lediglich grüne Fleischfliegen, Wespen und Schwebfliegen tun sich schon an ihnen gütlich.

Auch einen Tag später hat sich noch wenig daran geändert, obwohl sogar ich mit meiner alles andere als perfekten Nase schon auf zehn Meter die Verwesung rieche. Insekten bekommen ein paar Kilo Eingeweide nicht einfach so weggeschafft, überall sind jetzt, wie ich sehe, gelbliche Körner, Eier, die zuerst zu Maden und dann zu Fliegen werden. Wiederum einen Tag später ist alles weg. Ein Raubtier oder ein Wildschwein muss von Weitem den herrlichen Geruch von Fäulnis geschnuppert haben. Alles ist säuberlich aufgefressen worden, keine Spur von Blut oder Darminhalt zu sehen. Hätte ich doch nur die Wildkamera hier an einen Baum gehängt!

Ein paar Tage später hole ich das Kalb aus der Kühlung, schlage den Fleischerhaken in den Schnitt zwischen Mittelfußknochen und Sehne und hänge es an die Leiter. Der Schlachttisch liegt voll mit Gerätschaften: Jagdmesser, Ausbeinmesser, Messerschärfer, Astschere, Knochensäge und -zange, Latexhandschuhe, eine Rolle Küchenpapier, Waage, Schüsseln und Schalen, Gefrierbeutel in verschiedenen Größen, Klemmen, Bleistift und Papier. Ich setze meine Stirnlampe auf, damit ich nicht in meinem eigenen Schatten stehe.

Direkt unterhalb des Hakens schneide ich die Decke rund um beide Hinterläufe los und steche das Messer mit der Schneide nach außen darunter, um es mit einem einzigen langen Schnitt bis zum Anus zu ziehen. Jetzt kann ich die Decke vorsichtig abziehen. Manchmal muss ich kurz mit dem Messer nachhelfen, um keine Fettstreifen oder gar Fleisch mit abzuziehen. Am schwierigsten sind die Stellen, an denen die Decke dicht am Knochen liegt, an den Gelenken und am Rückgrat. Das Kalb war gerade im Fellwechsel, die Decke kann ich also leider nicht verwerten. Der Ausschuss hat sowieso ein hässliches Loch hineingerissen. Für das Aus-der-Decke-schlagen braucht es kräftige Hände, hin und wieder verkrampft sich mein Daumen an der Handfläche, so dass ich ihn wieder lösen muss. Als ich bei den Ohrmuscheln angekommen bin, schneide ich rundum die Muskeln durch, halte den Kopf mit beiden Händen fest und drehe ihn mit kurzen Rucken, bis ich ein Knacken höre. Dann steche ich das Messer beim Atlas in die Wirbelsäule, schneide das Gewebe durch, und der Kopf löst sich vom Rumpf.

Jetzt, wo das Kalb aus der Decke geschlagen ist, kann ich mir ansehen, was die Kugel genau beschädigt hat, oft gibt es zwischen den Muskeln noch Blutergüsse. Diesmal sind beide Schultern heil geblieben, ich muss nur die Schusswunden im Brustkorb herausschneiden. Wenn viel zerstört ist, widert mich das Ausschneiden manchmal von einem Moment zum andern so an, dass sich mir der Magen umdreht. Aber ich sollte mich nicht beklagen. Ich muss dem ins Auge sehen, ich selbst bin es, die das Tier getötet hat.

Mit meinem Messer am Brustkorb trenne ich Schultern und Vorderläufe ab, dann nehme ich die Astschere, schneide damit die Rippen durch und durchtrenne das Gewebe. Ich löse den Nacken und anschließend die Filets links und rechts vom Rückgrat und teile den Rücken in drei Stücke. Schließlich trenne ich die Hinterkeulen vom Becken und rücke die Läufe aus den Gelenken. Ich bin gut und gern eine Stunde damit beschäftigt, bis alles gewogen und beschriftet in der Truhe liegt, der Stall geschrubbt ist, die Gerätschaften weggeräumt sind und der Schlachtabfall vergraben ist. Eines der Filets nehme ich mit rein zum Abendessen.

Von meinem Bett aus schaue ich auf den jungen Holunder am Rand des Grundstücks, eine makellos symmetrische Form. Dem Baum ist anzusehen, dass ihm in seinem Leben noch nie etwas im Weg gestanden hat. Ende Mai blühte er mit sahnig-weißen Dolden, aber aus Mangel an

Wasser verlor die Blüte ihre Kraft, und als die Blüten auf den Boden fielen, schwollen die grünen Beeren nicht zu dichten, schwarzen Trauben an. Es hängen nur noch ein paar vertrocknete kleine Früchte an den Zweigen. Und schon im August konnte ich mitten durch das Laub hindurchsehen, das dünn und gelblich den Herbst vorwegnahm.

Ich gehe das Sommerobst durch. Die drei jungen Kirschbäume bei der Getreideruine haben in diesem Jahr nur wenig Kirschen getragen, einen kleinen Eimer voll habe ich gepflückt, bevor die Stare kamen und in großen Schwärmen die Umgebung plünderten. Johannisbeeren, Stachelbeeren und Himbeeren hatte ich mehr denn je, ich habe also nicht umsonst vom Anfang des Frühjahrs an literweise Wasser hingeschleppt. Aber das war es dann auch schon für dieses Jahr. Die Pflaumen lagen im Spätsommer als schrumpelige, blauviolette Häutchen um einen Kern herum im Gras. Die Handvoll Pflaumen, die ausgereift waren und die ich vorsichtig zwischen meinen Schneidezähnen aufbiss, waren voller Maden. Um das Herbstobst aus dem Obstgarten ist es noch trauriger bestellt. Hier und da hängt ein einzelner Apfel an den Ästen. Die wenigen Birnen bleiben klein und fallen zu früh vom Baum. Wenn ich in eine hineinbeiße, habe ich den Mund voll mit einem mehlig-braunen Mus. Sie faulen, bevor sie reif sind. Es gibt nur einen einzigen Baum mit schönen, gelben Birnen, und auch der Quittenbaum hängt voll, er hat erst nach dem letzten Nachtfrost geblüht, aber auch die Quitten sind winzig.

Die Walnüsse werden ohnehin jedes Jahr kleiner. Der Baum ist uralt und schon vor langer Zeit halb umgefallen. Es ist ein Wunder, dass er überhaupt noch Nüsse trägt. Sie sind im Nu weg, die Tiere brauchen sie dringender als ich. In der Reihe alter Apfelbäume steht ein junger Walnussbaum, er hat in diesem Jahr eine einzige Nuss produziert, seine erste. Groß und glänzend grün hängt sie an einem kräftigen Ast.

Als ich eines Tages die gelben Birnen pflücken will, hängt keine mehr am Baum. Es ist, als habe es nie Birnen gegeben, es liegt nicht eine einzige auf dem Boden, nicht einmal eine verfaulte. Das können nur Waschbären gewesen sein. Auch wenn es unbegreiflich ist, dass ich keine Spuren vorfinde: keine angefressenen Exemplare, keine abgebrochenen Zweige, keine Kratzspuren an der Rinde. Dass sie in den letzten Nächten im Obstgarten waren, sehe ich an den Bildern der Wildkamera. Doch die war auf den Nussbaum gerichtet. Es wird Zeit, die Falle aufzustellen.

10.

Das Prinzip Schrumpfsprengung

Der große Acker liegt noch genauso da wie nach der Weizenernte Mitte August. Wo bleibt der Traktor? Nach ein paar Jahren Getreide hatte ich auf Raps gehofft, dann ist im Winter mehr Reh- und Damwild zu sehen. Aber für Raps ist es jetzt zu spät, auf dem Acker an der Kastanienallee schauen die jungen Pflänzchen schon eine Handbreit aus der Erde. Wenn in den kommenden Wochen kein Wintergetreide ausgesät wird, bleibt der Acker brach, so dass dort im Frühjahr nur noch Sommergetreide gesät werden kann – oder Mais. Weil die Getreideernten im letzten Sommer schlecht waren, befürchte ich, dass es Mais wird. Der stand hier noch nie. Aber das will nichts heißen, auf dem großen Acker im Nachbarrevier gibt es jetzt auch zum ersten Mal Mais.

Eines Morgens blicke ich, vertieft in meine Arbeit, kurz auf und sehe durchs Fenster einen Traktor mit einem breitarmigen Giftsprühgerät vor meiner Nase vorbeifahren. Routiniert springe ich auf, um die Giebeltür zu schließen, oben dringt mir der Chemiegeruch bereits in die Nase. Aber als ich nachmittags nach draußen gehe, sehe, höre und rieche ich nichts mehr. In den nächsten Tagen wird das Unkraut auch nicht glyphosatbraun wie im Frühjahr. Vielleicht ist es nicht so schlimm, denke ich gelassen. Zumindest deutet das Giftsprühgerät auf Wintergetreide hin. Das kleinere Übel.

Etwa zwei Wochen später höre ich das metallische Rasseln des Traktors schon von Weitem. Es klingt wie Musik in meinen Ohren. Ich renne hinaus und sehe die Staubwolken, die hoch hinter der Scheibenegge aufwirbeln und in meine Richtung wehen. Es gibt Wintergetreide, jubelt auch die Giebeltür, als ich sie schwungvoll schließe. Alles besser als Mais.

Auf meinem Bildschirm erscheint die Karte mit Wasserläufen und Drainagen, die mir ein Ingenieur des Wasser- und Bodenverbands geschickt hat. Ich hatte gehofft, darauf die Drainage des Tümpels zu finden, aber auf der Karte sind nur zwei Rohre knapp außerhalb unseres Grundstücks verzeichnet. Das östliche läuft vom Froschteich unter dem Weiler hindurch und endet im Graben, der die Salzwiese durchschneidet und in den Waldbach mündet. Das westliche liegt auf halber Strecke zwischen unserem Hof und dem kleinen Anglersee. Es zieht sich vom Grenzsumpf bei der mächtigen Silberweide bis zur breiten Wallhecke hinüber, der die hohe Wiese begrenzt, um von dort aus nach unten zu mäandern und ebenfalls im Waldbach zu enden. Ich bin dort mal durch das dichte Gesträuch gekrochen, auf der Suche nach einem krankgeschossenen Wildschwein, das in der Ferne vorbeigehumpelt war. In der Wallhecke lag ein tiefes, verschlammtes Bett mit einer Spur aus Findlingen. Wie ich jetzt sehe, endet dort das Drainagerohr.

Die beiden Drainagen auf der Karte, erzählt mir der junge Verbandsingenieur ein paar Tage später in seinem Büro in der Stadt, seien vom Wasser- und Bodenverband angelegt worden und Teil der Gewässer zweiter Ordnung, die in die Zuständigkeit der Gemeinde fielen. Es sei gut möglich, dass dort auch noch Rohre lägen, die die Bauern selbst verlegt hätten, aber die seien nicht auf den Karten des Verbands verzeichnet.

Wir steigen die Treppe zum Keller hinunter, wo sich das Archiv des Wasser- und Bodenverbands befindet, ein Labyrinth aus Räumen, offenen Türen, verirrtem Büromobiliar und hier und da einigen Kartons wie bei einem Umzug. Wir betreten ein kleines, muffig riechendes Zimmer mit Stahlregalen voller Mappen, die so aussehen, wie sie riechen: verblasste Tinte, sprödes Papier. Der Ingenieur sucht die Regale ab, geht in die Knie, knibbelt mit seinen dicken Fingern die Schleifen einzelner Mappen auf, blättert. Alle Orte in der Umgebung findet er, bis auf unseren Weiler. «Sie kennen das Gebiet gut», sage ich.

Der Stapel neben ihm fällt beinah um. Er seufzt. «Das ist alles, was wir noch haben, aber leider nichts zu dem Land um Ihren Hof.» Vielleicht finde ich bei den ehemaligen Bauern der LPG was, sagt er halbherzig, wenn nicht, ist es weg. Ich will es noch nicht wahrhaben, blättere die Mappe eines Nachbardorfs durch. «Kann ich daraus etwas kopieren?», frage ich, ohne zu wissen, warum. «Die dürfen Sie sogar mitnehmen», sagt der Ingenieur.

Um doch nicht ganz mit leeren Händen zurückzukehren, lasse ich die Mappe in meine Tasche gleiten, wer weiß, vielleicht kann ich etwas mit den Begriffen, Zahlen und Eingriffen anfangen. Es wird bei uns nicht sehr viel anders gelaufen sein. Ganz kurz denke ich an jemanden, der nach mir kommt: Dokumente über die Drainage des Nachbardorfs? Nirgends zu finden. Und niemand wird wissen, dass sie irgendwo in einem alten Kuhstall liegen.

Alles weg, wiederhole ich auf dem Rückweg im Auto wieder und wieder, eine tote Spur. Sie sind es hier nicht anders gewohnt, der Krieg hat große Lücken in das Gedächtnis von Land und Leuten gerissen, der sozialistische Traum und sein Zusammenbruch haben den Rest besorgt. Und so weiß niemand mehr, was sich noch an alten Drainagen im Boden befindet.

Zu Hause gehe ich gleich zum Tümpel. Der Verbandsingenieur hatte vermutet, dass der Acker um den Tümpel herum ebenfalls drainiert ist. Ich solle bei Platzregen doch mal schauen, ob Rohre im Ufer stecken, aus denen Wasser in den Tümpel fließt.

Das müsste dann an der südlichen Seite sein. Ich suche das Ufer ab, aber da ist nichts. Vielleicht steht im Winter auf der Südwiese ja immer diese Pfütze, weil dort ein kaputtes Drainagerohr liegt – bis auf den letzten Winter, in dem es sogar auf dieser Wiese trocken blieb.

Ich gehe zum Komposthaufen und der Brombeerhecke, dort irgendwo muss der Tümpel überschüssiges Wasser losgeworden sein. An der Seite des Auslasses, meinte der Ingenieur, sei oft ein Holzgestell mit Feldsteinen darin angebracht, damit der Durchfluss nicht verschlickt. Halbherzig sehe ich mich um. Um etwas zu finden, müsste ich den ganzen Boden freilegen. Jawohl, es geht wieder los, regt sich mein Widerstand, willst du jetzt doch anfangen, bei den riesigen Findlingen, den Kopfweiden, den Brombeeren und dem Beet mit den Beerensträuchern herumzubaggern? Alles kaputt machen? Und worauf stößt du dann? Auf noch mehr Steine unter der Erde und vielleicht auf die morschen Überreste eines Holzgestells. Und falls du etwas findest, was wirst du dann tun? Willst du selbst ein Wehr bauen? Wo sind denn die Platzregen, wo ist das Wasser, das dieses Wehr zurückhalten soll? Lass es bleiben, wir leben hier in der Steppe. Und der Tümpel ist leck.

Ich denke an mein Gespräch mit dem Ingenieur und muss trotz seiner schlechten Nachrichten lachen. Ich hatte ihm den kläglichen Zustand des Tümpels beschrieben, die Risse und die Löcher. Könnte es nicht sein, lege ich ihm meine Vermutung dar, dass die Lehmschicht durch die Trockenheit geschrumpft und dadurch gerissen ist? Und dass das Regenwasser daher gleich versickert? Er nickte, ja ja, dadurch würde der Tümpel trocken bleiben, das heiße «Schrumpfsprengung».

Ich wollte den Begriff wiederholen, doch für meinen niederländischen Mund erwies er sich als Zungenbrecher. Aber egal, es war ein wunderbares Wort, das das Straucheln nicht nur im Klang verkörperte, sondern auch in der Bedeutung: durch schrumpfen sprengen.

Und das Mittel dagegen? Es brauche sehr viel Niederschlag, sagte der Ingenieur. Um mehr als einen kosmetischen Effekt zu erzielen, helfe einzig und allein ein langer Winter mit Frost und Schnee. Wenn es dann im Frühjahr zu tauen begänne, würde der Boden langsam weich werden und wieder aufquellen. Nur so könne sich die Lehmschicht regenerieren, und erst dann wäre es sinnvoll, Wasser aus den Regenrohren in den Tümpel zu leiten.

Vom Tümpel aus gehe ich den Hang hinunter zur Salzwiese. Angesichts der Hügelrücken und der Senken kann der Tümpel nur in die Salzwiese entwässern, über einen unterirdischen Wasserlauf oder eine Drainage. Vielleicht, kommt mir plötzlich in den Sinn, läuft das Wasser ja unter dem kleinen Kartoffelacker hindurch.

Merkwürdig, dass ich daran nicht früher gedacht habe. Auf dem Foto vom Januar 2018, als der Tümpel über die Ufer getreten war, stand schließlich der ganze Acker unter Wasser. Anfangs war es eine langgezogene Grube. Nach dem Krieg warfen die Bauern ihren Abfall hinein. Und in meinen ersten Jahren hier war der Acker noch ganz sumpfig, deshalb hatte ich dort auch junge Erlen gepflanzt, die ich bei dem kleinen Anglersee ausgestochen hatte.

Wenn ich die Linie vom Tümpel zum Kartoffelacker bis zur Salzwiese weiterziehe, müsste der Ablauf genau unter der Wallhecke an der Grenze unseres Grundstücks liegen. Ich stehe unten am nördlichen Rand, hier fällt unser Grundstück steil zum Sumpfland ab, das mindestens zwei Meter tiefer liegt. Ich gehe über den Erdwall an der Salzwiese zu den Findlingen beim Brachland.

Aus meiner Jackentasche fische ich den Ausdruck der Karte des Wasser- und Bodenverbands und lege meinen Finger auf die Stelle, an der ich mich jetzt befinde. Jeder Wasserlauf auf der Karte heißt Mürzin, nach dem See, und hat zusätzlich eine Nummer. Der Waldbach ist Mürzin 13, der Graben durch die Salzwiese heißt Mürzin 18, der westliche Bach weiter hinten durch die Wallhecke ist Mürzin 12. Die anderen Nummern sind für kleinere Wasserläufe wie den Mürzin 19 gedacht, der laut Karte gleich vor mir wie aus dem Nichts anfängt und zur Nummer 18 läuft.

Das ist die Welt der Ingenieure und Beamten. Ich vermisse richtige Namen mit einem Charakter und einer Geschichte, die es mir erleichtern würden, mir die Wasserläufe zu merken, darüber zu reden. Überlieferte Namen höre ich hier kaum, eine gemeinsame Sprache für die Landschaft fehlt. Jeder erklärt jedes Mal aufs Neue mühsam, welchen Graben, welche Wiese, welchen Baum, welche Wallhecke, welchen Tümpel und welchen Findling er meint. Ich erfinde für den Hausgebrauch selbst Namen, doch niemand übernimmt sie.

Vor mir wogt eine dichtbewachsene Fläche aus Sumpf-Segge im Wind, den Mürzin 19 sehe ich nirgends. Ich steige vom Wall herunter und schiebe mich Schritt für Schritt durch die Seggen, bis ich mit den Schuhen in dem weichen Boden einsinke. Ich drücke die Halme zur

Seite und sehe den Anfang eines kleinen Wassergrabens, spüre, wie der sumpfige Boden leicht unter meinen Füßen hin und her schaukelt, wie Schwingrasen, oder bilde ich mir das ein?

Hier am Salzwiesenwall steht fast immer Wasser, auch wenn die Wiese weiter hinten trocken ist. Das Wasser muss unterirdisch aus dem Wall kommen, vom Hang und somit auch vom Tümpel. Ich setze mich auf den größten Findling. Näher werde ich den Wegen des Wassers nicht kommen.

Ich blicke über die Salzwiese mit dem Chausseewald und dem Bach, die sie begrenzen. Die verblühten Rispen des Echten Mädesüß wiegen sich steif in der Ferne, von der hohen Wiese links rücken die Ackerdisteln vor. Ich sitze hier oft, es ist mein tiefstgelegener Aussichtspunkt. Von hier aus fließt das Wasser zum Waldbach, der am Ende des Chausseewalds über einen Düker unter der Straße hindurch in den Mürzinsee fließt. Von dort aus geht es über die Flusstäler der Linde, der Tollense und der Peene weiter zum Stettiner Haff und zur Ostsee.

Nur wenige Kilometer von hier verläuft die mitteleuropäische Nordsee-Ostsee-Wasserscheide: Alles Wasser westlich davon mündet über die Elbe in die Nordsee. Auf der Landkarte in meinem Kopf folge ich der anderen Richtung, dem Wasser, das von unseren Hängen nach Nordosten fließt.

Wie ein Tier sitze ich irgendwo in einer uralten Landschaft nahe der Ostsee, weit entfernt von meinem Land und meiner Stadt an der Nordsee. Für einen Moment ist es, als hätte ich keine Vergangenheit.

Für die Salzwiese hatte ich vor zwanzig Jahren gleich eine Schwäche entwickelt. Alle nannten sie Salzwiese, aber niemand wusste, warum. Es hieß, dass dort Orchideen wüchsen. Mir war sie vertraut wie ein Polder, auch wenn sie sich durch Gletscher gebildet hatte. In der Terminologie von Natura 2000 wird die Salzwiese als eine Kombination aus «seggen- und binsenreichen Nasswiesen, Röhrichtbeständen und Rieden, naturnahen Sümpfen» beschrieben, und es wachsen dort tatsächlich geschützte Orchideen. Der Boden ähnelt Schwingrasen, wurde

mir damals bewusst, und ich musste an die niederländischen Weer-
ribben denken.

Es ist ein empfindliches Naturschutzgebiet. Wenn sich das Moor ab-
senkt, wird es zu einem normalen Polder. Jahrelang kam dort im Sommer immer eine Gruppe von Landarbeitern, die einen Teil des fast vier
Hektar großen Ökosystems mit Motorsensen mähten, damit es nicht
zu sehr verlandete. Die Motoren brummten und heulten manchmal
wochenlang.

Voriges Jahr im August kam zum ersten Mal eine kleine Mäh-
maschine auf die Salzwiese gefahren. Die Sache war in null Komma
nichts erledigt. Das Mähen mit Handgeräten ist, wie ich hörte, wegratio-
nalisiert worden. Durch das Gewicht der Maschinen wird sich der
Boden weiter absenken, die Trockenheit erledigt den Rest.

Zu Beginn habe ich hier gelbe Sumpfdotterblumen ausgestochen und
in den Tümpel gepflanzt, zu dicht am Rand, schon im zweiten Jahr
waren sie vertrocknet. Die ersten Schritte meines Projekts «Biodiversität steigern» waren misslungen, auf Kosten eines geschützten Biotops.
Tja, dachte ich, ich bin nicht die Vorsehung, aber ich verbot mir, neue
Sumpfdotterblumen zu holen.

Jetzt sind auch auf der Salzwiese nur noch ein paar Büschel von ihnen
übrig. Wenn es mit der Trockenheit so weitergeht, ist das Sumpfland
nicht zu retten. Vielleicht hatte das auch den Ausschlag dafür gegeben,
Mähfahrzeuge einzusetzen. Warum sollte man versuchen zu retten, was
ohnehin nur noch künstlich instandgehalten werden kann? Die Natur
als chronische Patientin: Hilft das dem Planeten weiter? Es bleibt kaum
etwas anderes übrig, als sich anzupassen, sich mit der Natur mitzubewegen und nach und nach zu entdecken, wie sie vitaler und widerstandsfähiger werden kann.

Ich gehe zum Chausseewald hinüber und steige über die langen,
dünnen Birken, die abgeknickt über dem Weg liegen. Unter meinen
Füßen knacken die Zweige und Äste. Ich höre etwas rascheln, dann
Hufe auf Waldboden, und da sehe ich es schon, ein Rudel Kahlwild, das
zwischen den Bäumen davonspringt, auf die Straße und hinein in den

Chausseewald auf der anderen Seite. Sie sind jetzt oft hier unten, in Kürze beginnt die Damwildbrunft, und in diesem Wald befindet sich ein Brunftplatz.

Jedes Mal, wenn ich in den Wald komme, sieht er ramponierter aus. Nach anderthalb Jahren Trockenheit und starken Stürmen liegen überall abgeknickte und entwurzelte Bäume herum, die Kronen Richtung Süden. Einzelne Bäume klammern sich noch mit den Wurzeln an dem Findling fest, den sie von jungen Jahren an umarmt haben und den sie, als der Nordwind sie aus der Erde riss, mit herausgezogen haben. Die Klumpen sind übersät mit Mauselöchern.

Es gibt immer mehr tote Bäume voller Löcher und Nisthöhlen. Ich komme an der alten Eiche mit ihrem dicken, zerfurchten Stamm vorbei. Auch sie ist tot und wird langsam aufgefressen. Aber es wird noch Jahre dauern, bis sie anderem Leben nicht mehr zur Nahrung dient. Ich blicke an ihrem Stamm hoch und sehe, dass die Fichten neben ihr kahle Kronen haben, auch sie sind schon dem Tod geweiht. Es macht nichts, sage ich mir, wenn nur wieder Sämlinge aufkeimen. Aber ich weiß genau, dass es dafür viel zu trocken ist *und* zu viel hungriges Reh- und Damwild herumläuft.

Täglich höre ich im Wald den Schwarzspecht trommeln, er mag Nadelbäume, das heißt, all das Getier, das auf solch einem Baum lebt, wie Borkenkäfer, die sich ihrerseits gern auf geschwächte Fichten stürzen. Für Fichtenwälder ist es auf diesem Breitengrad ohnehin schon zu warm und zu trocken, und durch den Klimawandel wird es nur noch schlimmer. Während der Buchdrucker, ein unansehnlicher Borkenkäfer, der vor allem in den ausgedehnten Wirtschaftswäldern wütet, gerade bei Trockenheit und Wärme gedeiht. Das einzige Mittel der Forstwirte ist, alles abzuholzen.

Bald, höre ich eines Tages, sind die Fichten bei uns an der Reihe. Der Buchdrucker hat sie bereits befallen. So schlimm wird es schon nicht kommen, denke ich, der Chausseewald ist gemischt. Doch an der Ostseite, wo die kleine Asphaltstraße zu unserem Weiler abbiegt, stehen fast nur Fichten. Die meisten von ihnen sind nach dem Krieg gepflanzt worden. Seinerzeit muss der Wald, durch den Krieg und den Mangel an Brennstoff, in einem erbärmlichen Zustand gewesen sein. Nachdem das Tausendjährige Reich überwunden war, wurde er mit Fichten wieder aufgeforstet, weil sie schnell wachsen.

Gestern schickte mir Boom ein Foto der alten Pappeln entlang der Erasmusgracht hinter unserem Wohnblock in Amsterdam: umgehackt. Ich stieß einen Schrei des Entsetzens aus, diese rauschenden Giganten, diese grünen Wächter in der steinernen Stadt, nichts als Stümpfe sind von ihnen übrig geblieben, mit gnadenlos jungfräulichen Sägeschnittflächen, groß wie Terrassentische. Warum?, textete ich zurück, und warum haben wir das nicht gewusst?

Es stellte sich heraus, dass es wegen der Trockenheit war, die Bäume stellten eine Gefahr dar, im Handumdrehen waren sie weg. Ich seufzte, was ist denn noch *Gefahr* in unserem Land? Wie weit gehen wir mit dem Ausschalten jeglichen Risikos? Und inwieweit sind solche Entscheidungen durch die Angst vor Schadenersatzforderungen bestimmt, *falls* einmal etwas schiefgehen *sollte*? Wir gehen auf Nummer sicher und begreifen nicht, auf wessen Kosten das geschieht.

Um mich aufzumuntern gehe ich weiter bis zum westlichen Ende des Chausseewalds, zum Hügel mit den großen Buchen. Ich werde Bucheckern suchen. Zwei Jahre hintereinander gab es eine reiche Eichen- und Buchenmast, sogar meine kleine Eiche machte im zweiten Jahr gut mit, doch im letzten Herbst habe ich kaum Eicheln oder Eckern gesehen. Ich suche den Boden ab und finde vor allem aufgeplatzte leere Stachelhülsen, dann eine mit noch einer einzigen Nuss darin, ich drücke auf die kleine, dreikantige, rotbraun glänzende Form, meine Finger wissen noch, wie es geht, ich habe es als Kind immer gemacht, wenn ich aus der Schule kam und bei der Kirche an dem kleinen Graben mit dem Raseneisenerz entlanglief. Dort standen hohe Buchen, und die hatten kleine Eckern, manchmal steckten sie noch zu zweit in der stacheligen Hülse, manchmal waren sie schon herausgefallen. Wenn man an einer Seite den Fingernagel in so eine Nuss drückte, konnte man die Schale abpulen. Lecker, ich konnte die Eichhörnchen schon verstehen.

Jetzt drücke ich auf diese eine Buchecker und merke sofort, dass der Inhalt vertrocknet ist: zwei leere Hülsen für eine einzige kleine Nuss, und damit ist der Waldboden übersät.

11

Wie ich von einem
Waschbären überlistet wurde

Die Waschbärfalle steht wieder im Obstgarten. Im Frühjahr habe ich kurz vor Toresschluss *ein* Exemplar gefangen. Bevor die Bären sich in den Winterschlaf begeben, will ich noch ein paar von ihnen erbeuten. Jetzt eignen sie sich am besten für den Kochtopf, sie haben sich rund und fett gefressen, um durch den Winter zu kommen.

Ich hatte erwartet, dass nach zwei oder drei Nächten einer in der Falle sitzen würde, aber nichts. Auf den Bildern meiner Wildkamera sehe ich auch keine. Nach einer Woche: immer noch nichts. Insgeheim bin ich erleichtert.

Da ich mich frage, warum ich so davor zurückschrecke, lese ich erneut meine Notizen vom Herbst letzten Jahres, als ich meinen ersten Waschbären fing. Ich hatte meinen Jagdschein inzwischen sechs Jahre, aber in all der Zeit hatte ich mich vor der Bekämpfung der Waschbären gedrückt, und das, obwohl ich mir vorgenommen hatte, ihre ungezügelte Vermehrung einzudämmen. Als gefräßige Omnivoren trachten sie bedrohten Tierarten nach dem Leben und haben außer dem Menschen keine natürlichen Feinde. Doch wenn ich in der Kanzel saß und einen laufen sah, griff ich nicht zum Gewehr, sondern beobachtete den kleinen Bären mit Interesse.

Ein Tier abzuschießen und es achtlos zurückzulassen, wie es bei der Bekämpfung von Raubwild mit dem Gewehr üblich ist, dazu konnte ich mich nicht durchringen. Vielleicht würde ich im nächsten Winter ein paar schießen, sagte ich mir, dann könnte ich ihr schönes dichtes Fell zum Gerber bringen. Oder besser noch: Ich würde sie in einer Kastenfalle fangen, dann würde das Fell unbeschädigt bleiben.

Um mir selbst die Pistole auf die Brust zu setzen, habe ich im letzten Sommer zusammen mit Boom eine Falle aus Schalungsplatten gebaut, die den strengsten Tierschutznormen entspricht, oder weniger scheinheilig formuliert: mit der ich dem Tier so wenig Leid wie möglich zufügen würde.

Schlagfallen im Freien sind schon seit dem Vormarsch der Waschbären in Deutschland verboten. Die kleinen Bären fischen den Köder mit ihren Tatzen aus dem Eisen, so dass ihnen der Bügel nicht das Genick bricht, sondern ihre Vorderbeine einquetscht, was ein qualvolles Ende bedeutet. Manchmal nagen sie, um sich zu befreien, das eigene Bein durch. Daher dürfen sie nur noch lebend gefangen werden. Doch auch Käfige sind fragwürdig, weil sich die Bären regelmäßig ihre Schnauze daran blutig beißen und sich an den Tatzen verletzen. Eine Kastenfalle verhindert das, aber sie muss von innen spiegelglatt sein.

Trotzdem zögerte ich. Erst als ich entdeckt hatte, dass man Waschbären essen kann, stellte ich die Falle im Obstgarten auf. Als Köder spießte ich eine Backpflaume auf den Haken an der Rückwand, eigentlich hätte ich noch Nutella darauf schmieren müssen, aber es ginge auch ohne, meinte ich, das Zeug war mir schon als Kind zuwider.

Von dem Tag an, als ich den Klappmechanismus scharf gestellt hatte, fuhr ich jeden Morgen erschrocken aus dem Schlaf hoch: Die Falle, ich musste sie kontrollieren. Unwillig ging ich in den Obstgarten und versuchte schon von Weitem zu erkennen, ob die Luke noch geöffnet war. Sie war auf und blieb es, Tag um Tag. Ich seufzte erleichtert auf, und zugleich kam ich mir vor wie ein Trottel. Auf den Bildern der Wildkamera sah ich zweimal einen Waschbären vorbeikommen. Der Platz lag auf seiner Strecke. Roch er die Pflaume nicht? Machte ich insgeheim etwas falsch? Ich kaufte ein Glas Nutella und schmierte die Backpflaume großzügig damit ein.

Und dann ist es Sonntagmorgen.

Ich gehe zum Obstgarten und sehe am Bauernhaus ein Auto stehen. Ah, die Töpferin aus Berlin ist gekommen, sie bewohnt im Sommer hin und wieder eine der beiden Wohnungen des Hauses, und seitdem ich jage, geht sie mir wegen meines schlechten Karmas aus dem Weg. Ich hätte die Falle hinter dem Kuhstall und nicht im Obstgarten aufstellen sollen, den sie von ihrer Küche aus überblicken kann. Im nächsten Moment sehe ich, dass die Luke zu ist. Nein, das kann nicht sein, bitte nicht, nicht jetzt. Sie ist sicher zugefallen, weil etwas dagegen gestoßen ist, und nicht, weil ein Waschbär an dem Haken mit der Backpflaume gezogen hat. Zitternd hebe ich den Deckel von der Falle. Durch den Maschendraht darunter sehe ich die kleine spitze Schnauze eines Tiers, das mich mit dunklen Perlenäuglein in seinem maskierten Gesicht anschaut. Die Vögel zwitschern, trotzdem ist es totenstill, mein Herz schlägt mir bis zum Hals. Spähend schaue ich mich um. Ich brauche nur die Luke hochzuziehen. Dann ist nichts geschehen.

Schnell lege ich den Deckel zurück und sehe noch gerade die schwarze Gestalt der Töpferin ums Haus davonflitzen. Hat sie mich gesehen? Weiß sie, was ich da mache?

Zum Glück ist Boom da. Rasch gehe ich in den Stall: Soll ich ihn freilassen? Boom sagt nichts, oder vielmehr, dass ich es entscheiden müsse, ich muss den Abzug drücken, nicht er. Ich werde den Jagdpächter informieren, dass ich einen Waschbären gefangen habe, sage ich, um mir selbst den Weg abzuschneiden. Man soll das Fell des Bären nicht verteilen, bevor man ihn erlegt hat, antwortet Boom trocken. Und schweigt.

Das Fell des Bärchens, denke ich, und meine Hände schwitzen. Laut grüble ich weiter: Das Bärchen freizulassen würde ihm lediglich eine Galgenfrist verschaffen. Als ich das Wort ausspreche, habe ich sehr lebhaft die Szene einer Hinrichtung vor Augen. Nein, denke ich, und verdränge sie sofort. Übrigens könnte es für diesen Waschbären immer noch heißen: Aufgeschoben ist aufgehoben, wie man in Holland sagt. Obwohl erfahrene Waschbärenfänger behaupten, Waschbären tappen immer wieder in die Falle, da sie dermaßen gefräßig sind, dass sie nicht aus ihren Fehlern lernen, kann es immer Waschbären geben, die dem betörenden Nutella-Geruch vielleicht doch widerstehen, weil er Schlimmes bedeutet: Eingesperrtsein. Denn dass ich die Falle wieder aufstellen werde, weiß ich auch.

Der große Braunbär aus der Kindergeschichte kommt mir in den Sinn. Mal um Mal steckt er seine Tatze in den Bienenkorb, weil der Geruch von Honig ihm die Sinne raubt. Plötzlich erkenne ich, dass der kleine Waschbär ein echter Bär ist, verwandt mit dem großen, gierigen braunen Süßmaul, das sich mit seinen Tatzen die Götterspeise ins Maul stopft. Nur dass der Waschbär kein Maul, sondern ein Schnäuzchen hat. Und auch wenn er vor lauter Begierde den Verstand verliert: Manchmal «wäscht» er seine Nahrung sogar, bevor er sie frisst. Lange hat man geglaubt, dass er beispielsweise aus Fröschen oder Schnecken erst einmal das Gift herausspült, heute wird es eher als eine Leerlaufhandlung betrachtet, die aber auch nicht gerade auf Fressgier hinweist.

Es sind blitzartige Gedanken, ich muss mich jetzt entscheiden, ich kann das Tier nicht länger eingesperrt lassen. Ich weiß genau, dass ich doch eines Tages einen Waschbären in der Falle erschießen werde, also warum nicht jetzt? Kein Aufschub mehr. Ich habe Jahre darüber nachgedacht, es mir Mal um Mal vorgestellt, ich muss aufhören, mein wehleidiges Ich zu nähren. Ich wiederhole es mir noch ein letztes Mal: Du willst seine Beutetiere, kleine Vögel, junge Hasen und Frösche, schützen, ein Waschbärfell erbeuten und herausfinden, ob dir sein Fleisch schmeckt. Auch deine Vernunft fordert ihr Recht: Es gibt einfach zu viele Waschbären. Und warum redest du jetzt mit einem Mal in der zweiten Person Singular mit dir selbst? Weil du plötzlich jemand anderer bist, der überzeugt werden muss?

Wir laden die Falle behutsam in die Schubkarre und bringen sie auf die Südwiese. Halt, sage ich, in meiner Rolle als Scharfrichterin.

Ich hole mein Kleinkalibergewehr aus dem Waffenschrank und schiebe das Magazin mit den zehn kleinen Patronen ein. Klick. Ich hebe den Deckel von der Falle, der kleine Bär liegt zusammengerollt in einer Ecke, als ob er schon ein behaglicher Muff wäre, den Kopf, den Schwanz und die Beine unter seinem bauschigen Körper. So liegt er auch im

Winterschlaf da, denke ich, so hält er sich warm, und so fleht er jetzt: Beachtet mich einfach gar nicht, ich bin nicht da, wirklich nicht. Gerührt tritt Boom einen Schritt zurück.

Ich hebe einen Ast vom Boden auf und stecke ihn durch den Maschendraht, pikse damit sanft in das Fell des Waschbären. Er schießt hoch, faucht, zischt, kreischt, schürzt die Lippen, bleckt die Zähne. Boom nimmt Kampfhaltung an und schnauzt das Tier an: Was denn, du! Schlagartig ist alles still, alles erlahmt. Dumpf vor Angst wartet der Bär ab.

Boom muss den Stock durch den Draht stecken und den kleinen Bären ablenken, damit ich ihm rasch einen Genickschuss geben kann. Ich verhalte mich ruhig, lenke so wenig wie möglich Aufmerksamkeit auf mich. Als der Waschbär einen Moment stillsteht, richte ich den Lauf auf ihn und betätige den Abzug. Puff, ein dumpfer, leichter Knall. Ein Zittern durchfährt den Waschbärenkörper, er bricht zusammen, die Beine zucken. Weg ist er. Erst ist da Leben, dann ist da kein Leben. Ich kenne keine Metamorphose, die mit solch minimalen Unterschieden so total ist wie die vom Leben zum Tod.

Jetzt, wo ich den Bericht von vor einem Jahr lese, schlägt mein Herz erneut wie wild. Im letzten Frühjahr, als ich meinen zweiten Waschbären fing, war es nicht wirklich anders gewesen, trotz meiner Entschlossenheit, es zur Routine werden zu lassen. Ich tat, was ich tun musste, fing ihn, tötete ihn und steckte ihn in die Gefriertruhe. Weil schon bald junge Waschbären geboren werden würden, stellte ich die Falle danach bis zum Herbst ins Haus. Erleichtert, aber ich fand auch, dass ich abtrünnig geworden war, ich hatte nicht wirklich mein Bestes gegeben, um die Waschbären in meinem Biotop zurückzudrängen.

Es ließ mich nicht los. Wie oft habe ich mir nicht schon gesagt, dass Waschbären seit 2016 auf der EU-Liste invasiver Exoten stehen, weil sie, ein Dreivierteljahrhundert nachdem sie illegal aus Amerika nach Deutschland gebracht worden sind, eine Bedrohung für einheimische Tierarten und damit für die Biodiversität darstellen?

In Amerika haben sie Rotluchse und Pumas zu fürchten, die sie bis in die Bäume hinauf verfolgen. Auch Coyoten und Wölfe mögen gern einmal einen jungen Waschbären, wenn er ihnen über den Weg läuft. In Europa haben die Waschbären nur Autofahrer und Jäger zum Feind.

Auch die nicht enden wollende Diskussion, ob die Jagd nun hilfreich sei oder nicht, verfolgte ich weiter. Eines Tages schnitt ich das Thema gegenüber dem Ranger eines Naturparks an. Es habe keinen Sinn, Waschbären zu bekämpfen, sagte er, mehr noch, Studien zeigten, dass sie sich dadurch sogar beschleunigt fortpflanzten. Diese Studie sei mir bekannt, antwortete ich, aber ich hätte im Internet auch einen Bericht über ein Experiment hier in der Gegend gefunden: Vor fast zehn Jahren hatte man in einem Renaturierungsgebiet, in dem die nahezu ausgestorbene Europäische Sumpfschildkröte ausgesetzt worden war, Waschbärfallen aufgestellt. Auch andere bedrohte Tierarten hatten sich in diesem neuen Ökosystem angesiedelt, von Wasservögeln bis hin zu Salamandern, Fröschen und Kröten – außerdem Waschbären und Marderhunde, die, wie sich herausstellte, verrückt nach der einheimischen Sumpfschildkröte waren. Deshalb wurde die Fallenjagd aufgenommen: In einem Zeitraum von vier Jahren waren mit vier Fallen mehr als hundertfünfzig Waschbären gefangen worden. Es war ein Erfolg: Den meisten bedrohten Arten ging es erheblich besser, so konnten einzelne fast verschwundene Wasservogelarten ihre Brut endlich wieder erfolgreich aufziehen, aber für die Sumpfschildkröte reichte das immer noch nicht aus. Also zog man zusätzlich einen Elektrozaun, «zur völligen Ausgrenzung der landgebundenen Prädatoren».

Der Ranger nickte, um den Sumpfschildkröten eine Chance zu geben, habe man die Waschbären schon bekämpfen müssen.

Es hatte also etwas genützt, ließ ich nicht locker, auch wenn es nicht genug war.

Ja, nickte er wieder, aber normalerweise halte er es nicht für erforderlich, kleines Raubwild zu bekämpfen. Zu diesem Schluss sei er gekommen, als er mal auf der Jagd Marderhunde mit Räude gesehen habe:

Wenn sie zu viele würden, stürben sie von selbst an Grabmilben. Da brauche man als Mensch überhaupt nicht einzugreifen.

Diese Wendung hatte ich nicht kommen sehen. Das heißt ja mal, konsequent der Natur folgen, dachte ich anfangs. Doch als ich zu Hause war, kamen mir schon wieder Zweifel.

Ich versuchte, Ordnung in das Ganze zu bringen. Wenn es nach Naturschutzorganisationen geht, dürfen Waschbären sich in der gesamten Gegend wie die Karnickel vermehren, bis ihnen irgendeine Krankheit zum Verhängnis wird. Andererseits wird in einem kleinen Renaturierungsgebiet ein nicht mehr überlebensfähiges Reptil erfolgreich gegen dieselben Waschbären geschützt.

Man muss kein Prophet sein, um zu ahnen, dass der Schutz der Sumpfschildkröten nicht wesentlich zur Stärkung des Ökosystems beiträgt, denn sobald man das Gebiet wieder seinem Schicksal überlässt, fressen die Waschbären aus angrenzenden Gebieten die Schildkröten gleich wieder auf.

Dennoch ist das Experiment interessant, aber nicht wegen der Europäischen Sumpfschildkröte. Arten kommen und gehen, auch ohne Klimawandel. Es ist der Nebeneffekt, der ökologisch von Bedeutung ist: dass in der Schildkrötenoase viele bedrohte Tierarten überleben, wenn der Waschbär bekämpft wird. Arten, die zusammen das Ökosystem bilden. Und das sind meist nicht die sicht- und «streichelbarsten», schönsten oder nettesten. Aber was spielt das für eine Rolle? Die Artenvielfalt ist nicht dazu da, uns zu gefallen, sie ist unentbehrlich, um widerstandsfähige Ökosysteme zu erhalten, und somit für unser Überleben.

Waschbären bekämpfen oder nicht: Die ganze Diskussion zeigt, dass unser Handeln von Inkonsequenzen durchzogen ist und all unsere Regelungen und Gesetze, alle Argumente in unseren Köpfen nichts daran ändern können. Wir bewegen uns auf verschlungenen Pfaden und verschleiern, dass wir nur zur Hälfte wissen, was wir tun und warum wir es tun.

Ich habe nie einzig und allein aus Gründen der Schadensbekämpfung einen Fuchs oder einen Waschbären getötet. Nicht dass ich stolz darauf wäre, ich bin einfach zu unentschlossen. Mich lähmt es, wenn ich entscheiden soll, dass der Waschbär für das Allgemeinwohl sterben soll, auch wenn ich persönlich kein Problem mit ihm habe. Das ist Töten aus der Überzeugung heraus, dass man moralisch gesehen das Gute tut, dass man den Überblick hat, man – also doch wieder – die Krone der Schöpfung ist.

Ein Tier zu töten fällt mir weniger schwer, wenn mir meine Beute als Nahrung dient, wenn sie mir schmeckt. Da bin ich nicht viel anders als andere Tiere: Ich will mich ihrer bemächtigen. Was mich jedoch von anderen Prädatoren unterscheidet, ist meine innere Checkliste: Gibt es Tiere aus dieser Art im Überfluss? Kann ich das Tier töten, ohne ihm unnötig Leid zuzufügen? Und ist es erlaubt, das Tier zu diesem Zeitpunkt und an diesem Ort zu erlegen?

Doch das hilft alles nichts beim Töten eines Tiers in der Falle, bei der Hinrichtung. Davor scheue ich immer wieder zurück. Nicht, weil ich es per se für verwerflich halte. Es gelingt mir einfach noch nicht, meinen Widerwillen dagegen zu überwinden. Es wäre viel einfacher, Waschbären zu fangen und das Töten anderen zu überlassen, aber das will ich nicht. Ich mache es selbst, oder ich fange keine Waschbären mehr.

In den ersten Wochen erwischt die Wildkamera nur Rehe, Damwild und eine Katze bei der Waschbärfalle. Erst Anfang Oktober taucht wieder ein Waschbär auf. Dann ist eines Tages die Pflaume mit dem Nutella verschwunden, obwohl die Luke noch offen steht. Ich teste den Mechanismus, er funktioniert. Fast jede Nacht streicht jetzt eine graue Katze um die Falle herum, manchmal sitzt sie zusammengekauert neben dem Eingang und wartet. Mir schwant, dass sich vielleicht Mäuse an die Falle heranmachen. Ich habe zwar keine einzige Aufnahme von einer Maus, aber wahrscheinlich sind sie für die Wildkamera am Baum zu schnell und klein.

Eines Morgens ist die Falle dann doch zu. Mir bleibt keine Wahl, mit angehaltenem Atem hebe ich den Deckel hoch und erwarte, einem ängstlichen Waschbären in die Augen zu sehen. Doch nichts.

Wie ist das möglich? Die Pflaume ist weg. Ich stochere noch mit einem Stöckchen durch den Maschendraht zwischen den Blättern und Zweigen herum, die ich auf den Boden ausgelegt hatte, aber es rennt nichts weg, keine Maus, nichts Kleines, die Falle ist leer. Auf den Bildern meiner Wildkamera sehe ich auch nicht, was passiert ist. Das kann nur bedeuten, dass zunächst die Backpflaume weggeholt wurde und erst später die Luke zugefallen ist. Hat vielleicht ein kleines Tier tagsüber, als die Wildkamera ausgeschaltet war, die Pflaume verputzt, ohne dabei am Haken zu ziehen? Und ist die Falle anschließend von außen ausgelöst worden? Hatte der Waschbär vielleicht doch seine Hand im Spiel und mich überlistet?

Ein paar Tage später ist die Falle morgens wieder zu, ich denke an die Mäuse und öffne die Abdeckung schon etwas weniger angespannt. Sieh an, wieder leer. Als ich mir im Haus die Aufnahmen anschaue, sehe ich endlich einen dicken Waschbären direkt auf die Falle zulaufen. Beim nächsten Bild steht die Luke eine Handbreit offen. In der Öffnung ist etwas Fellartiges zu erkennen, gräulich und weiß, und etwas Schwarzglänzendes, wie eine Clownsnase, sowie zwei kleine dunkle Flecken, bei denen es sich um Augen handeln könnte. Und dann – ungläubig zoome ich heran und wieder heraus – erkenne ich eine kleine Tatze am unteren Rand der Luke: Es ist ein Waschbär, der die Luke anhebt!

Aber wie hat er sie zu fassen bekommen? Der Rand fällt geradewegs in eine Rille in der Bodenplatte. Es muss etwas dazwischengesteckt haben, als die Luke zufiel, ein Zweig oder vielleicht sogar sein Schwanz. Ich vergleiche die Zeiten auf den Aufnahmen. Wenn man annimmt, dass der Waschbär nach der ersten Aufnahme gleich in die Falle gelaufen ist, hat er eine Viertelstunde gebraucht, um sich zu befreien. «Hut ab!», murmele ich.

Im nächsten Augenblick laufe ich nach draußen, um nach Spuren der Flucht zu suchen. Still, was höre ich? Ein röhrender Damhirsch im Osten. Die Brunft setzt endlich ein. Bis jetzt war es zu warm, ein Damhirsch benötigt Kälte für seine Testosteronproduktion. Meine Inspektion der Falle muss warten. Ich höre den Nachhall des sehnsuchtsvoll rülpsenden Rufs näher kommen und greife zum Smartphone, ich nehme immer öfter Tiergeräusche auf. Natürlich schweigt der Hirsch jetzt. Dich kriege ich schon noch, murmele ich.

Zurück zur Falle. Sie ist voller Haare und Dreckspritzer. Blut sehe ich nirgends, auch dort nicht, wo der Waschbär mit der Tatze unter die Luke gegriffen hat. Offenbar hat er sich nicht verletzt. Es riecht nach Tier, ein strenger Geruch, der mich an ein ausgewachsenes männliches Tier denken lässt. Auf dem Boden sind ein paar Schleif- und Kratzspuren, aber es ist nichts kaputt. Ich schlendere noch ein wenig um die Falle herum, finde mich dann mit dem Verlust ab, mache sie sauber, lege frisches Laub hinein und stelle sie scharf. Jetzt heißt es abwarten, was in dem Waschbären die Oberhand gewinnt. Dennoch hoffe ich, dass seine Fressgier siegt, denn er hat ein schönes Fell und sieht appetitlich aus.

Zwei Nächte später läuft er wieder an der Falle vorbei, auch in der folgenden Nacht, und in der Nacht darauf ist er sogar mit dem Zweig beschäftigt, mit dem ich die Backpflaume noch einmal extra dick mit Nutella bestrichen habe und den ich als Lockmittel neben der Falle zurückgelassen habe. Auf einer der Aufnahmen reckt er seine Schnauze zur Öffnung der Falle hin, als könne er dem süßen Geruch kaum widerstehen. Nicht, dass ich meinen Dickmops wiedererkenne, alle Waschbären werden jetzt wohl dick sein, trotzdem ist er es, beschließe ich, warum sollte er sonst nicht in die Falle laufen, sondern nur vorbeikommen, um ein bisschen zu riechen und den Zweig abzulecken. Offenbar hat er doch mehr Selbstbeherrschung, als Waschbären in der Regel zugeschrieben wird.

Auf der nächsten Aufnahme ist die Falle wieder zu, und ein Tier rennt, wie ein verschwommener Streif, aus dem Bild, wieder der Waschbär? Oder die graue Katze, die Mäusen auflauert?

Als die Falle eines Morgens wieder zu ist, glaube ich schon nicht mehr daran, dass etwas drinsteckt. Ich hebe den Deckel an, nichts, dann erst bemerke ich rechts in der Ecke schräg unter der Konservendose eine klitzekleine Waldmaus, hellbraun mit großen Ohren. Hast du etwa an dem Haken gezogen? frage ich drohend. Sie zittert. Ich schiebe die Luke hoch, doch die Maus bleibt ängstlich sitzen. Hopp!, sage ich und halte die Falle schräg, noch schräger, bis sie mitsamt den Herbstblättern hinausrutscht und sich schneller, als ich hinschauen kann, aus dem Staub macht.

Es wird zu einer absurden Routine: Ich stelle die Waschbärfalle auf, befreie fast jeden Morgen eine Maus daraus und stelle die Falle wieder scharf. Auf den Bildern der Wildkamera sehe ich oft einen Waschbären vorbeilaufen, herumschnüffeln und weitergehen.

Haben die Wildschweine darauf spekuliert, haben sie beim Waldsumpf auf ihre Chance gewartet, das Reich für sich allein zu haben? Eine einzige Nacht war ich weg, zum ersten Mal seit Monaten war das Grundstück *eine* Nacht ohne einen Menschen, und gleich war zum Schweineball aufgerufen worden.

Gedankenverloren ging ich nach der Rückkehr in den Obstgarten, um die Wildkamera zu holen, voller Neugier auf den Waschbären, und da stehe ich, betroffen von der Verwüstung. Nicht schon wieder! Unwillkürlich muss ich lachen. Drecksbande!

Was hatten sie hier eigentlich zu suchen? Die Grasmatte ist bereits seit Monaten ausgetrocknet, es ist kaum Obst von den Bäumen gefallen, die Eisheiligen haben damit schon im Mai kurzen Prozess gemacht, viele fette Larven finden sich darin also auch nicht. Sollen sie doch in den Maisfeldern weiter hinten bleiben, anstatt unseren idyllischen Obstgarten auf den Kopf zu stellen. *Not in my backyard!*

Ich kapiere wieder einmal gar nichts: Wildschweine, die nach Larven suchen, die es nicht gibt, obwohl sie überhaupt kein tierisches Eiweiß benötigen, um damit die Gerbsäure in den Eicheln, die sie fressen, zu kompensieren, denn in diesem Jahr gibt es auch keine Eicheln. Zumindest nicht hier, im Wald ein Stück weiter schon, vielleicht kommt das auch durch die Eisheiligen, die sich lokal sehr unterschiedlich benehmen können, jedenfalls hier in dieser Endmoränenlandschaft.

Aufsässig werde ich davon. All die Erklärungen bieten mir einen kleinen Einblick in die endlosen Ketten von Ursache und Wirkung, die sich regelmäßig selbst in den Schwanz beißen. Ich lerne daraus weniger über das, was hier vor Ort nun genau passiert ist, als über die unendliche Komplexität von Ökosystemen. Aber das macht nichts, es zeigt mir meinen Platz. Hier ein Sommerschauer, dort ein Platzregen, der alles wegspült, oder umgekehrt. Das hängt von kleinen Unterschieden bei der Temperatur, der Trockenheit, dem Wind und der Bodenbeschaffenheit ab, Unterschieden zwischen den Arten und sogar zwischen dem einen Baum und dem daneben. Minimale Eigenarten dieses einen Ökosystems können den Unterschied ausmachen.

Jedenfalls lässt es sich im Obstgarten besser wühlen als in der harten Erde auf den Wiesen. Und die Wildschweine haben hier rundum auch noch Deckung, außerdem könnten sie wissen, dass hier nicht auf sie geschossen wird.

Ich laufe unten an der Salzwiese entlang und sehe, dass sie den Nordhang der hohen Wiese ebenfalls umgewühlt haben – so lösen sich meine Erklärungen wieder einmal in nichts auf.

Ich schnalle die Wildkamera vom Baum ab. Im Haus werfe ich meine Sachen in die Ecke und lade die Fotos auf den Computer: Das erste Wildschwein kam schon um Viertel nach zehn abends von links ins Bild gelaufen, ungefähr drei Meter vom Baum mit der Kamera entfernt, kurze Zeit später wühlten gleich zwei die Grassoden um. Eine Stunde und zehn Aufnahmen später lagen überall im hohen, grauen Gras Haufen schwarzer Erde. Wie groß die Rotte war, weiß ich nicht, die Kamera erfasst nur ein kleines Stück des Obstgartens, außerhalb des Bildes hat wahrscheinlich der Rest der Rotte gehaust.

Eigentlich sind mir die Wühlstellen ziemlich egal geworden, ich bin nicht mehr wie noch im letzten Frühling entsetzt darüber. Ich bringe die Stellen wieder ein bisschen in Ordnung, manchmal auch nicht, und bin vor allem neugierig, was daraus entstehen wird. Für die Gesundheit des Bodens und damit auch für die Biodiversität ist es ein Segen, wenn die

Erdkruste hin und wieder aufgewühlt wird. Das bedeutet Luft, Raum, neue Chancen, und es bedeutet Nährstoffe für Samen, Sämlinge, Bodentiere und Insekten. Als Ökosystem gedeiht ein Garten erst dann, wenn es sich nicht um einen kurzgemähten Rasen mit Beeten voller einjähriger Pflanzen aus dem Gartencenter handelt, eine Wiese, wenn sie nicht industriell eingesät, ausgelaugt und gedüngt wird, und auch ein Wald lebt auf, wenn in ihm bisweilen ein wenig aufgewühlte Unordnung geschaffen wird. Andere Lebewesen interessiert es nicht, welche Vorstellungen wir von der Natur und einer Landschaft haben.

Spätherbst

12.

Ist es der Buchdrucker,
der den Wald verdirbt?

Gegen halb fünf werde ich wach vom Ruf eines röhrenden Hirsches. Das Geräusch kommt aus der Richtung hinter dem Froschteich, der Mond steht in einem Nebelkranz am Himmel und bescheint die Nacht mit sanftem Licht. Ein Tier raschelt zwischen den Giebelbrettern, und von der anderen Seite des Ackers singt ein Waldkauz seine hohlen Töne mit diesem zittrigen Schluss, der so zeitlos klingt, dass es einen wehmütig macht. Die Luft prickelt vom ersten Frost, ich rolle mich noch einmal zusammen und nicke wieder ein, bis ich bei Sonnenaufgang abermals einen Hirsch höre, jetzt auf der hohen Wiese.

Kurz darauf stehe ich im Freien, bei der kleinen Kastanienallee röhrt ein Hirsch, im Grenzwald ein zweiter. Die Brunft kommt in Gang. Ich steige in die Kanzel. Bei der vollen jungen Eiche unten am Waldrand läuft ein Damspießer, unruhig, ein Halbwüchsiger, überwältigt vom Testosteron. Plötzlich macht er unsichere Sprungfedersprünge, die so typisch für Damwild sind, dann verschwindet er in den Obstgarten, während ein Fuchs vor ihm davonstiebt. Auf der Salzwiese beugt ein Kranichvogelpaar die langen Hälse zum Gras hinunter, über mir fliegen Gänseformationen schnatternd Richtung Süden.

Während der Brunft ist viel Damwild zu sehen. Sein Gemüt ist derart in Aufruhr, dass es vergisst, vorsichtig zu sein. Der Oberhirsch der Gegend besetzt den Hauptbrunftplatz im nördlich gelegenen Landesforst und wartet dumpf röhrend auf die Tiere und Schmaltiere. Die unteren Götter streiten um die anderen Stellen.

Ich gehe oft kurz raus, um den Hirschen zu lauschen. Eines Morgens röhrt sich gleich hinter dem Obstgarten einer die Lunge aus dem Leib.

Ich nehme den Weg zur hohen Wiese, um von der Kanzel aus die Salzwiese überblicken zu können, aber der Hirsch hat sich schon wieder unter lautem Rufen davongemacht, in Richtung der Kastanienallee. Dann höre ich ein anderes Geräusch: Links im Chausseewald brummt ein schweres Fahrzeug, kreischt eine Kreissäge und fängt auch noch eine Kettensäge an, langanhaltend zu jaulen, Äste knacken lange und langsam, Holz bricht, etwas geht mit Gewalt kaputt: die Fichten, der Wald, sie haben angefangen!

Das Blut schießt mir durch die Adern, ich rutsche von der Kanzel hinunter, stiefle in Richtung des Krachs, versuche zwischen den Stämmen hindurchzuschauen, etwas von den Maschinen zu sehen, aber sie sind an der Chaussee hinter dem Buchenhügel an der Arbeit, ich gehe dorthin – doch warte: Was dann? Dann stehe ich den Waldarbeitern Aug in Aug gegenüber, nein, das nicht, nicht jetzt, ich könnte in meiner aufgebrachten Verfassung womöglich schroff werden. Die Männer sind Holzfäller, sie machen einfach nur ihre Arbeit.

Ich drehe mich um, eile zurück zur Kanzel und fange an, systematisch den Waldrand von West nach Ost zu fotografieren, etwa sechshundert Meter Luftlinie. Im ersten Teil heben sich vor allem die Buchen auf dem runden Hügel vor dem Himmel ab, hinter dem Waldsumpf ragt das erste Dunkelgrün einer Fichte in den Himmel, dann werden die Fichten zahlreicher und verbergen sich fast hinter einer kleinen Weißpappelreihe, um schließlich in einer dunkelgrünen Wand mit Sträuchern davor auszulaufen, bis hin zum Abzweig, der zu unserem Weiler führt.

Diesen schmalen Streifen mit fast ausschließlich Fichten habe ich immer unbeachtet gelassen, wird mir bewusst – jetzt erst, wo ich zum ersten Mal meine Kamera auf sie richte, bevor sie verschwinden.

Meine Abneigung gegen Nadelwälder rührt von den Sommerferien Mitte der Sechzigerjahre her, als wir durch die endlosen Nadelwälder von *Les Landes* nach Südfrankreich zum Zelten fuhren, wir Kinder gelangweilt auf dem Rücksitz. Seither nannte ich jeden Kiefern- oder Fichtenwald von nennenswertem Umfang missbilligend «Les Landes». Erst später lernte ich, dass Kiefern und Fichten auch nichts dafür können, sie können schön sein, wunderschön sogar, nur nicht, wenn sie in industriellen Anpflanzungen zusammenstehen, dort, wo es dunkel, fast farblos und schimmelig ist – und arm an Arten.

Aber das alles gilt natürlich nicht für den kleinen Streifen und die paar Hänge im Chausseewald, sie tragen im Gegenteil gerade zur Biodiversität bei. Schwarz- und Buntspechte werden von ihnen angelockt, ebenso wie Eichhörnchen und allerlei Insekten, es wachsen Pflanzen, die Schatten und saure Böden lieben, Moose und Pilze. Seit ich Anfang der Nullerjahre für die Zeitung eine Serie über Wälder schrieb, habe ich aufgehört, meine Nase über Nadelbäume zu rümpfen. Nicht jeder Nadelwald ist eine Monokultur, es gibt auch gemischte Nadelwälder, allerdings selten, denn mit ungemischten Nadelforsten wird das meiste Geld verdient.

Mein Blick gleitet wieder über den Waldrand, die Fotos sind nur ein schwaches Hilfsmittel, wird mir klar. Kurz vor Toresschluss versuche ich mir einzuprägen, wie es war, hier zu gehen und zu sitzen, bei dieser Herbstsonne, bei Sturm, Regen, im Winter, während der Hitzewelle des letzten Sommers, als ich nach dem Baden durch den Wald zurückging, im Schatten der Bäume, doch schon wieder staubig und verschwitzt, verfolgt von einer Wolke aggressiver Mücken. Ich muss mir merken, wie es hier früher war, dass es da einen Wald gab, denn plötzlich dringt es zu mir durch, dass es zu meinen Lebzeiten nie wieder ein vollständiger Wald sein wird.

Von dem Waldarbeiter aus dem Weiler, der ein Stück weiter im Landesforst arbeitet, höre ich einen Tag später, dass die Chaussee den Ausschlag gegeben hat. Ein Baum, der krank oder tot ist, muss mindestens zwei Baumlängen von der Durchgangsstraße entfernt stehen, das ist Vorschrift. Und bei den Fichten ist das nicht der Fall, also werden sie jetzt gefällt, bevor Unfälle passieren. Alle Holzfäller machen Überstunden, sagt der Nachbar, man kommt mit dem Fällen nicht hinterher. «Die Leute hier arbeiten außerdem mit einem Holzvollernter, der nur dünne Fichten abholzen kann, alles mit einem Durchmesser von mehr als einem halben Meter müssen sie mit der Kettensäge erledigen.» Daher die beiden verschiedenen Sägegeräusche, wird mir nun klar.

Es ist ein Drama mit der Buchdruckerplage, höre und lese ich. Ganze Wälder gingen verloren, das Forstwesen werde daran zerbrechen. Ich schaue mir Fotos von bayerischen Fichtenbeständen an, in denen sich keine einzige grüne Nadel mehr an den Bäumen findet, alles dürr, tot, Jahre der Forstwirtschaft vergeblich. Hatte man einst einen rentablen Wirtschaftswald und einen blühenden Betrieb, steht man jetzt abgebrannt da, und die Landschaft, die man in seiner Obhut hat, nein, genauer gesagt: die Landschaft, die man bewirtschaftet und ausgebeutet hat, ist verwüstet.

Unverhohlen geben die Wälder zu erkennen, was sie sind: industrielle Äcker voller sterbender Riesenweihnachtsbäume. Ist etwas Apokalyptischeres denkbar? Die Monokulturen richten die Fichten zugrunde, denn die Buchdrucker, die nicht gut fliegen können, gedeihen am besten, wenn die Fichten dicht an dicht beieinander stehen.

Ich stelle mir einen Fichtenwald an einem warmen Tag im April vor. Die männlichen Buchdrucker schwärmen aus und suchen eine gefällte oder sterbende Fichte, sie brauchen nur der Nase nach zu fliegen. Durch die dünne Baumrinde bohren sie ein kleines Loch bis in die weiche und ebenfalls dünne Bastschicht. Dort höhlen sie sich eine Nische aus. Anschließend brauchen sie nur noch Lockstoffe auszuscheiden und sich zu paaren. Auf jedes Männchen kommen ein paar Weibchen, die nach der Befruchtung lange Gänge durch die Bastschicht bohren und dort ihre Eier ablegen. Damit ist auch ihre Aufgabe für die erste Runde erledigt.

Wenn die Larven schlüpfen, fressen sie neue Gänge, quer zu denen des Mutterkäfers. Nach drei Häutungen verpuppen sie sich zum Käfer. Auch in dieser Gestalt fressen sie sich wieder voll, bohren ein Loch durch die Rinde und fliegen der Freiheit entgegen. Na ja, das ist allzu menschlich gedacht, denn sie haben keine Platz- oder Tunnelangst, im Gegenteil, sie machen sich rasch auf die Suche nach der nächsten geschwächten Fichte, bohren wieder ein Loch, höhlen einen Raum für die

Paarung aus und locken die Weibchen an. So wiederholt sich der gesamte Zyklus, nichts Außergewöhnliches für ein Insekt. Es gibt unter günstigen Bedingungen zwei, in den letzten Jahren oft drei Zyklen pro Sommer. Je mehr sich die Erde erwärmt, desto schneller entwickeln sich Buchdrucker vom Ei zum ausgewachsenen Käfer.

Jetzt, wo es in unseren Regionen kaum noch lange Perioden mit strengem Frost gibt, überleben immer mehr Buchdrucker den Winter. Die Käfer produzieren sogar eine Art Frostschutzmittel. Es ist eine perfekte Verbindung: Die Fichten siechen durch das wärmere und trockenere Klima immer mehr dahin, während die Buchdrucker gerade dann in ihrem Element sind. Sie drücken dem Wald ihren Stempel auf, und das auch im wortwörtlichen Sinne: Als Nebeneffekt ihrer Fortpflanzungsweise bleibt auf der Rinde und dem kahlen Stamm eine Art Holzschnitzerei mit einem Muster aus Arabesken zurück. So sind sie auch an ihren Namen gekommen: *Ips typographus*, Buchdrucker, oder auch «Großer Achtzähniger Fichtenborkenkäfer». Vor allem die acht Zähne klingen bedrohlich, und das sind sie auch, denn damit bohren die Buchdrucker ihre Gänge durch die Bastschicht und unterbrechen so den Saftstrom nach unten: Der Baum geht ein.

Später in der Woche laufe ich oberhalb des kleinen Feldwegs zur Chaussee, dort ist der Kahlschlag schon deutlich sichtbar. Zwischen den hohen Buchen steht der kleine Lieferwagen des Forstwirts. Dort liegt bereits ein ordentlicher Stapel entrindeter Baumstämme, ein Stück weiter ein noch größerer Berg aus Ästen. In den Waldweg haben sich tiefe Reifenspuren eingefressen, es riecht aufdringlich nach Harz und Herbst.

Ein rot-weißes Band versperrt den Durchgang. Natürlich darf hier jetzt niemand hinein. Baumfällen geht mit roher Gewalt einher, es erfordert viel Kraft, einen jahrzehntealten Riesen in ein paar Minuten zu Boden zu werfen. Die ersten Hänge sind schon kahl. Ich gehe in einer Schleife zurück Richtung Süden, über den runden Buchenhügel, und hoffe, dass die Männer mich nicht sehen. Sie sind bestimmt nicht besonders erpicht auf Zaungäste. Es hält sie nur von der Arbeit ab, wenn sie braven oder wütenden Bürgern immer wieder erklären müssen, warum alle Gemeinen Fichten weg müssen. Rührst du seinen Wald an, triffst du den Deutschen ins Mark.

Im Buchenwald entdecke ich Parasolpilze oder Gemeine Riesenschirmlinge, hoch auf ihren Stielen, die Hüte noch geschlossen. Wenn sie geöffnet sind, kann man solch einen Hut wie ein großes Schnitzel braten, mein Magen beginnt zu knurren. Ich suche den Hügel ab, aber es ist noch zu früh. Nächstes Mal, nehme ich mir vor, wenn sie dann nicht schon gepflückt, an- oder abgefressen worden sind. Ich bin nicht die Einzige, die auf sie lauert.

Durch die Wallhecke gehe ich über das schlammige Bett des Waldbachs nach oben. Als ich mich unserem Grundstück nähere, sehe ich den Spießer auf der Salzwiese laufen, jetzt mit einem jungen Tier. Sie sind in der Nähe der jaulenden und brüllenden Sägemaschinen, ich traue meinen Augen nicht. Und hinter dem schräg über die Salzwiese laufenden Graben äsen Rehe, ich zähle gleich acht, als wären sie taub, so viele sehe ich normalerweise nur im tiefsten Winter beieinander stehen. Es wird der Lärm sein, grinse ich spottend und denke sofort: Vielleicht stimmt das sogar. Sie nehmen ihn nicht mehr als Gefahr wahr, im Gegenteil, die Waldarbeit sorgt für Deckung: Kein Jäger setzt sich dort mit seinem Gewehr hin.

Früh am Morgen röhrt wieder ein Hirsch, am Nachhall höre ich, dass er im Chausseewald sein muss. Während dort gefällt wird? Habe ich es auch richtig gehört? In der Regentonne liegt eine dünne Schicht Eis. Die Brunft wird jetzt voll einsetzen. Ich gehe zu meinem Beobachtungsposten auf der hohen Wiese. Am kleinen Feldweg hebt sich ein pechschwarzer Streifen frisch aufgebrochener Erde gegen das weiße Land ab, darin tiefe Abdrücke von Wildschweinen. Schnell klettere ich auf die Kanzel. Die Sonne legt einen glitzernden Schleier über die Roggensprossen.

Von dem kleinen Anglersee zieht Kahlwild zum Chausseewald, durch das weiße Tier werde ich schon von Weitem auf das Rudel aufmerksam. Ich verfolge es mit meinem Fernglas. Unglaublich, der Hirsch lockt die

Tiere direkt in das Tohuwabohu des Waldes, neben die Maschinen, es stört ihn nicht, ihm geht es um den Brunftplatz. Hier ist er der Platzhirsch, es ist seine Domäne. Die Tiere und Schmaltiere, die hierher kommen, gehören ihm. Er lebt sich aus, bis die Waldarbeiter eintreffen, seine beste Zeit hat er sowieso am Rand der Nachtstunden. Ich höre ihn hin und her traben, lausche, ob ich schon ein Tier leise miauen höre. Für das Damwild ist der Wald das, was er immer war.

Ich lausche dem Meer aus Kranichlauten im Osten, es ziehen wieder Gänse über mich hinweg, und langsam kommt der Morgenverkehr auf der Chaussee in Gang. Ich warte auf die Holzfäller, will das Damwild flüchten sehen. Die Sonnenstrahlen scheinen bereits warm auf mein Gesicht, die ersten Blätter glimmen auf, endlich ein paar Herbstfarben, bis jetzt gab es nur Dürre. Der Morgen schreitet voran. Kommen die Männer heute nicht? Der Hirsch röhrt noch immer. Über die Salzwiese und den Obstgarten gehe ich nach Hause, dort keine neuen Wildschweinspuren.

An meinem Bildschirm stoße ich auf die «Große Wurmtrocknis», die Ende des achtzehnten Jahrhunderts die Fichtenwälder im Oberharz zerstörte. Die Ursache war ein buchdruckerartiger Borkenkäfer. Auch später tauchte der Buchdrucker wieder auf, nach Stürmen, Krieg und Dürre, doch ein wirksames Bekämpfungsmittel wurde nie gefunden. Vor allem mit Gift- und Duftstoffen ist experimentiert worden, vergeblich. Also wurde «saubere Waldwirtschaft» zur gängigen Praxis, gelegentlich sogar in Form einer Verordnung. Tote und kranke Fichten mussten so schnell wie möglich beseitigt werden. Vor allem in den Monaten, in denen die Buchdrucker ausschwärmen, musste der Wald sauber sein, oder wenigstens musste totes Fichtenholz entrindet gewesen sein, damit nichts den Holzertrag in Gefahr bringen würde. Mittlerweile werden immer mehr Monokulturen in Mischwälder verwandelt.

Es ist typisch menschlich, Unreinheiten zu entfernen, alles muss weg. Gleichzeitig ist es ein ziemlich ohnmächtiger Reflex. Wir handeln, als könnten wir unsere Taten überblicken, als wüssten wir, was sie bewirken.

Aber wir haben kaum ein Auge für die langen Zeiträume, wir können nicht einmal in die nahe Zukunft blicken. Unser Wissen ist immer vorläufig, das könnte uns bescheidener machen. Denn was ist Schaden? Und aus wessen Sicht? Muss der Urheber jeglicher Plage ausgerottet werden? Ist der Buchdrucker wirklich zu nichts nütze? Woher wissen wir das?

Ist die Verursachung von Schaden die Eigenschaft eines Organismus, etwa des Buchdruckers? Ist er der «Waldverderber», wie er auch genannt wird, verdirbt *er* den Wald? Er lebt einfach, frisst, pflanzt sich fort und stirbt, genau wie jedes Lebewesen, und manchmal kann er sich, dank eines Glücksfalls, erfolgreich vermehren. Ein ganzer Wald aus dicht an dicht stehenden Fichten ist so ein Glücksfall. Aber Erfolg ist nie ewig, er hält sich nur eine gewisse Zeit, die Erfolgskurve des Buchdruckers umfasst an ein und derselben Stelle etwa einen Zeitraum von sechs Jahren. Nach drei fetten Jahren erreicht sie ihren Höhepunkt, danach geht es für ihn bergab, weil es in seiner Umgebung keine Fichten mehr gibt, es zu nass oder zu kalt wird oder weil sein Erfolg auch seinen Fressfeinden ein Leben im Überfluss ermöglicht. Ein Wald voller Buchdrucker ist ein Schlaraffenland für Spechte.

Saubere Waldwirtschaft ist für die Artenvielfalt ein Fluch. Ein Wald nur aus gesunden Bäumen ist kein Wald, sondern eine Plantage. Ohne menschliches Eingreifen hätte er keinen Bestand. Der Buchdrucker ist nicht der Einzige, der mit einem aufgeräumten Wald nichts anfangen kann, den meisten anderen Organismen geht es genauso. Ohne Totholz bleibt vom Zusammenspiel der Organismen, die von dieser einen Stelle leben, wenig übrig. Der Wald kann sich Veränderungen nicht mehr anpassen.

Einen gesunden Wald bekommt man nur, wenn der Forstwirt versucht, dem Rhythmus des Ökosystems mit seinen eigenen Gesetzen und Launen zu folgen, und sich dem nicht mit rein wirtschaftlichen Zielen vor Augen widersetzt. Der Buchdrucker bringt eine bittere Wahrheit ans Licht: Wer die Ökosysteme nicht ernst nimmt, wird auf Dauer nichts mehr zu ernten haben; außerdem hinterlässt er eine Landschaft, die ihren Reichtum und ihre Schönheit für alle verloren hat.

Als ich eines Morgens zur Kirrung hinter dem Fuchsberg fahre, um Mais für die Schweinejagd zu streuen, habe ich plötzlich die Orientierung verloren. Ich habe keine Ahnung, an welcher Biegung der Chaussee ich mich befinde, und wundere mich darüber, wie steil die Hügel sind. Erst jetzt, wo sie kahl sind, sehe ich, wie bizarr die Erdoberfläche ist, die die letzte Eiszeit hier zurückgelassen hat. Ist das wirklich der Ort, an dem ich erleichtert Luft hole, wenn ich nach einer langen Fahrt von Amsterdam endlich zu Hause bin?

Später am Tag komme ich zu Fuß zurück, gehe direkt an den Leitplanken entlang, um die Landschaft wiederzuerkennen. Von der Straße aus sehe ich zum Holzvollernter unten im Bachtal hinüber, der gerade eine Gruppe langer, dünner Fichten mit schäbigen Kronen fällt. Ich verstecke mich halb hinter einer Linde, damit ich nicht im unmittelbaren Blickfeld der Holzfäller stehe, während ich den Abriss des Waldes fotografiere. Unbehaglich fühle ich mich. Sie könnten denken, dass ich Beweismaterial gegen sie sammle. Ach du, höhnt meine Gegenstimme, glaubst du denn wirklich, dass sie auch nur einen Gedanken an dich verschwenden?

Als der Holzvollernter auf eine Fichte zufährt, fliegt lauthals rufend ein Schwarzspecht heraus und schießt wie ein Pfeil in den Wald auf der anderen Seite. Das Unterholz knackt und bricht unter den breiten Reifen, mit seinem eisernen Griff umklammert der Holzvollernter den Stamm. Ich höre einen leichten, hohen Sägeton, der nicht einmal zehn Sekunden dauert, dann kippt die Fichte um, aber sie fällt nicht zu Boden, sondern bleibt in dem gnadenlosen Griff der Maschine, wird durch sie hindurchgezogen und liegt kurze Zeit später in Form sauber geschnittener Stämme gleicher Länge auf dem Boden. Ihr Leben als Baum ist vorbei. Ach, na ja, denke ich, es geht hier nicht um diesen einen Baum, der war sowieso dem Tode geweiht, es geht um die Zukunft des Waldes.

Zwischen den Hängen und dem runden Buchenhügel fährt eine gelbe Maschine hin und her. Das muss ein Rückezug sein, der die Stämme aus dem Wald holt. Es sind Kraftprotze, habe ich auf Forstwirtschaftsseiten im Internet gelesen, außerdem sehr wendig und stabil.

Ich gehe weiter an den Leitplanken entlang, doch so langsam ich mich auch bewege, ich sehe nicht, wo ich bin, so sehr ich mein Gehirn auch anstrenge, das Bild von vor anderthalb Wochen und das von jetzt wollen einfach nicht zur Deckung kommen. Ich weiß zwar, auf welcher Höhe ich mich befinde, aber ich kann es nicht mit dem Bild in Einklang bringen, das ich im Kopf habe.

Vor mir liegen bizarre kahle Hügel, ein steiles Relief. Entlang der Chaussee ist nur noch ganz wenig Wald stehen geblieben. Gab es hier wirklich so viele Fichten? Wenn ich meine Augen halb schließe, so dass es nicht länger den Anschein hat, als wäre hier gerade eine Panzerkolonne durchgefahren, ist es durchaus schön. Ich sehe die Erdoberfläche, die Wölbungen und Klüfte. Hier und da schwanken junge Laubbäume auf dünnen Stämmen verloren im Raum, nie zuvor haben sie sich aus eigener Kraft behaupten müssen. Zwischen dem Chaos aus Fichtenästen, mitgerissenen Stücken von Laubbäumen und Sägeresten ragen, zart und hellgrün, junge Fichten auf. Ob sie die Trockenheit auf den Hängen und den Fraß des hungrigen Wilds im Winter überleben werden?

Am Waldrand, dort, wo der Waldbach unter der Chaussee durchtaucht, stapeln sich die Holzstämme und Äste zu hohen Wänden auf. Über die tiefen Reifenspuren gehe ich zwischen ihnen hindurch, ein Dreikäsehoch, verirrt zwischen den hohen Häuserfassaden einer Stadt.

So viel gefälltes Holz, unbegreiflich, dass ich nie etwas von den Buchdruckern gemerkt habe. Sie sind mir nicht, wie die fetten Junikäfer auf der Kanzel, um die Ohren geflogen, ich habe sie nicht gehört und nicht gesehen. Zu meiner Schande muss ich gestehen, dass ich nicht einmal eine Erinnerung an abgelöste Rindenstücke oder einen kahlen Stamm mit diesem typischen exotischen Muster habe.

Bei einer Plage denke ich an Heuschrecken aus der Bibel und in Ostafrika oder an die Mücken in einem masurischen Wald, vor denen ich mal in Panik geflüchtet bin, als sie in dichten Schwärmen den Himmel verdüsterten. Aber die Buchdruckerplage vollzog sich im Stillen. Es gab im Chausseewald nichts, was mich beunruhigte. Jedes Mal, wenn ich nach längerer Abwesenheit zurückkam, fand ich ihn wieder in seiner vertrauten Verwahrlosung vor.

Es lag dort viel Totholz in jedem Stadium des Verfalls, voller Pilze, Schwämme und Moos. Die Wildschweine liefen durch den Schlamm. Der Chausseewald war, so klein er auch sein mochte, ein echter Wald. Eine gewisse Vernachlässigung bekam der Natur gut, meinte ich, auch wenn es mir nicht entgangen war, dass er in den letzten Jahren durstiger ausgesehen hatte. Natürlich gab es dort kranke Bäume, einige starben, ein Baum ist eben auch nur ein Baum.

Die ersten Anzeichen für den Befall einer Fichte durch den Buchdrucker, las ich später, sind kleine Haufen Bohrmehl, die an der Rinde kleben, aber das ist nicht leicht zu entdecken. Als ich den Waldarbeiter vor seinem Haus treffe und ihn danach frage, sagt er: «Wir schauen immer nach oben, da sieht man es am besten. Wir suchen nach Schwarz- und Buntspechten, wo die sich aufhalten, sind meist auch Buchdrucker, hoch oben im Baum bei einem kleinen Loch.»

Ich hätte also besser auf die Spechte achten müssen, öfter nach oben schauen sollen. Aber wenn sogar Leute, die täglich im Wald arbeiten, den Käfer nicht sofort entdecken, wie sollte ich dann durch Spechte alarmiert werden?

Erst wenn keine toten oder geschwächten Fichten mehr zu finden sind, erst wenn sie in ihrer Umgebung aufgeräumt haben, fallen die Buchdrucker über gesunde, ausgewachsene Bäume her. Doch die wehren sich heftig mit giftigem, klebrigem Harz.

Das ist dann schade um die Buchdrucker, dachte ich anfangs und sah sie schon als junge Fossile im ausgehärteten Harz stecken. Doch mit dem Gift einer gesunden Fichte kommen sie offenbar zurecht: Sie wandeln es in körpereigene Lockstoffe um. Damit mobilisieren sie andere Buchdrucker für einen massiven Angriff auf diesen Baum, und wenn das gelingt und eine Überpopulation droht, wehren sie weitere Hilfstruppen mit einem anderen Geruch ab, damit diese ihr Heil bei einer neuen Fichte in der Nähe suchen. Die Belagerung durch Buchdrucker kann so heftig sein, dass sie einen ganzen Fichtenwald vernichten, unterstützt durch Pilze, Bakterien und Viren, die sie mit sich tragen.

Der Buchdrucker beginnt mich zu fesseln. Ich bekomme Achtung vor seiner ingeniösen Lebensweise. Er gibt sich nicht so einfach geschlagen, aus Gift macht er Gegengift. Man könnte es Strategie nennen, aber es sind blinde Prozesse, so wie bei uns Menschen. Haben wir uns dafür entschieden, unser Fell abzulegen, unseren Geruch teilweise zu verlieren, unser Gehör, unseren Gesichtssinn? Haben wir uns für unser Sprachvermögen entschieden, unsere Zusammenarbeit, unsere Freundlichkeit und unsere Aggressivität, haben wir uns dafür entschieden, Bewusstsein zu haben, so dass ich das hier schreiben und andere es lesen können, so dass wir uns vor allem fürchten, was uns bedroht, selbst wenn wir körperlich nie damit in Berührung gekommen sind?

Und so wird es weitergehen, wir verändern uns als menschliche Art. Die Evolution geht weiter. Das liegt außerhalb unserer Kontrolle, und das ist keine menschliche Unzulänglichkeit, es ist das, was das Menschsein beinhaltet, wir sind Eintagsfliegen im Prozess der Evolution. Wir sind eins mit der Zeit und der Umgebung, in der wir leben, wir sind eins mit der Natur, die wir sind.

Manchmal habe ich den Verdacht, dass es der Name des Käfers ist, weshalb ich alles über ihn wissen möchte. «Ja», lacht Boom von Amsterdam aus auf meinem Bildschirm, «du bist auch eine Art Buchdrucker.»

«Na hör mal, ich richte zumindest nicht einen so enormen Schaden an wie er», sage ich und weiß gleich, dass ich mich selbst in die Bredouille gebracht habe. «Äh, nun ja, ich allein, als Einzelne, meine ich, denn als Art sind wir natürlich sehr viel schädlicher als diese Käfer.» Boom lässt mich noch ein wenig zappeln, also fahre ich fort: «Das stimmt übrigens nicht, sogar als Individuum bin ich schädlicher, was kann ein einzelner Buchdrucker schon an Schaden anrichten, das ist ja völlig absurd.» Mein Vergleich gerät zu einem einzigen Durcheinander. Warum spreche ich darüber, was ich, ein einzelner Mensch, anrichten kann? Ist es denn so schwer, mich, so wie einen Buchdrucker, als vollkommen unbedeutendes Exemplar einer Art zu sehen?

«Tja», seufze ich, «als Menschen sind wir schädlich, aber wir setzen unsere Erfindungsgabe ein, und das kann manchmal auch zu etwas Gutem führen.» – «Mmm», summt Boom. «So kurzsichtig, wie du oft behauptest, ist der Mensch also doch nicht?» – «Vielleicht hin und wieder nicht, bloß hilft uns das letztlich nicht weiter. Wenn ich in meinem Kopf weiter herauszoome, ist und bleibt der Kurs ungewiss. Jedenfalls bleibt alles menschliche Handeln zusammengenommen blind. Wir laugen den Planeten weiter aus, wir leben weiterhin auf Kosten von Tieren, Pflanzen, künftigen Generationen …». Boom fällt mir ins Wort: «Aber die Erde kriegen wir nun wirklich nicht kaputt, wie stellst du dir das vor: Die Erde kann nur von außen zerstört werden.»

Wahrscheinlich hat er recht. Aber wir können dem menschlichen Leben in kurzer Zeit den Weg abschneiden. Und wir arbeiten kräftig daran, den Menschen als Art zu vernichten, abgesehen vielleicht von den Elon-Muskianern, die glauben, dass sie, wenn es so weit ist, auf dem Mars leben werden. Lieber sie als ich.

Ich weiß längst, dass mein Dasein keine Bedeutung hat, schon seit ich ein Buch über den Tod geschrieben habe. Aber weil ich nun mal da bin, folge ich weiter meinem Streben, ob das nun zu einer Zukunft für den Menschen und das Leben auf der Erde beiträgt oder nicht. Welche Antwort ich auch gebe, es hört sich immer so an, als würde ich meinen Platz nicht kennen. Ich zoome das Bild heran und wieder heraus und nochmals heran und heraus, aber es bleibt diffus. Ich glaube, einen Buchdrucker zu sehen.

Ich habe Hunger, ich möchte ein Schnitzel. Wie konnte ich das nur vergessen: Ich habe schon seit Tagen nicht mehr bei den Parasolpilzen vorbeigeschaut. Es ist der verdammte Buchdrucker, der meine ganze Aufmerksamkeit kostet. Es ist seine Schuld, wenn alle Hüte gepflückt oder angefressen wurden oder schon verfault sind.

Rasch gehe ich zum Buchenhügel und sehe sie dort schon von Weitem stehen. Sie passen gerade noch in meine mittlere Bratpfanne. Ich zögere kurz, dann drehe ich den schönsten Pilz aus dem Boden und trage ihn wie eine Trophäe nach Hause. Ich bestreue die Lamellen mit Salz und Pfeffer, wende den Hut in einem Teller mit gequirltem Ei, wälze ihn in Grieß, gebe Öl und Butter in die Pfanne, lege den Pilz hinein, er zischt und fängt an zu duften. Verschmitzt denke ich daran, was meine bevorzugte Pilz-Seite über ihn schreibt: «Es riecht schwach pilzartig oder spermatisch und schmeckt etwas nussartig.» Ich esse den ganzen Hut auf, zwanzig Zentimeter im Durchmesser, und denke: Du solltest mal ein Buchdrucker sein und immer nur Fichte zu fressen bekommen, oder schlimmer noch: ein Schwarzspecht und dich Tag für Tag, Woche für Woche mit Buchdruckerlarven vollstopfen müssen. Um mich noch feierlicher und privilegierter zu fühlen, hole ich für morgen eine Portion Damwildgulasch aus der Truhe.

Gegen Mitternacht gehe ich noch kurz nach draußen, um der stillen Dunkelheit zu lauschen und dem nächtlichen Röhren der Hirsche, um durch den Obstgarten zu laufen und den Schweinen zuzuzischen, auch wenn sie gar nicht da sind. Im Nordwesten ist es hell, eine künstliche Helligkeit, ich höre es brummen und dröhnen, es sind Fahrzeuge. Im Chausseewald wird noch immer gearbeitet, auch wenn ich keine Sägegeräusche höre. Sollten sie mit ihrem Zeitplan im Rückstand sein? Ich laufe noch eine Weile auf dem kleinen Feldweg hin und her und versuche, mehr zu erkennen, gespenstisch bewegt sich das Licht zwischen den Bäumen, etwas fährt los. Es ist der Rückezug. Ich habe gelesen, dass man ihn häufig rund um die Uhr einsetzt, weil er so teuer ist.

Ich zittere. Das Wetter ist trübe, und es beginnt zu regnen. Der Nachtfrost ist schon wieder gewichen. Wie lange es her ist, dass ich über den Regen geschimpft habe, vielleicht anderthalb Jahre. Es ist nicht mehr angebracht. Ob ich nass werde, ist ganz egal, denn die Erde hat Durst, es verdunstet noch immer mehr Wasser, als es Niederschlag gibt. Übrigens, im Regen zu laufen finde ich immer schöner, als würde auch ich mehr Wasser brauchen, als ich bekomme. Aber nicht jetzt, ich bin müde, mir ist kalt, und ich will in meine Höhle auf dem Heuboden.

Als ich ein paar Tage später mit den wöchentlichen Einkäufen in die kleine Asphaltstraße einbiege, sehe ich, dass nur noch drei Fichten dastehen, drei, die zu dick für den Holzvollernter sind. Der Mann mit der Motorsäge sieht an einem der Stämme nach oben. Es ist vorbei, heute, gleich, wahrscheinlich schon am Nachmittag. Ich packe die Taschen aus, ruhelos. Soll ich zusehen oder nicht? Ich lausche den Geräuschen: Höre ich die Säge? Ja, ich höre es sogar schon knacken. Zögernd laufe ich hinunter zur Salzwiese. Dort stehen jetzt nur noch zwei. Ich mache Fotos vom Waldrand, der bereits keiner mehr ist, direkt vor meiner Nase verlaufen die Leitplanken der Chaussee. Der weiße Rufbus fährt vorbei. Früher – noch vor einer Woche – konnte man die Straße von hier aus nicht sehen, man hörte die Autos auch weniger, noch nie war die Chaussee so nahe.

Würden sie jetzt gleich mit der zweiten Fichte weitermachen? Ich sehe den Mann in Orange den gefällten Stamm mit seiner Motorsäge bearbeiten. Wenn ich jetzt nicht hingehe, wenn ich mich jetzt noch immer nicht traue, mich in Sichtweite der Männer hinzustellen, um zuzusehen, ist es zu spät. Da fällt sie schon, die zweite Fichte. Zögernd gehe ich in Richtung der Chaussee. Der schwarzhaarige Mann, der sonst den Holzvollernter bedient hatte und heute den Traktor mit der Schaufel fährt, läuft auf dem Kahlschlag herum. Ich muss immer den Punkt überwinden, wenn die Leute meinen Akzent hören und mich befremdet ansehen, aber wahrscheinlich haben sie in den letzten Wochen längst mein Auto mit dem gelben Nummernschild gesehen.

Der Mann hat ein freundliches, knorriges Gesicht, das einem morastigen Herbstwald ähnelt. Ich gehe auf ihn zu, er gibt mir die Hand. Und ja, die letzte Fichte wird jetzt auch runtergeholt. Morgen ist der Job erledigt. «Es ist der Borkenkäfer», sagt er ungefragt. «Alles, was an den Straßen steht, muss weg. Aus Sicherheitsgründen.» Ich nicke, was lässt sich auch sagen.

Ich frage, ob ich ein Video davon machen darf. Der Mann nickt und zeigt mir, wo ich stehen kann, er setzt sich auf den Traktor und fährt ihn dicht vor die letzte Fichte, der junge Mann mit der Motorsäge, drahtig und fit, steigt in die Schaufel. Sie fährt ihn nach oben, er schlingt ein Stahlkabel um den Baum und lässt sich wieder absetzen. Der Traktor holpert über die kahlgeschlagene Parzelle bis hinauf zu den Leitplanken. Das Kabel ist nun gestrafft. Der junge Mann wirkt klein neben dem Baum. Mit seiner Säge mäht er den Bewuchs rund um den Stamm ab, schaut sicherheitshalber am Stamm hinauf, sägt knapp über dem Fuß einen Keil, schiebt ihn heraus und setzt anschließend rund um den Stamm einen Schnitt.

Er richtet sich auf, geht ruhig ein paar Meter zur Seite und bleibt stehen, während die Fichte zu fallen beginnt. In dem Moment wird mir erst bewusst, dass der Traktorfahrer das Kabel straff hält, damit der Baum in die richtige Richtung fällt. Dann bricht der Rest des Stammes mit leichtem Knacken, die Fichte fällt mit einem dumpfen Knall auf ihre Äste, man hört ein kurzes Rauschen, als hätte sie Blätter.

Vor etwa siebzig Jahren muss sie hier gepflanzt worden sein, von jemandem, der Erwartungen daran hatte, wie sie sich entwickeln und was sie einbringen würden, sie und die anderen Fichten neben ihr. Siebzig Jahre lang stand sie hier, man sah es ihr nicht an. Man sah ihr ohnehin wenig an, sie existierte nur aus der Ferne, von der anderen Seite der Salzwiese. Von dort überragte sie die Laubbäume mit ihren stolzen, dunkelgrünen Nadelbüscheln. *Zzzzzzzzzzzz* machte die Säge … *buff.* Fünf Sekunden dauerte ihr Fall. Ihre freien Äste schwangen noch kurz hin und her.

Ich bleibe noch eine Weile stehen und sehe zu, wie der Rückezug die Äste und Stämme wegschafft. Mühelos kriecht er die Hänge hinauf und hinunter. Zuerst wirft er alle losen Äste auf seinen Anhänger. Dann hebt er mit dem Greifer zwei kräftige Stämme gleichzeitig hoch. Weil sich die Kabine um dreihundertsechzig Grad drehen lässt, kann der Rückezug in alle Richtungen arbeiten, was ihm einige Rangiermanöver erspart. Atemlos sehe ich ihm zu, es ist als ob er der Schwerkraft trotzt, ein Rieseninsekt, das ununterbrochen und unbeirrbar seine Aufgabe erledigt.

Ich schaue über die Salzwiese, sogar die hohe Wiese dahinter kann ich jetzt von hieraus sehen, die Kanzel hebt sich gegen den trüben Himmel ab. Unser Vorwerk verbirgt sich hinter dem Obstgarten und dem Untergarten mit seinen Laubbäumen, aber drei der vier Häuser im Weiler haben ihren Schutz verloren.

Gegen drei Uhr nachmittags ist es still im Chausseewald. Ich kann mich frei bewegen. Leicht beschämt wegen der dramatischen Stimmung, die ich mir selbst erlaube, gehe ich zum Stumpf der letzten Fichte. Der Keil liegt daneben, ich schaue mich um und verstecke ihn unter ein paar Fichtenästen, für wen, weiß ich nicht, doch plötzlich möchte ich ihn unbedingt als Andenken haben. Wenn ich morgen mit dem Auto vorbeifahre, werde ich ihn mitnehmen.

Von unserem kleinen Weg aus sieht der Chausseewald am traurigsten aus, der Kahlschlag ist total. Was dort jetzt noch an jungen Laubbäumen steht, ist schwach, missgestaltet oder beschädigt. Mit einem Ast stütze ich eine hoch aufgeschossene, staksige kleine Buche ab, die ganz schief steht. Es hat überhaupt keinen Sinn, aber mich überkommt die Neigung, allem, was die Gewalt überlebt hat, eine helfende Hand zu reichen. Solche Hilfe möchte der deutsche WWF nicht, der Teile des Chausseewalds gekauft hat, damit hier eine Waldwildnis entsteht, die einen Puffer zwischen Mürzinsee und der großflächigen Landwirtschaft um ihn herum schafft. Das läuft auf ein Hegen ohne Eingreifen hinaus. Nur hatte man nicht mit der mangelnden Verkehrssicherheit der Bäume gerechnet. Jetzt, wo die Fichten weg sind, wird nicht aufgeforstet werden, und es wird auch keine Einzäunung geben, um die spontan aufsprießenden Bäumchen gegen Wildverbiss zu schützen.

Der hiesige Waldarbeiter regte sich neulich darüber auf. «Nichts ist mehr erlaubt, all das Totholz muss liegen bleiben. Du siehst, was daraus geworden ist, als Wald ist er nichts mehr wert. Und was wächst da demnächst? Blöde Linden», er zeigte auf die Bäume an der Straße, «und Brombeeren, der Boden wird überwuchert von Brombeeren.»

Alles was jetzt hier liegt, denke ich, wird liegen bleiben, es wird sicher eine Weile dauern, bis die Natur wieder ein Gleichgewicht gefunden hat. Die größten Narben stellen die Reifenspuren dar, es sieht wie eine

Panzerschneise aus, die etwa fünf Meter breit ist. Die wüsten Rillen, die die Fahrzeuge in den Boden gegraben haben, sind stellenweise bis zu dreißig Zentimeter tief, mit Rändern aus aufgeworfener Erde. Der Boden muss enorm verdichtet sein, tonnenschwere Gewichte haben darauf gelastet, fast drei Wochen lang.

Noch vor wenigen Wochen schlängelte sich hier ein schmaler Waldweg verborgen zwischen den Bäumen hindurch. Jetzt durchschneidet eine breite Piste den Wald wie eine Chaussee. Für eine sich überlassene Wildnis ist kaum noch Platz. Trotzdem kann ich nicht auf den Frühling und den Sommer warten, darauf, wie er dann aussehen wird, und wie in zwei, fünf oder zehn Jahren. Aber erst muss es noch mehr regnen, schneien und frieren, sonst wird aus dem Ganzen sowieso nichts. Noch immer fließt nur wenig Wasser durch den Bach, die Hänge sind knochentrocken. Nur die Panzerspur ist schlammig, durch die Verdichtung des Bodens bleibt das Regenwasser lange in den Rillen stehen. Das, fällt mir zu meiner Überraschung ein, könnte das Ökosystem auch bereichern.

Erst hinter dem vorderen Hügel, wo der Weg zum Bachtal führt, habe ich wieder das Gefühl, in einem Wald zu sein, einem gemischten Laubwald aus Linden, Weißpappeln, Eichen, Ahornen und Buchen, zum Ende hin immer mehr Buchen. Die große, morsche Eiche ist umgefallen – oder gefällt worden, bevor sie einen Waldarbeiter oder eine Maschine zerquetschen könnte. Aus ihrem Wurzelballen wachsen grünblättrige Schwefelköpfe, die aussehen wie geronnene Lava. Der Baum liegt halb in der schwarzen Schlammpfütze der Wildschweine, es riecht erdig. Der Geruch des aufgerissenen Waldes, Harz, Tannennadeln, frisches Sägemehl und Fäulnis, hängt schwer in der Luft.

Ich klettere auf den Stamm der Eiche und lausche dem Wald. Die Geräusche klingen jetzt, wo das Dach aus Fichtennadeln nicht mehr da ist, weniger gedämpft, das Blätterdach wird auch schon lichter. Ich muss an Ljudmila denken, die leidenschaftliche russische Bioakustikerin. Sie schreibt in ihrem Buch nicht darüber, aber sie hat es sicher gewusst: Neben den Geräuschen von Lebewesen gibt es die von Räumen.

Jeder Wald ist ein Schallkörper, hat seine eigenen Geräusche. Der Chausseewald klingt ohne die Fichten anders. Ich *höre* die Leere, jedes Geräusch erstirbt rasch. Erst jetzt wird mir bewusst, wie vertraut mir die Geräusche der Räume um mich herum sind und wie beängstigend es wäre, wenn es überhaupt keine Geräusche gäbe, keine hohen Töne, die man nicht einmal bewusst wahrnimmt, keinen Bass, den man vor allem im Bauch spürt, keine Geräusche, die einen schmerzen oder die den Ohren schmeicheln.

Nur wenn ich schweige, wenn mein Körper schweigt und also auch meine raschelnde Kleidung, höre ich den Chausseewald und wie er die Geräusche aufnimmt, die durch ihn hindurchströmen. Letzteres hängt von der Höhe der Bäume und dem Wind ab, von der Jahreszeit, von Feuchtigkeit und Trockenheit, von Wärme und Kälte, also auch von den Sonnenstrahlen, die eindringen, und der Intensität des Schattens, es hängt davon ab, wie dicht die Bäume stehen und wie viel Laub oder Nadeln sie tragen – von allem, was den Wald zu diesem Wald macht. Der Chausseewald ist ein Klangwunder, auch jetzt, wo er seine Fichten verloren hat.

Autos rauschen über den Asphalt, sie übertönen die Geräusche des Waldes, ich kann es nicht lassen, bei jedem Auto kurz hinzuschauen, und immer, oft ohne es zu registrieren, rieche ich, dass eine Schwade von Abgasen vorbeiweht. Die Autogeräusche verebben, für den Bruchteil einer Sekunde ist da nichts, dann sind die Geräusche des Waldes wieder da.

Ich steige den runden Buchenhügel hinauf und setze mich oben an einen Baum. Der Boden wölbt sich in alle Richtungen: alte, ausgetrocknete Wasserläufe, steile Hänge, runde Hügelrücken. Die Buchen sind hoch gewachsen und mächtig. Das Licht wird von den blassgelben bis orangefarbenen Blättern zurückgeworfen, als würden sie selbst leuchten, flackernd, jedes Blatt einzeln, dazwischen schon viel Himmel.

In diesem Teil des Chausseewaldes hallt es wie in einer Kathedrale. Als ich gerade erst meinen Jagdschein hatte und zum ersten Mal stundenlang still draußen saß, hörte ich einen Rehbock schrecken und wusste, dass er im Buchenwald sein musste. Ich konnte es am Klang hören. Seine Geräusche klangen umschlossen, die hohen Kuppeln der Buchen fingen sie auf, ließen sie nachhallen und verstärkten das Schrecken, und das Schrecken machte den Raum fast greifbar, sichtbar.

Ich schaue mir die Buchen um mich herum an. Sie sehen staubig, fahl und erschöpft aus. Fast nirgends ist ihre Rinde glatt, alles wirkt pocken-narbig und stumpf. Dieser Wald voller stattlicher, gesunder Bäume, diese Kathedrale aus Buchen verfällt – aus der Nähe betrachtet. Neulich hörte ich das Wort «Buchensterben»; es war, als würde man mir den Boden unter den Füßen wegziehen.

13.

Die Kamerafalle, die digitale Falle
und die Lebendfalle

Als ich einen Blumenkohl aus dem Leinenbeutel ziehen will, der im Stall an einem Balken hängt, ziehe ich meine Hand mit einem Schrei zurück. Zwei Mäuse springen heraus, segeln an meinem Kopf vorbei durch die Luft, landen auf dem Boden und machen sich schnell davon. Der Blumenkohl ist bedeckt mit frischen, glänzend grünen Köteln. Ich schaudere und schneide ein Stück vom Kohl ab. Hausmäuse in Gemüsebeuteln, das ist neu, sie werden zu immer besseren Akrobaten. Es ist der Hunger, jetzt schon, im Herbst.

Solange sie nicht ins Haus können, betrachte ich es als Spiel. Ich nehme zwei Fleischerhaken und hänge die Taschen an die Aluminiumleiter. Jetzt sind die Mäuse wieder dran.

Am nächsten Morgen taste ich schlaftrunken mit meinem bloßen Fuß nach dem Pantoffel, doch ich ziehe mein Bein gleich zurück und bin hellwach. Im Pantoffel steckt etwas. Mit spitzen Fingern schüttle ich ihn aus, eine Orecchietta rollt über den Boden. Wie kommt denn diese «Öhrchen»-Nudel aus Apulien dahin? Gut, eine Tüte davon liegt im Vorratskasten auf dem Regal im Stall, und dieser Kasten hat zwei Schlitze als Eingriff für die Hände, doch diese Kästen sind so glatt, außerdem kontrolliere ich sie regelmäßig, also dachte ich … Ja, ja, du dachtest, das schaffen die Mäuse nie. Wie dumm kann man sein, du hast doch dein Leben lang Mäuse im Haus gehabt, überall, wo du gewohnt hast.

Als Teenager stand ich auf der Seite der Mäuse. Meine hamsternde Mutter – «Das ist der Krieg, mein Kind» – ging mir auf die Nerven, vor allem wegen ihrer Schnäppchenjagd. Eines Tages war ihr gesamter Vorrat an Tütensuppen angefressen. Super, so mein schnippischer Kommentar, das hat sich ja richtig gelohnt!

Auf dem Land ist mein Lebensmittelvorrat, anders als in der Stadt, ebenfalls beträchtlich. Meiner Mutter hätte es ein breites Grinsen entlockt.

Dass die Mäuse die Orecchiette gefunden haben, wundert mich nicht wirklich, seltsam ist aber, dass eine in meinem Pantoffel auf dem Heuboden steckt. Dachte die Maus, dass es ein guter Ort wäre, um dort ihren Hamstervorrat anzulegen? Für mich sind die ungekochten Öhrchen kein Leckerbissen, aber über Geschmack lässt sich streiten, jedenfalls mit anderen Säugetieren. Was Insekten oder Fische gern mögen, übersteigt meine Vorstellungskraft.

Es ist die x-te Mäuseaktion, auf die ich in kurzer Zeit stoße. Am lebhaftesten steht mir die kleine Waldmaus in der Waschbärfalle vor Augen: Sie sprang wie eine Wilde mit ihrem Kopf gegen den Maschendraht, als ich den Deckel anhob, mit Entsetzen sah ich auf das hüpfende Tier. Nicht, hör auf!, rief ich, ich lass dich raus, doch bevor ich die Luke hochschieben konnte, war die Maus schon durch eine Masche geschlüpft und schoss davon.

Und jetzt also die Orecchietta in meinem Pantoffel. Wie viele von diesen Öhrchen könnte so eine Maus auf einmal transportieren? Und steckt sie sie dann ins Maul? In dem Fall also wahrscheinlich nur eines. Ihre vier Beine hat sie bitter nötig, um sich durch so einen Schlitz zu winden, den Querbalken der Decke zu erreichen, über das Loch in dem morschen Holz durch das alte Heu zu kriechen und schließlich über eine kleine Abtrennung aus Brettern zu klettern – und dann steht sie da auf dem großen, kahlen Holzboden. Das Einzige, was sie so schnell sieht oder riecht, sind die Pantoffeln. Darin legt sie ihre Orecchietta ab, vielleicht als Zwischenlager, und geht wieder, um die nächste zu holen. Das eigentliche Lager muss irgendwo anders sein.

Unten angekommen, schaue ich sofort in den Plastikbehälter. Als ich ein paar Konserven zur Seite schiebe, flitzt eine Maus wie besessen hin und her, ein Schrei entfährt mir, sie springt panisch auf mich zu, als würde sie an einem Gummiband hängen, bis sie irgendwann hoch genug springt, durch die Luft segelt und, knapp an mir vorbei, hart auf dem Boden aufkommt. Wie hoch wäre das, im Verhältnis, für mich? Ich sehe ein Hochhaus vor mir, ich hätte mich zu Tode gestürzt.

Die Tüte mit den Orecchiette ist geöffnet, aber es fehlt noch nicht viel. Die Beutel mit den Rosinen sind unberührt, die Linsen, die ungesalzenen Erdnüsse und der Perlencouscous ebenfalls, alles Reste des Sommerfestes. Ich wiege die Orecchiettetüte: Sie enthält noch vierhundertvierzig Gramm, die Öhrchen, die lose im Kasten lagen, wiegen noch einmal zwanzig Gramm, also haben die Mäuse bereits vierzig Gramm, etwa fünfundzwanzig Öhrchen, weggeschleppt.

Aber warum dieser Aufwand? Vielleicht, weil sie nun mal auf dem Dachboden leben und ihre Speisekammer nahe an ihrem Zuhause haben wollen? Und warum nehmen sie nicht die weichen, süßen, großen, gelben Rosinen, sondern die harten, geschmacklosen Nudeln?

Während ich versuche, mich in die Mäuse hineinzudenken, vergesse ich, dass sie nicht so gern Früchte mögen, vielleicht können sie sie schlecht verdauen, oder sie sind weniger nahrhaft. Und was heißt hier überhaupt Geschmack? Es geht um Hunger.

Alle Esswaren, die in Plastik oder Pappe verpackt sind, räume ich in den Vorratsschrank, die Glasbehälter aus dem Schrank stelle ich in den Kasten. So. Jetzt sind die Mäuse wieder am Zug. Für mich ist es noch immer ein Spiel. Während ich die Mäuse ihrer Nahrung beraube, hänge ich den Vögeln einen neuen Fettknödel auf. Ich zweifle noch, ob ich die Igel füttern soll, damit sie in meinen Totholzhecken ihren Winterschlaf halten. Höchst inkonsequent, typisch Mensch, auch die Erklärungen, die man dazu erfindet: Vögel und Igel dringen nicht in mein Haus ein, fressen nicht alles an, machen keinen Saustall aus meinen Vorratsräumen, und sie pflanzen sich nicht das ganze Jahr hindurch fort. Aus Sicht der Mäuse ist das ziemlich ungerecht, als ob Menschentiere nicht auch überall eindringen, Schweinereien veranstalten und sich bei jeder Gelegenheit vermehren.

Da ich wissen möchte, was die Mäuse nachts auf dem Dachboden sonst noch so treiben, baue ich meine neue Kamerafalle auf. Es ist ein Kunststoffrohr, in dem sich ein kleines Brett befindet, auf dessen eines Ende eine Wildkamera geschraubt wird. Am anderen Ende befindet sich eine Aussparung, in die eine Sardinenbüchse passt. Man sticht ein Loch in die Büchse und wartet, bis die Tiere von dem Geruch angelockt werden und versuchen, vor dem Infrarotauge der Kamera an das Futter zu kommen. *De Struikrover*, Strauchdieb, heißt die Vorrichtung, ist entwickelt worden, um kleine Säugetiere zu beobachten, vor allem Marderarten wie Wiesel, Hermeline oder Iltisse – Tiere, die man selten zu Gesicht bekommt. Sie sind zu scheu, um sie auf frischer Tat zu ertappen, und, bis auf das Wiesel, zu nachtaktiv. Und für meine normale Wildkamera sind sie zu klein oder zu schnell.

Nachdem der Struikrover drei Tage lang ein paar Meter von meinem Bett entfernt gestanden hat, nehme ich die Speicherkarte heraus. Die Kamera spinnt, denke ich, als mir das Ergebnis angezeigt wird: 4762 Aufnahmen. Maus um Maus. Und nicht ein einziges Mal ein Marder, obwohl ich den in den letzten Wochen abends über meinem Kopf trippeln gehört habe. Wie langweilig, denke ich, und was machen all die Mäuse? Sie schnüffeln an der Büchse, lecken am Loch, kreisen endlos darum herum, kommen immer wieder zurück, manchmal zu zweit. Was für eine Zeitverschwendung, Zeit, die sie dringend bräuchten, um Nahrung zu finden. Ich treffe rasch eine grobe Auswahl und lösche den Rest der Aufnahmen, bevor mein Speicherplatz von den Mäusen aufgefressen wird.

Zu meiner eigenen Überraschung ist auf den Mäusefotos mehr zu sehen, als ich dachte. Es sind Hausmäuse, mit großen, dünnen Ohrmuscheln und einem langen Schwanz. Ich fange an, immer mehr von ihnen zu unterscheiden, die beiden mit einem kleinen Loch im Ohr als Erste, als wäre ein Zugschaffner mit einer Lochzange vorbeigekommen und hätte der einen Maus das linke und der anderen das rechte Ohr abgeknipst. Am meisten belustigt es mich, wenn mir die Fotos ihre Stimmung verraten, oder zumindest was ich mir als ihre Stimmung einbilde. Eine Maus sitzt auf ihren Hinterbeinen und verbirgt die Vorderbeine in ihrem weißlich-flaumigen Winterfell, während ihr Gesicht mit dem lippenlosen Spitzmäulchen zu sagen scheint: «Oh, oh, was haben wir denn da?» Ich finde es nach wie vor verrückt, über das Gesicht eines Tieres zu sprechen, doch manchmal ist der Gesichtsausdruck so wiedererkennbar, dass der Kopf menschlich wird, – und dann gibt es kein Halten mehr für meinen Drang, mich in ein Tier hineinzuversetzen.

Schon bald stelle ich den Struikrover manchmal auch draußen auf, und so bekomme ich immer mehr Fotos. Draußen sind es außer Hausmäusen auch Waldmäuse sowie verschiedene Arten von Wühlmäusen mit ihrem kurzen Schwanz, dem runderen Kopf und Ohren, die sich in ihrem Fell verstecken. Sie kommen und schauen erst ganz vorsichtig um die Ecke.

Die kötelnde Wühlmaus entlockt mir ein lautes Lachen, man spürt, wie sie mit ihrem krummen Rücken drückt. Und dann die Maus, die aufrecht steht, mit ihren Vorderbeinen an der Wand der Röhre, dem Kopf und den Vorderbeinen außerhalb des Bildes und dem Schwanz auf der Konservenbüchse. Wie dick ihr Fell ist! Weil sie sich streckt und ihre Haare in Querstreifen über ihren Rumpf hinweg auseinanderweichen, sehe ich ihre dunkle Unterwolle. Oh, was für ein schöner, warmer Pelzmantel, denke ich missgünstig. Und dann die dünnen, kahlen Hinterbeinchen unter diesem behaglich bekleideten Rumpf!

Aber es sind auch beklagenswerte Fotos darunter, von Mäusen, die Narben von schweren Verletzungen haben. Manchmal lassen sie mich ganz still werden. Da ist eine kleine Wühlmaus, die direkt über dem Auge eine kahle, eingedellte Stelle hat, bekränzt von schwarzen Haaren, die Stelle leuchtet im Infrarotlicht. Sie muss starke Schmerzen gehabt haben. Oder, noch schlimmer, eine Wühlmaus mit zwei Löchern im Rücken, in dem größeren, gleich hinter dem linken Ohr, glänzt ein graublaues, eiförmiges Etwas, ein Geschwür? Ein eingekapselter fremder Gegenstand? Die Maus schnüffelt an dem kleinen Loch in der Büchse, als ob nichts wäre. Ihr Leben ist weitergegangen, auch nachdem sie sich die furchtbare Wunde zugezogen hat. Sie selbst kann sie nicht einmal sehen. Als ich genauer hinschaue, sehe ich zwei weitere kleine Löcher in ihrem Nacken und hinten an ihrem Bauch ein dünneres Fell, wie bei älteren Wunden, über die ein wenig Haare gewachsen sind. Es könnte die Klaue eines Raubvogels gewesen sein. Beklommen starre ich darauf. Oder war es vielleicht eine Zecke?

Die Mäuse mit den Narben werden zu Individuen, ich erkenne sie wieder, weil ich etwas in ihnen lese, etwas, das ihnen in ihrem Leben widerfahren ist, es unterscheidet sie von der Masse der anderen. Es ist ohne Ausnahme etwas Schmerzhaftes gewesen, ein Anschlag auf ihren Körper, ein misslungener Versuch, sie zu erbeuten oder zu töten, oder eine Krankheit, die zufällig nur die eine Maus traf.

Am liebsten schaue ich mir die Mäuse an, wenn sie zu zweit oder zu dritt sind, weil ihre Interaktion so wiedererkennbar ist. Zwei Mäuse stehen mit ihrem Hinterteil zur Kamera und versuchen, sich gegenseitig von dem Loch mit dem fischigen Öl wegzudrängen. Aber ich glaube, auch Gesten der Anhänglichkeit zu erkennen: Ein Lochzangenmännchen, das einer anderen Maus einen Kuss auf die Stirn gibt. Ich betrachte die beiden unwillkürlich als Männchen und Weibchen, so sexistisch profiliere ich also, ganz automatisch. Kurz meldet sich der Reflex, mich dafür zu entschuldigen, so sehr habe ich den Antispeziesismus also schon verinnerlicht: Wenn man keinen Unterschied zwischen den Arten machen darf, darf man bei Tieren also auch nicht in Kategorien von Geschlechterunterschieden denken. Wieder fällt mir auf, wie nahtlos der Antispeziesismus an den Anthropomorphismus anknüpft. Denn wer die Gleichheit zwischen Mensch und Tier verkündet, macht doch vor allem das Tier zum Menschen, zu uns, zu dir und mir.

Noch *ein* Foto: die Maus, die ihren Bauch gegen das Hinterteil des Lochlutschers drückt und über dessen Schulter versucht mitzubekommen, was er da macht, und dabei gelassen auf ihre Chance wartet. Und noch ein letztes: die einträchtigen Blicke der beiden Leisetreter mit ihren leuchtenden, gläsernen Glubschaugen, die mit gesenktem Kopf nach oben schauen, als wären sie gerade ertappt worden.

Ebenso wie beim Wild beginne ich sogar, familiäre Beziehungen zu erkennen. Hausmäuse mit ausgesprochen herrischen Köpfen sind unter ihnen, keine angenehme Familie, scheint mir, aber sie werden es, glaube ich, weit bringen.

Jetzt reicht es mir, beschließe ich eines Abends, ich komme schon seit Monaten nicht mehr an die digitalen Daten des öffentlichen Stadtgartens in Amsterdam, dessen Mitbegründerin ich bin. Ich streite mich mit Google, das nicht will, was ich will, oder, um es in das rechte Machtverhältnis zu setzen: Ich will mich nicht an Googles Nutzungsbedingungen anpassen. Ich kann protestieren, aber für Google bin ich ein Niemand, ein Häufchen Daten – auch wenn ich keine Ahnung habe, welche das sind und was damit getrieben wird.

Der Ärger, der sich in mir angestaut hat, beginnt ein Eigenleben zu führen, und in einem letzten Versuch, Google von mir abzuschütteln und die Verfügungsgewalt über meine Daten zurückzugewinnen, lösche ich meinen Account. Mit offenen Augen, aber digital blind, will ich neu beginnen – und tappe immer tiefer in die Falle.

Irgendwo in der Cloud verirre ich mich und versperre mir den Weg zu meinen Daten. Ich bekomme eine Warnmeldung: Jemand aus Frankfurt am Main würde sich für mich ausgeben. Mein Herz schlägt bis zum Hals. Wer ist das? Jemand, der meine Identität stehlen will? Oder bin ich es vielleicht selbst beim Versuch der Neuanmeldung? Aber ich bin überhaupt nicht in Frankfurt am Main, sondern Hunderte Kilometer entfernt. Doch was macht das schon, kann ich nicht besser sagen, dass ich sehr wohl dort bin? Mein Körper weigert sich, ich bin hier, auf dem gottverlassenen Land, schreie ich den Bildschirm an, der in meinem Kuhstall ein gespenstisch blaues Licht verbreitet. Ich habe nicht einmal gemerkt, dass es dunkel geworden ist, ich bin verschwunden in diesem unheimlichen Irrgarten, ich muss da raus, jetzt, und bestätige mit einem Klick, dass ich es nicht bin, dieser Frankfurter Cyberwas-weiß-ich. Ich will den Zugriff auf meine Arbeit zurück, und zwar sofort, und gebe wie eine Wilde Passwörter ein, alte, neue, noch ältere. Der Computer rauscht immer lauter, er ist glühend heiß geworden – und reagiert nicht mehr. Auch mein Kopf glüht. Brüsk stehe ich auf und knalle den Computer zu.

Ich greife tastend zu meiner Jacke, die an einem Nagel an der Wand hängt, stoße die Tür zum Anbau auf, schlüpfe durch die Außentür und stehe in der stockfinsteren Nacht. Wie ein Tier, das aus einer Falle entkommen ist. Die Kälte auf meinen heißen Wangen, die frische Luft in meiner Lunge. Ich setze mich in Marsch und gehe um den Stall herum, es ist Neumond, doch hier, wo ich lebe, bin ich in der Finsternis zu Haus. Auch wenn ich nichts sehe, ich kann riechen, hören und mit den Füßen tasten. Meine Augen gewöhnen sich allmählich an die Dunkelheit, und ich fange an, vage Konturen zu erkennen. Ich setze mich in den Hängesessel, wiege mich sanft hin und her, drehe mich im Kreis, wieder und wieder. Es ist totenstill.

So ist es um dich bestellt, sage ich mir, hier in dieser weiten, leeren nächtlichen Landschaft. Du bist vollkommen abhängig, ein hilfloses Rädchen in einer anonymen Maschine. Und ihr, ihr Lebewesen hier überall um mich herum, ihr tut auch nicht, was ich von euch erwarte. Aber euch gibt es wenigstens, mit euch teile ich mein Leben, mein biologisches Dasein: Ich bin wie ihr, und als Natur gibt es uns schon seit Millionen von Jahren, aus den Elementen dieses Planeten zum Leben erweckt, gibt es uns wie einen Fisch im Wasser, wir könnten keinen Tag, keine Stunde, ja nicht einmal eine Minute ohne sie leben.

Aus diesen Elementen haben wir Menschen erst vor Kurzem, es ist noch keine Generation her, eine virtuelle Welt geschaffen, die überall ist, zu der wir jedoch nur über unsere Bildschirme Zugang haben. Trotzdem ist auch diese Welt nicht unstofflich, denn unsere Computer stecken voll mit seltenen Rohstoffen, die Datenzentren schlürfen Tag für Tag mehr Energie – und rauben uns außerdem auch noch die eigene Energie, wenn wir fassungslos vor unseren Bildschirmen hängen.

Ich kann mich nur der virtuellen Welt entziehen, indem ich mich von meinen Artgenossen und den Netzwerken abwende, die uns zu dem gemacht haben, was wir jetzt sind. Soll ich also aussteigen? Doch völlig auf mich selbst angewiesen, wäre ich eine Eintagsfliege. Ich bin ein Tier, sogar ein Gruppentier, das allein nicht überleben kann. Deshalb bin ich gerade mit allen anderen da gelandet, wo ich jetzt bin, so sehr ich auch wünschte, dass es anders wäre.

Am nächsten Morgen steckt wieder Bewegung in meinem Computer. Jetzt kann ich ihn ein- und wieder ausschalten. Einen Tag später komme ich auch wieder an meine Dokumente.

Als sei nichts geschehen, stecke ich meinen Kopf schnell wieder in den Sand. Es fällt mir immer leichter, den Gedanken an meine digitale Abhängigkeit zu verdrängen. Mein Biotop in dieser ausgedehnten Landschaft bietet mir ein Gegengewicht.

In der Dämmerung stelle ich die Waschbärfalle hinter der Getreideruine auf und binde die Wildkamera an der Esche gegenüber fest. Auch den Struikrover bringe ich in Stellung.

Am nächsten Morgen ist die Sardinenbüchse weg. Der Waschbär natürlich, das einzige Tier mit Greifhänden, das jedes Schloss der Welt knackt! Was für ein Glück, dass gerade jetzt zwei Kameras auf den Tatort gerichtet sind. Aufgeregt nehme ich sie mit ins Haus und rekonstruiere, was geschehen ist.

Kaum drei Stunden, nachdem ich die Kameras angebracht habe, erscheint ein Fuchs. Er muss Fisch und Maus gerochen haben. Mit seiner Schnauze untersucht er die Konservenbüchse, steht davor und schaut, als würde er nachdenken, schnüffelt, hält den Kopf schief und versucht sie mit seinen Backenzähnen zu fassen zu bekommen. Keine anderthalb Minuten später hält er die Büchse zwischen seinen Eckzähnen. Kein Waschbär also, es war der Fuchs!

Ich schaue mir die Aufnahmen des Struikrover noch einmal genauer an. Die Büchse ragte ein wenig aus der Aussparung heraus, wie unachtsam von mir. Eins zu null für den Fuchs. Ich gönne es ihm. Er läuft mit der Büchse weg und kommt ungefähr fünf Minuten später ohne sie zurück, schnüffelt eine Weile an der Aussparung, beißt mit seinen Backenzähnen auf die Klemme, die das kleine Brett an seinem Platz hält, und verschwindet wieder.

Ich gehe nach draußen, um die Büchse zu suchen, sie liegt mitten auf der Ostwiese im hohen Gras. Offenbar hat der Fuchs schnell eingesehen, dass er nichts damit anfangen kann, die Büchse ist weder ausgebeult noch eingedellt, es gibt auch keine Abdrücke von Zähnen. Alles in allem hat seine gesamte Aktion sieben Minuten gedauert. Ich nehme eine neue Konservenbüchse, mit frischem Fischgeruch, stecke sie in die Aussparung und drücke sie diesmal gut fest. Nächste Runde.

In der Nacht darauf ist der Waschbär als Erster zur Stelle, kurz nach Mitternacht steht er schnüffelnd an der Falle. Weil er trotz des frischen Nutellas nicht hineinläuft, vermute ich, dass es mein Dickmops ist. Der Fuchs ist um halb vier wieder beim Struikrover zu finden. Wie einen glänzenden Fleischlappen drückt er seine Zunge auf das Loch. Diesmal unternimmt er keinen Versuch, die Büchse aus der Aussparung zu holen, er leckt und schnüffelt, elf Minuten lang, seine Hartnäckigkeit ist der der Mäuse ebenbürtig. Auf den Bildern der Wildkamera sehe ich ihn davonlaufen.

Wieder einen Vormittag später. Als ich die Falle kontrolliere, ist die Luke geschlossen. Ach, es wird wohl wieder eine Maus in der Falle sein, seufze ich. Ich hebe die Falle an, ist sie schwerer? Als ich den Deckel öffne, sehe ich nichts als Fell, uff, ein Waschbär! Schnell klappe ich den Deckel zu. Ich muss also wieder ran. Aber ist es überhaupt ein Waschbär? Das Fell war hell. Der Fuchs! Es ist ein Fuchs, weiß ich plötzlich. Mit klopfendem Herzen öffne ich erneut den Deckel und sehe in die Augen eines Fuchses, mit gesenktem Kopf belauert er mich. Der Fuchs füllt die gesamte Falle aus. Stress schießt mir durch den Körper, und ich habe die Luke schon in der Hand, um sie hochzuschieben. Nein, warte – wieso? Du wolltest doch schon seit Jahren einen Fuchs im Winter schießen, wenn er ein schönes dichtes Fell hat. Das wäre also jetzt.

Schießen ja, entgegne ich, aber nicht in einer Falle hinrichten. Andererseits, bei einem Waschbären würde ich es schon tun. Ich muss einen Moment ruhig nachdenken und renne nach Hause, versuche das Durcheinander in meinem Kopf zu entwirren. Ich muss mich beeilen, das Bild des Fuchses in seiner Bedrängnis treibt mich an. Ruhig jetzt, ermahne ich mich, er muss eben noch einen Moment warten.

Meine Nachbarin sieht abends, wenn sie ihren Hund rauslässt, seit Kurzem oft einen Fuchs ums Haus schleichen. «Ich sehe ihn fast nie», sagte ich, als sie es erzählte. «Zu mir kommt er nicht, auf den Bildern der Wildkamera ist er auch nicht mehr zu sehen.» Ich fand es ein bisschen schade, und so klang es auch. Nachts hörte ich bei der Wallhecke auf der Grenze manchmal das wehmütige Rufen eines umherirrenden Fuchses. Die Laute eines Wesens, dem alles genommen wurde, gehen mir jedes Mal zu Herzen. Es ist das Klagen eines zu ewiger Einsamkeit verdammten Geschöpfes.

Und jetzt sitzt er in meiner Falle. Wenn ich mich überwinde, habe ich endlich einen herrlich warmen Pelz: Nur den Lauf meines Kleinkalibergewehrs auf sein Genick richten und den Abzug betätigen, ein paar Sekunden. Aber es ist dieser eine Moment, Aug in Aug mit dem Tier in der Falle, der mir ein Gräuel ist.

Die Besserwisserin erwacht: Aber beim Waschbären fasst du dir ein Herz, wo ist der Unterschied? Ja ja, ich kenne deine Phrasen: Waschbären sind invasive Exoten, sie sind hier inzwischen in sehr viel größerer Zahl vertreten als Füchse, sie haben keine Feinde.

Genau, nicke ich, und der Fuchs schon, der Fuchs hat hier fast nur Feinde. Ich verstehe nicht, dass sie ihn so hassen. Jeder Fuchs, von dem Jäger und Geflügelhalter Wind bekommen, löst nur die eine Reaktion aus: Er muss sterben, denn sobald er die Gelegenheit bekommt, richtet er im Hühnerstall oder unter den Enten ein Gemetzel an. Gebt ihm dann nicht die Gelegenheit dazu, würde ich sagen, sichert eure Ställe besser, das machen andere auch. Der Fuchs gehört hierher. Er ist ein unermüdlicher und ausgezeichneter Mäusefänger. Aber darüber redet keiner.

Dass es zu viele Füchse gäbe, ist übrigens in den meisten Fällen ein Märchen. Jäger sollten sich eher über Waschbären aufregen, aber diesen Neulingen bringen sie viel weniger Hass entgegen. Nein, lieber die Füchse, das sind ikonische Gegner, hinterlistige Gesellen wie im Märchen, Erzfeinde. Immer wieder fordern sie uns heraus, und wir gehen ohne zu zögern darauf ein. Es ist *auch* ein Spiel.

Wir Menschen sind ihre natürlichen Feinde. Natürlich dürfen wir sie bejagen, wenn es so viele werden, dass sie unsere Grundstücke unsicher machen, oder wenn sie die Tollwut verbreiten. Aber warum so fanatisch, so erbarmungslos? Es bleiben Lebewesen, die hier zu Hause sind, die ihren Platz im Ökosystem haben. Daher stößt es mich ab, wenn Jäger damit prahlen, dass sie rotsähen, wenn ihnen «Reineke» über den Weg läuft.

Es ist, als ob wir unseren Instinkten willenlos ausgeliefert wären: Sie *müssen* schießen, und ich *kann* es nicht. Zwei Seiten derselben Medaille. Als könnte der Instinkt unabhängig von unserem Karussell aus Denken und Fühlen existieren. Mein Jagdinstinkt ist wackelig und unbeständig.

Ich gehe nach draußen. Habe ich auch nichts vergessen? Nein, ich brauche nichts. Der Fuchs sitzt mucksmäuschenstill in der Falle. Ich stelle mich an die Rückseite und schiebe die Luke hoch. Einen Augenblick lang passiert nichts, die Zeit steht still, dann kommt er heraus, den Bauch nahe am Boden, er rennt nicht, er schleicht über den Wildwechsel hinten an der Ruine entlang, als könne er auf diese Weise unsichtbar werden, fliehen. Nach etwa fünfzehn Metern bleibt er stehen, schaut zurück, wie um sich zu vergewissern, dass ihm tatsächlich nichts mehr passiert, dann klettert er über die Balken und Steine in die Ruine, verschwindet in Richtung des Kuhstalls und zieht weiter zum Chausseewald. Da läuft mein Fuchspelz, denke ich. Er ist frei und geht wieder seinem Jagdinstinkt nach.

Mir lässt der menschliche Jagdinstinkt keine Ruhe. Er ist keine Entität, es gibt dafür kein Gen, er überschneidet sich mit anderen Instinkten und kollidiert mit ihnen, mit dem Instinkt, jemanden zu beschützen, für ihn zu sorgen, dem Instinkt, wegzuschauen. Antriebe sind es, Naturtriebe. Der Begriff Instinkt steckt vorn in meinem Kopf, auch wenn er wissenschaftlich gesehen zweifelhaft ist. Er besagt, dass wir nur sehr zum Teil wissen, was wir tun und warum wir es tun. Das ist kein Ansporn zur Achtlosigkeit, wohl aber zur Bescheidenheit. Wer über Instinkte spricht, erkennt seine Tierhaftigkeit an.

Wo bleibt der Winter?

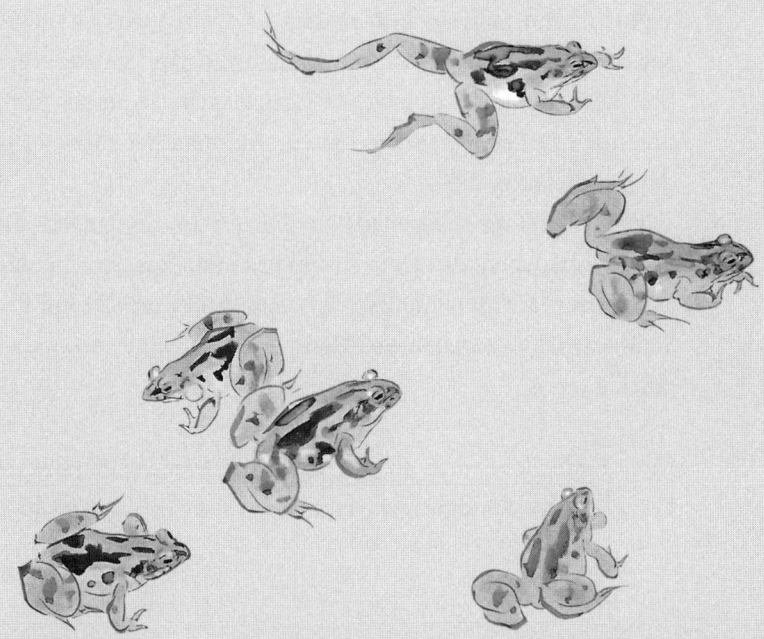

14.

Der Wildschweinkopf knistert im Ofen

Die rauen Tage des Spätherbstes brechen an, die Tage der Drückjagden. Bei Wind und Regen ziehen wir mit Jägern und Treibern los, um den Wildbestand in kurzer Zeit zu verringern. Wir haben es vor allem auf Schweine abgesehen. Wildschweine schaden der Landwirtschaft, denn die eiweißreichen Äcker sind für sie eine einzige große Kirrung. Sie zerstören unsere Gärten, weil für sie Rasen und Zierpflanzen keine Bedeutung haben. Sie verursachen Unfälle auf der Straße, denn es sind *sie*, die einfach so aus dem Nichts von Autos angefahren werden.

Ohnehin gibt es jedes Jahr mehr Wildschweine. Einzelnen Jägern gelingt es nicht, ihre Zahl zu senken, und sogar *mit* Drückjagden bleiben es zu viele. Durch die Übervölkerung beim Schwarzwild steigt das Risiko ansteckender Krankheiten. Die Natur macht auf diese Weise öfter kurzen Prozess mit der Überpopulation, das Schulbeispiel ist die Myxomatose, ein Pockenvirus, an dem Kaninchen sterben.

Auch beim Schwarzwild schlägt jetzt ein Virus zu, aus Osteuropa rückt die Afrikanische Schweinepest vor. Knapp siebzig Kilometer von hier, kurz hinter der polnischen Grenze, geht sie bereits um. Also werden mehr Drückjagden abgehalten, und man hat sogar Zäune entlang der Grenze aufgestellt.

Ein, zwei Tage verbreiten wir Unruhe im Jagdgebiet. Treiber und Hunde versuchen, die Tiere aus ihren Verstecken zu scheuchen, Schützen warten auf den Kanzeln, bis das Wild vorbeikommt. Außer auf Schwarzwild wird auch auf Dam- und Rehwild sowie auf Raubwild geschossen.

Es ist Ende November, als wir uns in der Morgendämmerung auf dem Parkplatz des Landguts versammeln. Es ist neblig und kalt. Mit den

Treibern und ihren Hunden klettere ich in einen großen Viehtransporter. Von der Straße aus marschieren wir in einer geraden Linie nach unten durch einen ausgetrockneten Wasserlauf, dann über Wiesen, durch die Wallhecken und den Wald in Richtung des Sees in der Senke. Vor uns schlagen die Hunde an, sie haben das erste Wild bereits aufgestöbert, und die ersten Schüsse knallen. Ich lausche: Wenn ich fast gleichzeitig mit dem Knall einen dumpfen Nachklang höre, weiß ich, dass die Kugel etwas getroffen hat. In der Ferne rennt eine Rotte Schweine über den Hügel zum See, zwei Hunde hinterher, mit etwas Pech schwimmt die Rotte zur gegenüberliegenden Seite, und wir haben das Nachsehen.

Während wir den Hügel hinab in Richtung eines Sumpfgebietes gehen, schreckt mich ein immer wilder werdendes Bellen auf. Unten am Hang preschen die Hunde in das Schlehdorngebüsch. Wieder ertönen Schüsse. «Damwild, Damwild!», rufen Treiber ein Stück entfernt in der Linie.

Dann höre ich noch etwas anderes, es ist ein Schrei, da schreit ein Tier, es jammert, es klagt, ich höre nichts als Schmerz und Angst, es ist herzzerreißend. Die Haare stellen sich mir auf, eine Hitzewelle geht durch meinen Körper. Gefahr, bleib weg! Doch dann greife ich zu meinem Gewehr und beschleunige meinen Schritt. Weil die Schützen ihren Posten unter keinen Umständen verlassen dürfen, laufen immer ein paar Treiber mit Gewehren mit, für eine Situation wie diese, für einen Gnadenschuss. Also Beeilung.

Während ich hinunterlaufe, spähe ich in alle Richtungen, lausche. Verschwindet das Geräusch? Nur noch ein leises Klagen dringt an mein Ohr, dann ist es still. «Ein Damkalb», sagt der Schütze am Waldrand, wobei er den Feldstecher sinken lässt, «tot.» Ich hole tief Luft und gehe zwischen den Bäumen weiter zum nächsten Hügel, um mich herum Wälder, Wiesen, viel Himmel. Langsam beruhige ich mich.

Es verblüfft mich immer wieder, wie unmittelbar mein Körper reagiert, wenn ich Panik höre, Angst und Schmerz: Mit Gänsehaut, lodernden Flammen, alles in mir springt auf Alarm, in einem Reflex will ich mir die Ohren zuhalten, die Augen schließen und mich umdrehen. Und dann kommt, als nächstes, die Frage, ob ich nicht *gerade* dorthin muss, um zu helfen. Herz-zer-rei-ßend, das ist das Leiden für den, der es hört, es sieht, ich kann den Schmerz fast spüren, mein Körper bereitet sich offenbar darauf vor. Und ich fürchte das Leiden wie nichts anderes.

Einen Moment lang ist all das Leiden der Welt ganz nah, das gegenwärtige wie das vergangene, das Leiden unserer Vorfahren, die so viel mehr Schmerz aushalten mussten als wir. Ich würde bereits geschrien haben, wenn sie noch keinen Mucks gemacht hätten. Stelle ich mich also nur an? Oder war Schmerz für sie etwas anderes als für uns?

Zuerst ist da die Entdeckung, dass etwas den Körper schädigt, ein Signal, das sagt: Tu was, rette dich! Dann folgt die emotionale Erfahrung. Beides zusammen nennen wir Schmerz – das Erste ist messbar, das Zweite subjektiv. Lange haben wir geglaubt, dass die emotionale Erfahrung den Menschen vorbehalten ist und nur sie deshalb wirklich unter Schmerzen leiden. Inzwischen wissen wir es besser: Auch Tiere empfinden Schmerzen, nicht nur Säugetiere und Vögel, sondern auch Fische, wie in einer Reihe abscheulicher Experimente gezeigt werden konnte. Zwar ist ihr Schmerz nicht exakt so wie der unsere, aber was spielt das für eine Rolle?

Als Jägerin bin ich viel draußen mitten unter den frei lebenden Tieren, ich sehe viel von ihrem Leben *und* Leiden. Von den Tieren, die in freier Wildbahn leben, stirbt selten eines an Altersschwäche, dafür sind die Lebensumstände zu hart. Sie leiden unter Hunger und Kälte, sie werden von Würmern, Insekten und Krankheiten bedrängt, sie haben Unfälle, können ihren Feinden – Raubtieren und Menschen – nicht entkommen. Als Jäger fügt man einem Tier noch einmal Schmerzen zu – in meinem Kopf höre ich das Damkalb noch immer schreien. Man hofft, man betet, dass es nur kurz dauern wird, aber man weiß, dass man versagen kann. Man wagt sich nun mal tief ins Tierreich hinein, in das Reich des Fressen-und-gefressen-werdens. Und das geht nicht ohne Töten, ohne Schmerzen.

Auf Drückjagden verlässt mich diese Einsicht keine Sekunde, auch deshalb gehe ich jedes Jahr mit: um es nicht zu vergessen, es nicht schönzureden.

Ich bleibe mehr und mehr hinter den anderen zurück, über einen Wildwechsel bin ich in einen dichten Wald gelangt, etwa hundert Meter vor mir muss wieder eine Wiese sein. Hierher kommt nur selten ein Mensch. Die kleinen, dunklen Stämme des Schlehdorns sind knallgrün bemoost, die von Moosen und Pilzen bedeckten Feldsteine fühlen sich weich und zart an. Es ist ein Märchenwald, eine Welt in Bodennähe, eine Tierwelt, aber nicht für Tiere wie mich, die auf den Hinterbeinen gehen. Inzwischen muss ich mich tief bücken und manchmal in die Knie gehen, den Lauf meines Gewehres vor mir auf den Boden gerichtet. Wenn jetzt eine Sau kommen würde, könnte ich mich nicht bewegen, geschweige denn mein Gewehr nutzen.

Die Dornen der Schlehen zerkratzen meine Hände, ein Zweig schlägt mir ins Gesicht, mein Feldstecher bleibt hängen. Das Gestrüpp wird undurchdringlich, doch zurück kann ich auch nicht mehr. Dann muss ich eben rückwärts vorankommen. Ich schiebe mich mit dem Hintern durch die Sträucher, schwitze, höre, wie die anderen Treiber sich immer weiter entfernen. Ich muss zusehen, dass ich mich ihnen wieder anschließe. Endlich lichtet sich der Wald, und ich sehe Himmel. Da ist die Wiese, ich schiebe mich durch das letzte Hindernis, stapfe durch die dürren Brennnesseln und stehe auf offenem Feld. Mein Gesicht fühlt sich klebrig an, die Hände sind blutig und voller Schrammen. Trotzdem, ich hole tief Luft und sehe mich noch einmal um: Besser kann der Tag nicht werden.

Die anderen Treiber stehen zögerlich vor einem ausgetrockneten, dicht bewachsenen Sumpf. Wir müssen quer hindurch, wenn wir die Sauen hochmachen wollen. Während ich am Rand entlanglaufe, höre ich, wie sich ein paar Treiber durch den Sumpf kämpfen, rufen und mit ihren Stöcken schlagen. Kein Wildschwein kommt zum Vorschein, nicht ein einziges.

Weiter, wir kommen zum See in der Senke, wo wir parallel zum Ufer

Richtung Osten gehen. In dem Streifen Wald schlage ich den Angler-
pfad unten nahe am Wasser ein. Ich stelle mir vor, dass ich allein mit
meinem Gewehr durch die Landschaft gehe, auf der Suche nach Beute,
dass ich hier in längst vergangenen Zeiten all meine Tage verbringe, dass
es noch kein Leben auf Entfernung gibt und ich eins bin mit dem Ort,
an dem ich mich befinde. Ich bekomme Fernweh, ein Urverlangen nach
etwas, das ich nie gekannt habe.

Ein Schrei aus Richtung der Wiese am Hang bringt mich in die Gegenwart zurück: «Ein Schwein, von links.» Das Trappeln eines Tiers
kommt näher, ich lege an, kaum zehn Meter vor mir donnert ein Über-
läufer auf den Pfad und gleich wieder schräg hinauf ins Gebüsch –
ich habe das Gewehr noch nicht mal entsichert. Glückspilz, murmele
ich ihm hinterher, ein junger, zielstrebiger Jäger hätte dich gehabt.

Die Wildschweine lassen sich in diesem Herbst nur selten sehen. Mir
wird die Zeit knapp. Ich möchte demnächst ein Schwein mit nach Amsterdam nehmen. Es ist vielleicht das letzte Mal, denn es ist nur eine
Frage der Zeit, bis die Afrikanische Schweinepest die Oder überquert,
und dann ist die Ausfuhr von Schweinefleisch verboten. Im Landesforst
lagern, wie ich vom Jagdnachbarn hörte, schon fünfzig Kilometer Wild-
schweinzaun. Sobald irgendwo in der Gegend die Schweinepest aus-
bricht, wird der Ort sofort eingezäunt, in der Hoffnung, alle infizierten
Tiere einzuhegen. Anschließend lässt man sie in Ruhe sterben. Oder sie
werden angelockt, um ihnen den Gnadenschuss zu geben.

Das ASP-Virus stellt keine unmittelbare Gefahr für den Menschen
dar, aber die Furcht ist groß, dass es vom Schwarzwild auf die industrielle Schweinehaltung überspringen könnte, der empfindlichsten Form
der Viehzucht: Tausende von Schweinen auf einem Haufen, hermetisch
von der Außenwelt abgeriegelt. Sie haben keinerlei Immunität aufgebaut. Beim erstbesten Krankheitskeim kippen sie um. Die Schweinepest
könnte der gesamten Branche den Garaus machen.

Die kleine Drückjagd im Nachbarrevier ist meine letzte Chance auf
eigene Beute. Von meiner hohen Kanzel aus überblicke ich an einem

stürmischen, eisigen Morgen das gesamte Jagdgebiet, es rennen ein paar Rotten darüber hinweg, aber sie bleiben auf Distanz. Von unserer Jagdgruppe hat nur ein Schütze ein Schwein erlegt.

Hinterher stehen wir auf dem Acker mit ein paar Jägern um das Schwein herum, es ist eine etwa siebzig Kilogramm schwere Bache, ich halte die Vorderläufe fest, während der Schütze das Tier aufbricht. Niemand drängt sich vor, das Schwein zu kaufen, ich zögere nur deshalb noch, weil ich so ein schweres Tier nicht allein bei mir im Stall an die Leiter hängen kann.

Wenn das das Problem sei, sagt der Jagdnachbar, würde er es in seiner Wildkammer für mich abhängen. Er wolle schon auch einen Teil des Wildbrets haben, dann könnten wir es gemeinsam verarbeiten.

Als ich ein paar Tage später die Wildkammer des Jagdnachbarn betrete, hängt das Wildschwein schon abgeschwartet am Haken. Auch den Kopf hat er abgeschwartet. Er glänzt fettig und sieht mit seinen dunklen Glubschaugen ebenso imposant aus wie in behaartem Zustand.

Der Jagdnachbar arbeitet mit einer Elektrosäge, und ich sehe neidisch zu, wie schnell und mühelos es geht – auch wenn es die Schönheit des Handwerks mindert und mir der Krach auf die Nerven geht. Ich arbeite immer mit dem Messer, der Handknochensäge und der Astschere. Wenn man beachtet, wie so ein Schwein aufgebaut ist, und sich von seinem scharfen Messer leiten lässt, führt es einen durch den toten Körper, ohne dass man viel Kraft aufwenden muss.

Wir trennen den Kopf vom Rumpf, in der Hocke kann ich ihn noch gerade in meinem Schoß auffangen. «Nimm ihn ruhig mit», sagt der Jagdnachbar. Das muss er mir nicht zweimal sagen, ich bin nie dazu gekommen, auch den Kopf eines Schweins abzuschwarten, jetzt kann ich endlich Kopfsülze machen.

Zu Hause hänge ich den Schweinekopf an die Waage, er wiegt gut und gern sieben Kilo. Dann vermesse ich ihn, er ist vierundvierzig Zentimeter lang und zwanzig Zentimeter hoch, passt also gerade noch ins Seitenfach des Lehmofens. Ich streue reichlich Salz und Pfeffer über den

Kopf und schiebe das Blech in den Ofen. Während ich mit dem Rücken am Ofen sitze und arbeite, fängt der Kopf nahe an meinen Ohren zu knistern und zu zischen an. Dann schrecke ich durch einen Knall hoch. Das Hirn, denke ich plötzlich, es explodiert. Ich öffne das Fach, sehe aber nichts, auch wenn inzwischen bestimmt schon anderthalb Zentimeter Fett vom Kopf abgeschmolzen sind. Das ganze Haus duftet nach sanft garendem Fleisch. Fünf Stunden später hole ich den gebräunten Kopf aus dem Fach und bringe ihn, mit einer Mörtelwanne darüber, zum Abkühlen in den Stall. Zwei große Töpfe mit Schmalz stelle ich zum Aushärten daneben.

Es ist einer dieser Dezembertage, an denen die Lampen den ganzen Tag über an sind. Der Wildschweinkopf füllt die gesamte Anrichte. Ich trenne Fleischstücke mit Fett ab, schneide sie in feine Streifen und verrühre sie mit Kräutern und Senf zu einer sämigen Masse. Auf ein Stück Plastikfolie lege ich einen kleinen Haufen davon, schlage die Folie darum herum und drehe die Enden fest gegeneinander zusammen, um die Sülze kompakt zu machen. Im Nu liegt eine Reihe strammer Würstchen da, jedes etwa ein halbes Pfund schwer. Sie brauchen nur noch im Kühlschrank fest zu werden. Gleich beim Mittagessen werde ich das erste anbrechen, eines schenke ich dem Jagdnachbarn, der Rest wandert in die Truhe.

Beim Komposthaufen grabe ich ein Loch für den Schweinekopf, damit Bodentiere den Schädel abfressen können und ich ihn in ein paar Monaten für die Vitrine ausgraben kann: meinen ersten Sülzenwildschweinkopf. Ich blicke in den dunklen Himmel im Westen, es wird Regen geben, die Äste an den Bäumen peitschen hin und her, das Herbstlaub fliegt durch die Luft.

Schade, dass ich nicht weiß, was im Ofen genau mit dem Gehirn passiert ist, aber ich habe keine Lust, den Kopf jetzt mit einem Beil zu spalten, nur um zu sehen, was ich da vorfinde. Das werde ich ein andermal machen, der hier wird als Rätsel unter die Erde gehen. Zum Teil wird das Gehirn geronnen sein, vermute ich, so, als hätte man es gebraten, doch ein Teil wird auch ins Fett getropft sein. Ich probiere das ausgehärtete Schmalz, es schmeckt anders als sonst, körniger, weniger fett. Ich ekele mich ein wenig, ich weiß nicht genau, was darin ist. Vorläufig werde ich die Töpfe in den Vorratsschrank stellen.

Hinter der dicken Wolkendecke kommt die Sonne zum Vorschein, kurz bevor sie untergeht. Schon bald wird das Land in Regen und Dunkelheit gehüllt sein. Um mich herum ist es leer, verlassen, die Tiere sind zu weit entfernten Orten gezogen oder schlafen – ein paar Stunden, ein paar Tage, Wochen, bis zum Ende des Winters oder für immer.

Etwas von ihrer individuellen Existenz wird in den nächsten Generationen weiterleben, die Form ihres Spiegels, die Drehung ihres Kopfes, die Beschaffenheit ihres Immunsystems, der Klang ihrer Stimme, ihr Geruch oder etwas, das sie von ihrer Mutter gelernt haben, um zu überleben.

Den ganzen Dezember über bleibt es Herbst, und auch im Januar will es noch nicht Winter werden. Manchmal fällt das Quecksilber nachts unter null, aber mehr als Bodenfrost ist nicht drin. Eines Morgens, als ich träge die Augen aufschlage und in der blauen Stunde einen weißlichen Schleier über dem Land sehe, denke ich wieder: Sollte es wirklich wahr sein? Kommt der Winter?

Der Boden ist bereift. Sobald es hell wird, heben sich die Bäume entlang der Grenze wie eine schwarze Federzeichnung vor dem Himmel ab. Der Acker scheint mit einem grünlich-weißen Teppich aus Winterroggen bedeckt zu sein. Nach Sonnenaufgang, um kurz vor acht, ist die Erde schon wieder grau, und das Getreide steht mit fahlgrünen Sprossen auf einem abgenutzten Lehmboden.

Hinter dem ersten Hang bewegt sich etwas, ein Kopf taucht auf, und noch einer, ich greife zum Feldstecher auf dem Nachtschränkchen, es ist ein kleines Rudel Kahlwild: sieben Alt- und Schmaltiere, drei Kälber ohne Pinsel unter dem Bauch: alle weiblich. Träge äsend bewegen sie sich über den Acker voran, offenbar steckt in dem mickrigen Getreide doch schon etwas Brauchbares. Drei Alttiere drängen sich zusammen und schauen zurück in die Richtung, aus der sie gekommen sind. Ziehen sie nicht weiter westwärts, dorthin, wo die anderen äsen, mit den Kälbern voran? Das zusammenstehende Grüppchen schaut lange und intensiv nach Osten, dann dreht eines der Tiere seinen Kopf in meine Richtung. Nein, muss ich mir selbst immer wieder sagen, du brauchst dich nicht zu ducken, sie sehen dich hier oben im Giebel nicht, es sind Tiere des Waldrands und des offenen Geländes, sie haben einen Panoramablick. Dass sie mich sehen, wenn ich sie sehen kann, gilt nur für Tiere, die die gleichen Augen haben wie ich.

Jetzt stoßen auch die anderen Tiere zu der Gruppe, nur die Kälber äsen weiter. Gut eine Viertelstunde lang bleibt der Kurs ungewiss, dann setzt sich ein Alttier, das Leittier, in Bewegung und trabt über den Hügel zurück zum Grenzwald. Die anderen folgen sofort in einer ordentlichen Reihe – und weg sind sie. Es ist ein seltsames Schauspiel, und meist komme ich nicht dahinter, was den Ausschlag für den Kurs gegeben hat. Auch wird mir plötzlich bewusst: Wenn ich zwanzig Minuten später wach geworden wäre, hätte ich noch immer behauptet, dass in diesem Winter kein Wild auf dem Acker zu sehen ist.

Sehnsüchtig denke ich an den Winter vor vier Jahren zurück, als hier Raps stand und jeden Morgen Wild auf dem Acker äste, es kam sogar fast täglich auf die Südwiese. Danach passierte das nur noch selten, es wurde auch kein Raps mehr angebaut, obwohl das sicher nicht der alleinige Grund war. Es gibt selten nur *eine* Ursache in der Natur, so sehr wir Menschen auch geneigt sind, das zu denken.

Unter das Regenrohr neben der Eisentür habe ich ein leeres Ölfass gestellt, damit ich draußen immer Wasser habe und sofort die erste dünne Schicht Eis bemerke, wenn ich das Haus verlasse, denn wenn es friert, muss ich die Lehmpfütze für die Vögel offen halten. Du mit deiner Vorsorge, mäkelt meine Gegenstimme, alles Beschwörung, es gibt überhaupt keinen Frost, es gibt auch keinen Schnee, und Wasser im Tümpel schon gar nicht. Egal, mucke ich auf, ich hänge an dem bisschen Magie, es hilft mir, wenn ich mich um das Biotop kümmere, auch wenn es zu nichts nütze ist. Ich glaube nicht wirklich, dass ich mit meinem Kümmern die Welt rette, auch diesen Ort nicht, aber es gibt mir ein bisschen Hoffnung.

Ich rede auf mich selbst ein, während ich schon eine ganze Weile vor dem breiten Fenster stehe und nach draußen starre. Fröstelnd zittern die kleinen Blätter der großen Kletterrose im Wind. Wind ermattet mich auf die Dauer, ich suche immer schnell nach Schutz. Aber ein Rosenstrauch lebt nur dank seiner Wurzeln, er bleibt, wo er einmal gelandet ist.

Der Fettknödel schwingt am Dachsparren hin und her, fünf Kohlmeisen kämpfen um den Vortritt. Hin und wieder schlüpft eine Blaumeise dazwischen, und in geringer Entfernung warten die ersten Feldspatzen auf ihre Chance. Seit ich unter den Fettknödel ein rundes Brett gehängt habe und keine Krümel mehr auf den Boden fallen, haben auch sie gelernt, sich an die Kugel zu hängen. Sie können das ziemlich gut, sie sind unbeirrbarer, nicht so nervös wie die Meisen.

Auf dem Acker bemerke ich einen dunklen Fleck: eine Krähe, ein Rabe oder ein Raubvogel? Nein, da hüpft nichts, da fliegt nichts, da ist nichts Vogelhaftes auszumachen. Es ist ein Hase, sehe ich durch meinen Feldstecher. Den Kopf und die Ohren in sein Fell gedrückt sitzt er da, und zum soundsovielten Mal frage ich mich: Warum, warum da? Warum auf offenem Feld, dem rauen Wind ausgeliefert? Und warum frage ich mich das bei keinem anderen Tier?

Komm, ermahne ich mich, du kannst hier nicht den ganzen Tag stehen bleiben, nicht immer im Haus bleiben, halte den Kopf in den Wind, laufe, solange die Sonne noch ab und zu hervorlugt.

Auf der Salzwiese stehen zwei Kraniche, grau wie der Himmel, steif wie Wächter. Ich bleibe stehen, um sie heimlich mit meinem Feldstecher zu beobachten – und vertreibe sie doch. Mit widerwilligen Flügelschlägen fliegen sie zum Sumpf davon. Sie sind also hiergeblieben, das Paar vom Waldsumpf, wie schon im letzten Jahr und im Jahr davor. Wieder bin ich geneigt, sie als Individuen zu betrachten – der zarte erste Schritt aus Sehnsucht nach Gegenseitigkeit.

Im Winter sehe und höre ich viel weniger von ihnen als in den anderen Jahreszeiten. Sie verschwenden ihre Kräfte nicht, machen keine Spazierflüge, sondern warten auf bessere Zeiten.

Ich gehe die Kastanienallee hinauf und biege am Rapsfeld ab. Die Pflanzen sind bereits kräftiger als in anderen Jahren, sie riechen sogar schon leicht nach Kohl. Am anderen Ende des Feldes steht eine alte, stattliche Tanne am Rand einer schmalen Sandgrube. Sie neigt sich gefährlich vornüber. Immer wenn ich hier bin, setze ich mich kurz auf eine ihrer Wurzeln, mit denen sie sich im gelben Sand festkrallt. Es ist ein ramponierter Baum. Aus seinem Stamm ragen zwei Äste senkrecht nach oben, der eine hat seine Rinde verloren und ist voller Löcher, der andere sieht kerngesund aus.

Ich sehe den Froschteich vor mir und unseren Hof rechts: Ein Gutteil des Teichs ist noch immer trocken, das Wasser steht kaum höher als im Sommer. Vielleicht ändert es sich in den nächsten Wochen, es ist viel Niederschlag angekündigt. Wäre es bloß kälter, dann würde es schneien. Meist finde ich mich mit Regen ab, aber an trüben und stürmischen Tagen wie diesen sehne ich mich nach einer weißen Welt – auch weil nur das den Tümpel retten kann.

Immer öfter setze ich meine Hoffnung auf den Verlauf der letzten Winter. Die kältesten Tage des Jahres liegen oft erst im Februar oder sogar erst im März. Vor zwei Jahren gab es hier Ende Februar noch strengen Frost bei minus sechzehn Grad, und vor sieben Jahren war es sogar zu Ostern noch Winter.

Heute hilft das alles nichts, das Grau des Tages hat mich fest im Griff, ich stehe auf und will zurück nach Hause, mich am Ofen verschanzen, auf die Dunkelheit warten, auf die Nacht. Der Wind versucht mich zurückzustoßen, da wird Trotz in mir wach, etwas Hartes, das sich gegen meine Lustlosigkeit richtet, und im nächsten Augenblick habe ich mich Richtung Osten umgedreht.

Die große Runde um mein Biotop werde ich laufen, ich muss wieder spüren, wo ich zu Hause bin, außerhalb meines Stalls, ich muss mir das Umland zurückerobern, ich bin zu lange nicht mehr dort gewesen.

Ich steige die Grube hinunter zum Eingang eines großen Dachsbaus und spüre, wie die Kraft wieder in meinen Körper zurückkehrt. Der Sand vor dem Bau ist übersät mit Trittsiegeln. Von Dachsen keine Spur, die liegen jetzt im Winterschlaf, auch nicht von Füchsen, obwohl sie jetzt in ihrer Ranzzeit viel unterwegs sind. Merkwürdig, dass ich in den letzten Wochen keinen Rüden gehört habe, der mit langgezogenen Rufen um eine Fähe wirbt.

Durch die Schlehensträucher krieche ich weiter nach unten, schnell, schnell, nun all meine Sinne geschärft, um nicht auf Wildschweine zu stoßen. Dann stehe ich an der tiefsten Stelle der Landwehr, eines Wassergrabens mit steilen Böschungen, der vor Jahrhunderten zum Schutz vor Viehdieben angelegt worden ist. Vor mir zieht sich ein bewaldeter Hang hinauf bis zu einem Acker jenseits der Grenze zu Brandenburg. Um mich herum klopfen die Buntspechte, so viele auf einmal habe ich noch nie gehört. Ich nehme den kürzesten Weg zum Brachland hinter dem Froschteich. Wie oft habe ich hier in der Kanzel schon auf Wildschweine gewartet, den Blick auf den Wald gerichtet, aus dem ich gerade komme.

Mit langen, trägen Schritten steige ich entlang der Grenze zum höchsten Punkt hinauf. Ich sehe das Dach des Kuhstalls zu meinen Füßen liegen. Der Himmel spiegelt sich im Tümpel auf dem Acker – er führt wieder Wasser! Wie viel Licht er doch einfängt trotz des Graus. Der Schilfkragen mit der Spiegelung glänzt wie Gold. Wasser, im Ackertümpel schon, denke ich gekränkt, obwohl er höher liegt als mein Tümpel. Ich folge weiter dem Grenzwall und krieche durch den Wildwechsel zum Grenztümpel. Als ich mich wieder aufrichte, fliegen schnatternd ein paar Enten auf. Die Äste einer alten Eiche hängen über dem Wasser. Auf der gegenüberliegenden Seite steigt ein Hügel mit Wiesen zum Horizont hin an. Dieser Tümpel liegt augenscheinlich tiefer als meiner. Er führt immer Wasser, aber jetzt ist das linke Ufer nur noch sumpfig, mit Trittsiegeln von Wildschweinen. In der Mitte treibt Entengrütze auf dem Wasser – Stickstoff, schießt es mir durch den Kopf.

Der Grenztümpel ist eine Welt für sich. Mich zieht es immer hierher, um auf dem großen Stein auf halber Höhe des Hangs zu sitzen. Gerade hier am Rand spüre ich die Form meines Biotops, ein langgezogener Raum zwischen Grenze und Chaussee, mit einem Ausläufer hier und da, so wie dem zum Fuchsberg hinüber mit seinen steilen Abhängen und den runden Hügelrücken, und dahinter dem Revier, in dem ich jage. Wie groß wird das Gebiet sein? Etwa zwei Quadratkilometer, schätze ich, aber so rechnen sie hier nicht, zweihundert Hektar würden sie sagen, und die Allerältesten hört man manchmal noch von «Morgen» reden, mit achthundert Morgen war man ein Großbauer.

Über die Jahre hinweg habe ich rund um meinen Hof überall Orte wie diesen gefunden, Orte, um still dazusitzen, mich nicht mit meinen eigenen Geräuschen zu stören, nicht immer nur herumzuwirbeln, Orte, an denen nichts ist als der Moment.

Ich gehe weiter, Hügel auf, Hügel ab, lasse mich in der offenen Kanzel am Sumpf vom Wind bestürmen, während ich die mächtige Silberweide betrachte, ohne Laub ein Gerippe, das auf den Frühling wartet. Und wer weiß, vielleicht wartet der Laubfrosch dort auch irgendwo zwischen ihren Wurzeln, kalt und still und abwesend.

15.

Der Tümpelgeist kehrt zurück

Dämmerung. Ich fühle den Frühling ankommen und will noch nicht ins Haus. Mit einer Decke setze ich mich in den Hängesessel und starre auf den Tümpel. Sehe ich da im späten Licht Wasser glänzen? Ich schließe die Augen und mache sie wieder auf, es müssen die Halme der Segge sein oder Gras. Aber durch einen Schleier sehe ich noch immer die Wasseroberfläche glitzern. Je länger ich hinschaue, desto wattiger wird sie, als würde eine Wolke darüber liegen.

Es *liegt* eine Wolke darüber. Ich schaue mich um, über dem kleinen Feldweg hängt auch eine. Ich befühle die Decke: klamm. Dennoch löst sich der Traum nicht auf. Ich nähre die Illusion, bis es dunkel ist, als sei sie ein Geschenk des Tümpelgeistes. Einst blieb der Tümpel hier zurück, als die Ausläufer der Gletscher schmolzen. Immer öfter denke ich, dass der Tümpel vielleicht nie mehr als Gewässer wiederkehren wird. Er ist zu einer Erinnerung geworden, einer flachen Schale, eingebettet zwischen einem Erdwall, einem Wall aus Findlingen und zwei flachen Ufern, beschützt von Weiden, Weidenhackwäldchen, kleinen Wildkirschen, Schlehen und Holunderbüschen, einem Ahorn, Brombeersträuchern und Brennnesseln, Weißdorn und Gemeinem Schneeball. Er ist eine Erinnerung an die wüste Erde, die ihn einst hier formte. Hier hat sich jahrhundertelang das Wasser gesammelt.

Der leere Tümpel ist die Gussform, die vom lebenden Tümpel übrig geblieben ist. Deshalb geht er mir weiter im Kopf herum. Und wer weiß, vielleicht verändert sich eines Tages wieder etwas, so dass der Tümpelgeist zurückkehrt und seinen Ort wieder zum Leben erweckt.

Warum sollte ich eingreifen, ihn in seinen alten Zustand zurückversetzen wollen? Warum sollte ich mich danach zurücksehnen, wie ich ihn ursprünglich vorgefunden habe, versteckt, geheimnisvoll, eine in sich gekehrte Welt? Ist es das, was er ist und wieder werden soll? Und warum dann nicht der Tümpel in noch früheren Zeiten, ich denke an die Bauern hier, die vor fünfundsiebzig Jahren Kinder waren und mir erzählten, dass sie im Winter auf ihm Schlittschuh gelaufen seien. Wer weiß, welche Gestalten er über die Jahrhunderte immer wieder angenommen hat.

Wir glauben, dass er stillsteht, weil wir ihn nur während unseres eigenen kurzen Daseins erleben, doch er passt sich unaufhörlich den Schwankungen in der Atmosphäre an, bewegt sich mit ihr, mit den Sonnenkräften, den Magnetfeldern, den Meeresströmungen und den eiskalten Winden – die Schöpfung findet nie ein Ende. *Panta rhei*, das gilt auch für ein stehendes, sogar für ein ausgetrocknetes Gewässer. Weil nichts je dasselbe bleibt. Ich bewege mich im Strom mit, die Augen geöffnet, die Ohren gespitzt, mit ausgebreiteten Armen, und hin und wieder drehe ich eine Pirouette.

Abends prasselt der Regen wieder aufs Dach, der Wind heult um den Stall. Zitternd liege ich im Bett, hellwach, ich habe die Wärmflaschen vergessen. Geduld, meine Füße stecken in dicken Socken, und mein Körper wird meine Höhle unter der Decke wärmen. Ich denke an all die Tiere, die draußen liegen, die irgendwie durch den Winter kommen müssen. Es gibt sogar Bachen, die bereits Frischlinge geworfen haben.

Die meisten Tiere können Kälte besser als Feuchtigkeit aushalten. Ich stelle mir vor, wie viele von ihnen jetzt um mich herum, in meinem Biotop, sterben. Mäuse sehe ich keine mehr, nicht einmal über den Struikrover. Im Winter sterben sie in Massen. Finde ich das bedauernswert? Kaum. So verlaufen Mäusezyklen nun mal, auf die Weise gelingt es der Maus, als Art zu überleben. Wer die Umstände am besten meistert, bringt die meisten Jungen hervor, sein Genom drückt einen Stempel darauf, überlebt. Das ist keine Kalkulation oder Strategie, sondern Evolution. Und damit ist eine Menge Leid verbunden. Und eine Menge Lebenswille.

Die Wettergötter scheinen jetzt so richtig auf den Geschmack gekommen zu sein. Es regnet ununterbrochen, es weht mit Windstärke sieben, dann acht, neun. Sturm. Überall liegen tote Äste herum, von den Eschen mit ihrem Triebsterben, von den Holundersträuchern.

Als ich den Küchenabfall zum Komposthaufen bringe, funkelt mir der Acker entgegen, auf dem große Wasserlachen stehen. Rasch begebe ich mich zum Tümpel und steige hinein: nichts, noch immer nichts, auch nicht in meiner Grube, obwohl der Acker einige Meter höher liegt. Aber ist der Boden nicht doch ein wenig weicher? Ich gehe zur Südwiese, auch dort glänzt Wasser zwischen dem Gras. Auf zwei Seiten des Tümpels steht jetzt Wasser.

Ich ziehe mein Regenzeug an, hole Harke und Spaten aus dem Stall und fange an, die Rinne zwischen der Südwiese und dem Tümpel zu vertiefen, vielleicht fließt das Wasser dann in den Tümpel. Es scheint mir reichlich voreilig zu sein, aber es kann nicht schaden: Ich versuche, die Wettergötter günstig zu stimmen. Eigentlich merkwürdig, bei anderen Gelegenheiten warte ich zu lange mit dem Handeln, aus Angst, dass das Gegenteil passiert, wenn ich etwas erzwingen will.

Ich kann also machen, was ich will, zuletzt regen meine magischen Impulse mich dazu an, das Ungewisse ernst zu nehmen. Es werden meine katholischen Wurzeln sein, frohgemut kratze ich das Bett noch etwas tiefer aus.

Als ich den Obstgarten in Augenschein nehme, merke ich, dass sich dort irgendetwas verändert hat. Es ist viel Himmel zu sehen, da müssen viele Äste abgebrochen sein. Dann fällt mir auf, dass ich direkt auf den Pflaumenhain schaue. Der große, alte Walnussbaum ist umgeweht.

Ich gehe zu ihm, groß und breit liegt er zwischen den ersten Schneeglöckchen. Ich kenne ihn nicht anders als mit einem halb vom Stamm abgebrochenen Hauptast, mit dem er die Erde berührt, und mit den Seitenästen, auf die er sich stützt. Aber jetzt liegt der ganze Stamm auf dem Boden. Er war schon morsch und verfault, doch daran gewöhnt man sich. Ich habe ein Foto der Bauernfamilie, die das Vorwerk von

1941 bis 1957 besaß: Die Großmutter steht auf ihren Stock gestützt vor dem Stamm, und auf dem fast waagerechten Hauptast stehen und sitzen in einer Wolke aus Laub ihre Nachkommen, der jüngste noch ein Kleinkind. Ein Dreivierteljahrhundert lang lag der Baum also schon so da. Und jetzt haben ihn Sturm und Trockenheit gefällt, obwohl die Erderwärmung gut zu ihm passte.

Am nächsten Morgen steht das Gras auf der Südwiese unter Wasser, doch die Lache reicht noch nicht bis zur Rinne. Drei Stunden später, als ich wieder nachschaue, ist die Karrenspur voll Wasser, und auf der Südwiese glitzern überall große Pfützen. So viel mehr Wasser in so kurzer Zeit, ungläubig starre ich darauf. Auch die Feuerstelle zwischen Regenrohr und Tümpel ist vollgelaufen. Es regnet und regnet. Der Grasboden unter meinen Stiefeln fühlt sich sumpfig an. Ich springe durch die Pfützen, das ist lange her, dass ich das gemacht habe, und platsche in meinen Stiefeln noch eine Runde durch das Wasser.

Im Gras hinter dem Stall verläuft zwischen den Ruinen des Schweinestalls bis hin zum Hängesessel eine Spur aus Maulwurfshaufen. Die Maulwürfe sind jetzt in ihrer Paarungszeit und kriechen nachts aus der Erde. Im Schlamm hatte ich auch bereits den Abdruck eines Waschbären ausgemacht, die paaren sich jetzt ebenfalls, dafür unterbrechen sie ihre Winterruhe.

Hier und da beginnt die Erde sich mit einem grünen Schleier zu bedecken, ich sehe die ersten Holunderblätter im Wind zittern und eine freche Brennnessel, die mir schon bis zu den Waden reicht. Soll das etwa der Winter sein? Nachts lausche ich wieder dem Regen, der auf das Dach prasselt. Die Giebelbretter sind schwarz vor Feuchtigkeit.

Am nächsten Morgen werfe ich rasch meine Jacke über den Morgenmantel, schlüpfe in die Stiefel und stehe wieder draußen. Die Pfützen auf der Südwiese sind verschwunden. Wie ist das so schnell möglich, nach all dem neuen Regen heute Nacht? Auch die Rinne ist trocken. Ich kann nicht die kleinste Spur eines Rinnsals entdecken. Doch als ich aufschaue, sehe ich vor mir eine glatte, spiegelnde Oberfläche.

Wasser! Es ist Wasser! Im Tümpel steht Wasser! Eine dünne Schicht trüben Wassers, aber es ist Wasser: Der Himmel spiegelt sich in ihm, und auch die Äste und der Entenkorb. Das hat mir gefehlt, die Spiegelung, die sich ständig bewegt. Ich umrunde den Tümpel, als würde ich schweben, *darin* verbirgt sich der Tümpelgeist, in dieser lebenden Wasserspiegelung, Himmelsspiegelung, als neue Dimensionen, als nichts als Raum und Möglichkeiten. Von allen Seiten sehe ich das Wasser, und von allen Seiten ist es schön.

Meine Grube steht unter Wasser. Das bedeutet – ich wage es fast nicht zu denken –, es bedeutet, dass der Lehm weich geworden ist, sich ausgedehnt hat. Die Pfützen auf dem Acker und in der Karrenspur sind verschwunden. Alles für meinen Tümpel. Das Wasser muss sich unterirdisch einen Weg gesucht haben, es muss vom Tümpel aufgesaugt worden sein, die Risse müssen sich geschlossen haben, die Lehmschicht hat sich erholt. Zumindest ein wenig.

Ich jubele, aber denke sogleich beklommen: Wie lange wird der Tümpel das Wasser halten? Warum sollte er nicht, genau wie die Pfützen, in einer einzigen Nacht von einer tieferen Schicht ausgeschlürft werden? Das Wasser kann aber auch ebenso gut dableiben. Ich hocke am Rand, mit dem Gesicht nahe am Wasser, ich sehe mich selbst, schaue aber durch mich hindurch. Ich suche nach Wassertierchen, nach etwas, von dem es wimmelt, das sich windet und schwebt.

Immer mit der Ruhe, so schnell geht das natürlich nicht in dieser Jahreszeit, aber es wird kommen, der Tümpelgeist hat die Tür zur Zukunft aufgestoßen. Ich muss dem Laubfrosch Bescheid sagen, den Wildenten, allen Vögeln, die hiergeblieben sind, und denen, die zurückkehren. Es wird summen über dem Wasserspiegel, es wird eine Symphonie aus Tausenden und Abertausenden kleiner Flügelschläge erklingen, die ich nicht hören kann, aber viele andere Tiere schon. Und sie werden in den Bäumen singen, in der Sonne quaken und zirpen, jeder mit seiner eigenen Stimme oder seinem eigenen Instrument. Die Luftschicht über dem Wasser wird flirren von Leben, die Strahlen der Sonne werden es für mich anleuchten. Der Mond wird das Wasser seidenweich glänzen lassen. Die Schwalben und Fledermäuse werden über das Wasser segeln und Sturzflüge unternehmen. Wenn das Wasser dableibt, wenn die Regengötter uns also wohlgesinnt sind, grabe ich auf der Salzwiese vielleicht wieder ein Büschel Sumpfdotterblumen aus.

Dann fällt mir plötzlich mein Gelübde ein: Irgendwann, so hatte ich vor fast einem Jahr dem Tümpelgeist versprochen, wenn du irgendwann in meinem Leben noch einmal die Baumkronen und den Himmel in der Wasseroberfläche spiegelst, werde ich nackt in dich eintauchen. Ich grinse und strecke dem Wasser die Zunge heraus.

Der lange leere Frühling

16

Das Virus

Sprachlos sitze ich in Amsterdam vor dem Fernseher und schaue mir die Pressekonferenz des Ministerpräsidenten an. Das Corona-Virus greift um sich. Er kündigt neue Maßnahmen dagegen an. Vor sechs Tagen ist der erste Niederländer am Virus gestorben. Vor drei Tagen hat man das Händeschütteln mit einem Bann belegt. Jeder, der zu Hause arbeiten kann, wird aufgefordert, es auch zu tun.

Meine Arbeit, mein Leben spielt sich siebenhundertfünfzig Kilometer weiter östlich ab. Ich wäre überhaupt nicht hier gewesen, wenn meine Lieblingstante nicht gestorben wäre. Als ich die Nachricht von ihrem Tod bekam, bin ich Hals über Kopf in die Niederlande gefahren, gerade als endlich Wasser im Tümpel stand.

An den Tagen vor meiner Abreise hatte ich das Wasser schon wieder sinken sehen. Und als ich morgens einen letzten Blick auf den Tümpel warf, konnte ich im Boden sogar schon meine Grube wieder sehen. Doch unterwegs quer durch Deutschland regnete und regnete es. Am nächsten Morgen schickte die Nachbarin mit dem Hündchen mir wie versprochen ein Foto. Ich wusste nicht, was ich zu sehen bekam: eine große, lehmige Lache reichte jetzt bis zum Findlingswall. Tags darauf stand sogar schon eine der Silberweiden im Wasser, und ein weiteres Foto später glänzte Wasser zwischen der dürren Segge.

Tag für Tag wuchs die Wassermenge. Die Sonne begann zu scheinen, auf den Fotos der Nachbarin sah ich die scharfen Schatten der Bäume und Sträucher im Wasser. Beunruhigt studierte ich die Sechzehn-Tage-Wetterprognose. Würde der Tümpel das Wasser halten? Ich hätte das alles mit eigenen Augen sehen können, wenn nicht nach der Beerdigung mein Auto kaputtgegangen wäre und verschrottet werden musste.

Seit gestern steht in der Tiefgarage unter unserem Wohnblock ein überstürzt gekaufter Gebrauchtwagen, im Flur reihen sich meine gepackten Taschen. Ich brenne darauf zurückzukehren, gleichzeitig fällt es mir so schwer wie selten, Abschied von Boom zu nehmen. Das Virus, das sich in unser Leben eingeschlichen hat und jetzt weltweit um sich greift, macht es ungewiss, wann wir uns wiedersehen werden.

Innerhalb weniger Tage ist eine Gefahr über unser Leben hereingebrochen, die die normalsten Verhaltensweisen riskant macht.

Ich schaue in meine Aufzeichnungen: Ende Januar habe ich mir eine erste Notiz über das Corona-Virus gemacht, als es in der Zeitung hieß, dass über die chinesischen Tiermärkte «eine Mutante des Sars-Virus» auf den Menschen übergesprungen sei. Ich war sofort alarmiert. Nein, nicht weil ich mich vor einer Pandemie fürchtete, denn ich dachte eher an eine Art Grippe oder eine Lungenentzündung, die vor allem alte, gebrechliche Menschen treffen würde und einen sanften Tod bedeutete. Ich befürchtete vor allem, dass man den Wildtieren die Schuld geben würde.

Zuerst sollte die Fledermaus die Ursache sein. Dann verdächtigte man das arme, fast ausgestorbene Gürteltier. Ich begann zu fürchten, dass das Virus dem Essen *aller* Wildtiere den Todesstoß versetzen, dass es das Ende jeder Form von Jagd bedeuten und unsere Verbindung zu Tieren auf zwei Extreme reduzieren könnte: zuckersüße Liebe und panische Angst vor Ansteckung.

Später notierte ich, dass uns das Virus neue Einsichten in die Wege vermittle, die von Wuhan zum Wintersportort Ischgl und zur Lombardei führen und weiter nach Greifswald, Loon op Zand und zu jedem anderen Winkel dieser Erde. Als wäre das Virus wie eine Kontrastflüssigkeit in die weltweiten Verkehrsadern gespritzt worden, und wir würden plötzlich erkennen, wie wir eigentlich leben.

Freitag, 13. März. Kilometer um Kilometer entferne ich mich weiter von meiner Wohnung in der Stadt und nähere mich meinem Kuhstall. Ich fühle mich heimatlos in dem fremden Auto. Es riecht betäubend nach einem süßen, mediterranen Putzmittel. Dumpfe Gedanken wandern mir durch den Kopf, doch alles besser als Panik. Als ich südlich von Hamburg die Elbe überquere, erschreckt mich der Gedanke, dass ich jetzt von meiner Stadtwohnung weiter entfernt bin als von meinem Stall. Aber ebenso wie in den zurückliegenden Tagen regnet es beruhigenderweise, die Scheibenwischer peitschen über die Frontscheibe, und für morgen, den Tag nach meiner Rückkehr, wurden zehn Stunden Sonne vorhergesagt. Ein Lächeln gleitet über mein Gesicht, und ich drücke aufs Gaspedal.

Das Autoradio meldet, dass ab Montag in Mecklenburg-Vorpommern alle Schulen schließen müssen, öffentliche Veranstaltungen ausgesetzt werden und dringend davon abgeraten wird, sich die Hand zu geben. Sich nicht die Hand geben – und das in Deutschland, wo ich gelernt habe, einander bei jeder Begegnung die Hand zu geben, auch wenn man jemanden fast täglich sieht.

Stunden später fahre ich in den Chausseewald. Ich bin fast zu Hause und werde im Licht meiner Scheinwerfer vom Kahlschlag überrascht. Ach ja, die Fichten, alle verschwunden.

Im Haus ist es eiskalt, ich werfe eine halbe Schubkarre Holz in den Ofen, und mich überkommt ein Déjà-vu. Ein ganzes Jahr bin ich jetzt hier, ein Jahr zwischen allem, was in meinem Biotop lebt. Rasch mache ich etwas zu Essen warm und wickele mich auf dem Sofa in meine Pferdedecke. Wie vor einem Jahr unterdrücke ich die Neigung, gleich zum Tümpel zu gehen. Dieses Mal habe ich keine trockene Gussform zu befürchten, doch ich möchte den großzügig gefüllten Tümpel bei Tageslicht bewundern.

Auf dem Heuboden schwinge ich die Giebeltür auf, der Himmel ist mit Sternen übersät, der abnehmende Mond noch nicht aufgegangen, es friert leicht, doch die Winterdecke liegt auf dem Bett, und ich krieche schnell darunter.

Um halb sieben werde ich von einem trompetenden und innig knurrenden Kranichpaar geweckt. In nächster Zeit werde ich wieder jeden Morgen Zeugin ihres Balzrituals werden. Ich muss lachen: ihr Morgenqui-ckie, und es scheint, als hätten sie, selbstverliebt, gern Publikum dabei. Kurz darauf schreiten sie in das bereifte Schilf zwischen der Südwiese und den Kastanien. In den ersten Sonnenstrahlen fällt mir auf, dass das Röhricht viel weniger Rispen hat als in früheren Jahren, weniger sanft wogenden, silbrigen Glanz. Es ist eine der vielen kleinen Spuren der Trockenheit.

Am Giebelfirst rascheln zwei kleine Vögel, das Blechdach verstärkt die Geräusche ihrer Bewegungen. *Kwiet-kwiet* sagen sie, worauf leisere, ungeordnetere Töne folgen. Ich glaube, dass sie dort ein Nest bauen wollen, auch wenn es mir dafür viel zu kalt vorkommt und bei Sonnen-schein wiederum zu warm. Im letzten Jahr um diese Zeit saßen sie auch dort, zum Brüten ist es damals nicht gekommen.

Dann höre ich eine Feldlerche und sehe sie flatternd in der Luft unter den drei Stromkabeln stehen, von wo aus sie senkrecht aufsteigt. Ihre Flügel bewegen sich so schnell, dass sie wie rotierende Trichter ausse-hen. Wenn die Feldlerche singt, ist noch nicht alles verloren. Zwei junge Böcke laufen hinter den Kastanien entlang, und etwas weiter taucht ein Rudel Damwild hinter dem Hügel auf. Sie sind alle wieder da, denke ich froh. Es wird der frische, sonnige Morgen sein, die Verheißung von Frühling.

Unten durch die Gartentür sehe ich das Wasser schon grau aufschei-nen, im nächsten Moment stehe ich im Freien, der Tümpel liegt groß und flach und offen vor mir. Es ist, als hätte ich ihn so noch nie gesehen, doch das kann nicht stimmen, es gab häufiger nasse Winter, viel nassere Zeiten mit viel höheren Wasserständen als jetzt.

Dennoch, ich stehe wie vor einem fremden Teich. Er sieht nicht aus wie ein stehendes Gewässer, sondern wie nach einer Überschwem-mung, so wie nach der Überschwemmung vor zwei Jahren: Das Wasser war grau wie Fensterkitt, die kleinen Lehmteilchen noch nicht abge-sunken. Ich stehe in meinen Stiefeln am flachen Ufer, setze aber keinen Schritt ins Wasser, irgendetwas hält mich zurück, es ist voreilig. Der Tümpel ist erst seit Kurzem wieder da – und ich seit noch Kürzerem. Er soll noch eine Weile unberührt bleiben. Er soll erst wieder zu einem stehenden Gewässer werden.

Als ich im Städtchen Einkäufe erledige, wird mir plötzlich bewusst, dass mich mit diesem Auto niemand erkennt. Sogar die, die mich nicht kannten, kannten oft mein Auto: das dunkelrote mit den gelben Nummernschildern, das hier sommers wie winters herumfuhr. Ich bin zu einer Fremden degradiert. Ich vermisse mein altes Auto.

Auf dem Rückweg nehme ich eine Karrenspur durch das Jagdrevier, um nach dem Wild zu sehen. Zwischen den Bäumen sehe ich auf dem Hang ein Rudel Damhirsche mit großen, wogenden Geweihen. Ich spähe, zähle – rums! –, der Wagen macht einen Satz, ich fliege nach vorn, Wasser spritzt hoch. Das war keine unschuldige Pfütze, das war eine ausgewachsene Kuhle. Das Bodenblech des Autos hat hart aufgesetzt. Nach ein paar Hundert Metern leuchten auf dem Armaturenbrett rot die Buchstaben STOP und das Kännchen mit dem Öltropfen auf. Nein!, rufe ich. Sofort anhalten. Das weiß ich, seitdem meine Mutter in den Achtzigerjahren das Lämpchen ignoriert und ihren Mini damit schrottreif gefahren hat. Ich halte an, schaue unter den Wagen, und tatsächlich, niedergeschlagen sehe ich den letzten Rest Öl in die Pfütze auf dem Boden tropfen.

Eine Stunde später sitze ich neben dem Fahrer eines Abschleppwagens und schwatze drauflos. Er ist schweigsam, wie es sich für einen Mecklenburger gehört. Ich rufe meine Werkstatt an, zwei Dörfer von meinem Kuhstall entfernt, gebe dem Inhaber die Diagnose des Pannenhelfers durch – Ölwanne aufgerissen – und teile ihm mit, dass wir auf dem Weg zu ihm sind.

Als wir auf das Gelände fahren, kommt der Chef schon nach draußen, macht große Augen, schlägt die Hände vors Gesicht und dreht sich um, als wolle er eilends wieder im Haus verschwinden. «Wo ist dein Japaner?», fragt er.

Als ich es ihm erkläre, schüttelt er den Kopf. «Wie kann man nur so ein Ding kaufen? Hast du denn noch nie den Spruch gehört: ‹Hüte dich vor rothaarigen Frauen und vor französischen Autos›?» Der Pannenhelfer grinst breit. Die Ersatzteile müssten bestellt werden, sagt der Chef, als er genug gelacht hat, das könne aber eine Weile dauern. Ich nicke, es ist mir egal, und nein, ich brauche kein Ersatzfahrzeug, ich halte es gut ein paar Tage ohne Auto aus. Ich stelle meine Einkäufe in sein Auto, und er bringt mich nach Hause.

Ein Rotkehlchen landet auf dem Balken des Innenhofs, scheu, es hüpft auf den Wildschweinschädel, der zum Bleichen in der Sonne liegt. Es ist sehr malerisch, aber das weiß das Rotkehlchen nicht. Ich hänge einen Fettknödel auf, damit die Vögel wiederkommen.

Dann lese ich die Zeitung, Zeitung und noch mehr Zeitung. Die Blaumeisen kommen schon an- und abgeflogen, doch Kohlmeisen gibt es noch keine. Die Leute hamstern, ich sehe mir die Fotos leerer Regale an: Das Klopapier ist alle, Handgel und haltbare Nahrung sind auch schon knapp. Ich habe immer Vorräte, die einen Monat reichen – und länger, wenn es sein muss. Klopapier brauche ich sowieso nicht unbedingt, solange es nur Wasser gibt.

Da ist der erste Feldspatz. Ha, du bist noch da, rufe ich, ich bin auch wieder zurück. Ich kenne ihn, er ist der akrobatischste unter den Feldspatzen. Seit er hier auftaucht, gibt es zumindest einen Vogel, der für mich ein Individuum ist, er hat nämlich keine Schwanzfedern. Rätsel: Wie verliert ein Vogel seine Schwanzfedern? Als müsste er den Verlust wettmachen, ist er zum geschicktesten unter den Spatzen geworden – ja, ich fühle mich ungeniert ein. Plötzlich wird mir bewusst, dass ich immer irgendetwas zu ihm sage, wenn ich ihn sehe, auch wenn es nur ein «Hallo» ist.

Ich muss Boom skypen, ihm von der Autopanne berichten, fragen, wie es in der Stadt ist, erzählen, wie es hier ist, mich mit ihm darüber unterhalten, was ich über das Virus und seine weltweiten Auswirkungen gelesen habe. Heute Abend.

Ich stehe wieder am Tümpel und frage mich, was sich bloß verändert hat. Es ist nicht nur das Wasser, das noch nicht zur Ruhe gekommen ist, es ist auch der Bewuchs rundherum: durchsichtiger denn je, noch durchsichtiger als im letzten Frühling. Die Trockenheit macht das Gelände immer aufgeräumter, parkähnlicher, weniger geheimnisvoll. Sogar durch die dichtesten Wallhecken und Gebüsche, durch die vorher nur die Wildschweine brechen konnten, finde ich jetzt manchmal meinen Weg.

Im Obstgarten höre ich von allen Seiten die Kohlmeisen zwitschern. Ah, hier seid ihr. Ich suche mit den Augen den Boden ab, das Gras ist nicht betreten worden, die Wühlstellen vom Herbst sind teilweise verregnet, es wachsen schon wieder Schneeglöckchen, Scharbockskraut, Märzveilchen und Gänseblümchen.

Ich gehe über die Salzwiese weiter zum Waldsumpf. Vielleicht sind die Kraniche da, oder es gibt dort schon Gänse. Ich folge einem Wildwechsel, auch im Sumpf steht viel Wasser. Und sehe ich dort eine Kanzel? Ja, sie steht dort tatsächlich, eine neue Kanzel aus naturbelassenem Holz. Wer könnte die da hingestellt haben?

In der Karrenspur, die vom Hang hinunterführt, hat ein Traktor tiefe Spuren hinterlassen. Im schwarzen Schlamm vor der Kanzel sieht man noch die scharfkantigen Sohlenprofile von Stiefeln. Es scheint mir eher ein Aussichtspunkt für einen Vogelbeobachter oder Naturfotografen als eine Jagdkanzel zu sein, denn sie hat nur an der Sumpfseite eine Luke. Als ich die ersten Sprossen der Leiter hinaufklettere, fängt der Koloss an zu schwanken. Offenbar hat der Erbauer ihn noch nicht in dem sumpfigen Untergrund verankert. Rasch suche ich wieder festen Halt auf dem Boden.

Der Unbekannte hat noch etwas gemacht: Wo der Waldbach aus dem Sumpf tritt, hat er ein langes, schmales Brett über das Wasser gelegt und mit Maschendraht versehen, damit man nicht ausrutscht. Sehr praktisch: In Zukunft kann ich so von der Wiese aus direkt zum Buchenhügel gelangen.

Mitten auf der Planke lehne ich mich an den langen, glatten Ast, der als Geländer dient. Unter meinen Füßen fließt der Bach, vor mir liegt der Sumpf, der in einer schwarzen Schlammpfütze endet. Plötzlich erkenne ich die Pfütze der Wildschweine. Durch den Kahlschlag *und* die Trockenheit hatte ich sie nicht wiederfinden können, aber jetzt hat sie der Regen neu belebt.

Die Brücke verschafft mir einen neuen Blick auf die Landschaft, nie zuvor habe ich gesehen, wie hoch und vielgestaltig die Hänge sind. Nie zuvor habe ich den Wald als Boden gesehen. Ich beginne, mich mit dem Kahlschlag zu versöhnen.

In meinen ersten Jahren hier habe ich gedacht, dass es kaum Bäche gäbe, einfach weil ich sie nicht gesehen habe, so verborgen, wie sie sich zwischen Bäumen, Hecken und Sträuchern oder in den Senken zwischen den Hängen hindurchwanden. Es ist mir ein Rätsel, wie ich damals die Landschaft gesehen habe. Mein Blick, meine Ohren, mein ganzer Körper tasteten die Umgebung nur flüchtig ab, die Verbindung musste wachsen. Allmählich lernte mein Körper, mehr und mehr Zeichen zu deuten, sich anzupassen. Die Abstimmung zwischen meinem Körper und meiner Umgebung findet kein Ende, denke ich hoffnungsvoll, nicht einmal jetzt, wo er langsam seine Fertigkeiten und Finessen verliert.

Ich kehre durch den Wald zurück, die Stellen, wo ich von der Chaussee aus zu sehen bin, meide ich, so gut es geht. Es herrscht noch weniger Verkehr als sonst, ich höre nur zwei Autos.

Ist das Wasser gefallen? Gestiegen? Ich stehe am Tümpel und merke, dass es mich verrückt macht: Es fällt, steigt, fällt es wieder? Ich muss einen Peilstab anfertigen, so einen mit schwarzen Karrees alle zehn Zentimeter. Ich suche mir eine schöne, stabile, etwa zwei Meter lange Latte und male die Markierungen darauf.

Als die Farbe getrocknet ist, ziehe ich mir eine dünne Hose und schwarze Turnschuhe an. Am Ufer schüttelt es mich, ich steige in den Tümpel. Weicher Boden unter meinen Füßen, eiskaltes Wasser. Die Haut an meinen Unterschenkeln zieht sich zusammen. Ich wate zum Entenkorb, der an der tiefsten Stelle des Tümpels steht. Das Wasser reicht mir bis zur Mitte meiner Oberschenkel, sechzig, siebzig Zentimeter stehen also darin.

Mit dem Fäustel schlage ich einen kurzen Pfosten in den Boden, um ein Loch für den Peilstab zu bohren. Weiterarbeiten jetzt – wieso kalte Glieder? Nach ein paar vergeblichen Versuchen dringt der Pfosten ein paar Dezimeter in den Boden ein. Mühsam ziehe ich ihn wieder heraus, suche mit dem Stab das Loch, lege ein kleines Brett auf den Stab und hänge mich mit meinem ganzen Gewicht und angezogenen Beinen daran, so dass er noch etwas tiefer in den Boden eindringt. Der steht. Meine Füße sind schon taub.

In meinen warmen Wollsocken stehe ich vor der Gartentür. Ich kann die Karrees mit bloßem Auge zählen und sehe genau, wo der Stab in seine Spiegelung übergeht. Er steht gut sechzig Zentimeter unter Wasser und steckt noch einmal etwa dreißig Zentimeter im Boden.

Am Abend lausche ich wieder dem niederländischen Ministerpräsidenten, der eine Ansprache ans Volk hält. Das ist ein Unikum. Die Maßnahmen, die man ergriffen habe, sagt er, seien «beispiellos für Länder in Friedenszeiten». Es ist auch das erste Mal, dass ich mir in meinem Kuhstall auf dem Computer niederländisches Fernsehen anschaue. Das Virus ruft vergessene Urängste wach.

Ich muss bei den alten Nachbarn vorbeischauen, sie verstehen sicherlich gar nichts mehr. Dass ich ein paar Tage weg sein würde, hatte ich ihnen erzählt, aber plötzlich stand da ein anderes Auto mit einem gelben Nummernschild, und nach einer Nacht war auch das wieder verschwunden.

Warum bin ich nicht wie sonst sofort rübergegangen, um Eier zu kaufen? Weil – ich weiß es schon –, weil ich fürchtete, dass sie Angst haben würden, dass ich mich mit dem Virus angesteckt hätte, ich war schließlich in Amsterdam. Sie haben beide Vorerkrankungen. Auf jeden Fall sollte ich die Eier nicht, wie sonst, mit Münzgeld bezahlen, sondern mit einem Zwanzig-Euro-Schein, am besten im Voraus.

Da stehe ich also, klingele an der Pforte und warte wie immer. Als die

Nachbarin nach langer Zeit ihren Kopf zur Haustür herausstreckt, so wie sie es immer tut, frage ich nicht wie sonst: «Habt ihr noch Eier?», sondern: «Darf ich auf den Hof kommen?», und füge hinzu: «Ich halte auch Abstand.»

Wir unterhalten uns kurz, zwei Meter voneinander entfernt. Ich erzähle von meinem alten Auto und dem französischen Asphaltfräulein, wie ich das neue nenne. Sie gingen nirgendwo mehr hin, erzählt die Nachbarin, einmal in der Woche müsse sie zur Behandlung in die Stadt, der Einkauf werde ihnen von Verwandten und Nachbarn gebracht. «Ihr seid also praktisch in Quarantäne», sage ich, «genau wie ich.»

Mit einer Schachtel Eier gehe ich nach Hause. Merkwürdig, mir wird mit einem Mal bewusst, dass ich das Stallfenster für die Schwalben geöffnet habe, aber die Eisentür seit meiner Rückkehr geschlossen halte, ebenso wie die Tür des Anbaus. Ich habe nicht wirklich darüber nachgedacht, ich benutze jetzt einfach die Schiebetür an der Rückseite, dann bin ich sofort beim Tümpel, und vor allem: Niemand sieht von der Einfahrt aus, dass ich da bin.

Wie eine Süchtige jage ich den Nachrichten hinterher, lese Zeitungen, besuche die Webseiten von Behörden. Aber ich höre kein Radio, ich ertrage keine fremden Stimmen mehr, die durch mein Haus schallen. Geräuschen kann man nicht ausweichen: Wenn ich eine menschliche Stimme höre, denke ich, dass der Sprecher im selben Raum ist. Ich will keinen anderen Menschen als reine Stimme in meinem Haus haben. Abgesehen von Boom. Aber auch er entfremdet mich von dem Ort, an dem ich bin. Wenn ich ihn gehört habe, muss ich mir mein Gefühl, hier zu Hause zu sein, jedes Mal wieder zurückerobern.

In dieser Woche wendet sich auch die deutsche Bundeskanzlerin direkt ans Volk. Ich kann es nicht lassen, es mir anzuschauen. Während sie voller Sorge spricht, schweift mein Blick hinüber zum Fettknödel. Ein Kleiber hängt daran. Die Blaumeisen und Spatzen warten im Rosenstrauch auf ihre Chance. Ab und zu fliegt eine Meise zum Knödel, hüpft auf das Brett darunter, hängt sich an die Schnur, alles in der Hoffnung, den Kleiber zu vertreiben. Doch der übersieht sie geflissentlich.

Plötzlich fliegen alle Vögel davon. Hinter einem Balken lugt ein großer Buntspecht hervor. Er kommt auffallend oft und wird endlich weniger scheu. Als er am Knödel hängt, hackt er so kräftig darauf ein, dass Stücke davon abspringen und er an dem Netz zu kreiseln beginnt. Schon vom Hinsehen wird mir schwindelig, und als es auch ihm zu viel wird, fliegt er pfeilgerade davon. Im nächsten Augenblick picken schon Meisen und Spatzen die Krümel auf.

Die Vögel wissen von nichts, muss ich plötzlich denken, für sie ist es einfach Frühling, so wie immer. Für mich ist alles anders – für mich und meine Artgenossen weltweit. Wir wissen alles vom Hörensagen oder von bewegten Bildern auf unseren Bildschirmen, das unterscheidet uns von den anderen Tieren. Wir haben Todesangst vor etwas, das wir nicht sehen, hören, riechen, schmecken oder fühlen, sondern nur in Laboratorien mit fortschrittlichem Instrumentarium wahrnehmen können.

Ich versuche, das tägliche Leben hier wieder aufzunehmen, stakse über das Grundstück auf der Suche nach Frühlingsleben, nach Insekteneiern, Puppen, den ersten voll entwickelten Exemplaren, nach Froschlaich und Kaulquappen, finde aber nichts. Ich kann es noch immer nicht, seufze ich.

Beklage ich mich jetzt, weil ich nicht mit den Augen einer Entomologin oder einer Herpetologin sehen kann? Aber dafür braucht man Jahre des Studiums und der Felderfahrung, die Leute widmen ihr Leben den Insekten oder den Reptilien und Amphibien. Freu dich über alles, *was* du siehst. Schau, wie die Schlehen zu blühen beginnen, die ersten überschwänglichen Blüten des Frühlings, wie überall die dunklen, dornigen Wallhecken zum Leben erwachen und allerhand neues Leben darin Schutz findet.

Im Obstgarten nehme ich die Kamerafallen mit, die ich dort Anfang der Woche aufgestellt habe. Auch die Waschbärfalle steht schon da, ist aber noch nicht scharf gestellt, erst will ich sehen, was mir die Kamerabilder erzählen.

Sieh an, ich muss lachen, ein Waschbär leckt an der Sardinenbüchse des Struikrover. Es ist zehn Uhr abends bei null Grad. Auf der nächsten Aufnahme hält er seine Vorderpfoten vor die Schnauze und hat die Augen halb zugekniffen – auf niedlich machen, was, Schlaumeier? –, dann drückt er mit einer Pfote auf die Büchse, anschließend hält er einen kleinen Halm zwischen seinen Vorderzehen und sieht direkt in die Kamera, als würde er sich ertappt fühlen, *cute*. Tagsüber sitzt eine Kohlmeise beim Struikrover, später ein Amselweibchen, eine Singdrossel, ein Rotkehlchen und eine stinknormale Fliege.

Auch auf den Bildern der alten Wildkamera, die ich auf die Falle gerichtet hatte, ist der Waschbär zu sehen, wie er mit gesenktem Kopf angelaufen kommt, den Geruch von Nutella in der Nase, wie ich vermute. Aber er läuft nicht in die Falle, er streift nur um sie herum, auch in den Nächten danach, so dass ich vermute, dass es mein Dickmops sein muss, der sich im Herbst selbst aus der Falle befreit hatte und danach nie mehr hineingetappt ist. Ein Bekannter, das macht mich eigentlich immer fröhlich, aber diesmal habe ich gemischte Gefühle, demnächst macht er auch die anderen noch *trapwise*. Ich stelle die Kameras wieder auf und stelle die Falle scharf.

Später am Tag gehe ich durch den Weiler. Der Waldarbeiter kommt in kurzer Trainingshose auf die Freitreppe. «Was machst du denn hier?», ruft er. «Ab nach Holland!» Ich winke ihm zu und lache ein bisschen. Er grinst zurück.

Während ich eine Runde durch den Wald gehe, fange ich unwillkürlich an, eine ernsthafte Antwort auf seine Frage zu formulieren. Was ich hier mache? Ich belausche mein Biotop, ich schreibe mein Buch, ich verlasse kaum einmal den Hof. Wieso sollte ich zurück müssen nach Holland? Dann denke ich an das Schild, das der Waldarbeiter vergangenen Herbst selbst an seinen Schuppen genagelt hat: Ein bunt gekleideter kleiner Igel hat, breit lachend, die Arme weit geöffnet. Darunter steht in schwungvollen Buchstaben: «Freundliches Dorf». Der Waldarbeiter setzt regelmäßig Igel im Weiler aus, auch bei unseren Totholzhecken, daher das Schild. Gut so, *das* ist meine Antwort, ich brauche nur auf sein Schild zu zeigen.

Seit meiner Rückkehr scheint jeden Tag die Sonne, oft den ganzen Tag lang. Zwischen den toten Blättern, bei umgefallenen Baumstämmen und an sonnenbeschienenen Mauern suche ich nach Schlangenhaufen, finde aber keine, obwohl dort an sonnigen Frühlingstagen immer Ringelnattern liegen. Früher hätte ich darüber die Achseln gezuckt, jetzt muss ich Unheilsgedanken unterdrücken. Einfach weitersuchen, sage ich mir, sie kommen bestimmt zurück, ebenso wie die Eidechsen, die habe ich im Februar schon gesehen. Eidechsen, denke ich erneut beunruhigt, die sehe ich jetzt auch nicht mehr, wie sie sich auf dem warmen Feldsteinrand um meinen Gemüsegarten sonnen.

Der Tümpel stimmt mich dann wieder hoffnungsvoll. Das Wasser wird mit jedem Tag klarer, die Lehmteilchen sinken ab. Durch die Sonne spiegeln sich die Bäume und der Himmel so scharf und so farbig im Wasser, dass das Spiegelbild dem Original kaum nachsteht.

Als ich frühmorgens am Ufer die Vögel in der Silberweide suche, sehe ich meine eigene Gestalt im Wasser. *Was machst du denn hier?* Flugs drehe ich mich weg. Um mich abzulenken, gehe ich meine To-do-Liste für den März durch. Auf Platz eins steht, den Rand der Lehmpfütze zu verbreitern. Ich mische Lehm, Kies, Wasser und Heu, damit die Schwalben nahe am Stall wieder ausreichend Baumaterial für ihre Nester finden. Vielleicht brauchen sie es nicht wirklich, jetzt, wo im Tümpel wieder Wasser steht, doch wer weiß, wie lange es dort bleibt, und im Übrigen hänge ich inzwischen an dem kleinen Teich vor dem Küchenfenster. Die Vögel kommen nicht nur dorthin, um feuchten Baulehm zu holen, sondern auch, um zu trinken, nach Tierchen zu suchen und ein Bad zu nehmen.

Ich rühre den dicken Brei in der Wanne um und lasse meinen Blick über den Acker schweifen. Der Roggen mit seinen kleinen, gelbbraunen Halmen sieht ziemlich mickrig aus, und das nach all dem Regen. Als ich die Lehmmasse auf dem Rand der Pfütze verschmiere, denke ich an den kleinen, benommenen Frosch, den ich im vorigen Jahr brüsk aus seiner Winterruhe aufgeschreckt habe. Ich spitze die Ohren in Richtung des Froschteichs, aber dort ist es noch still. Es ist sowieso sehr still, ungewöhnlich still.

Jetzt, wo die Fichten gefällt sind, müsste ich die Chaussee eigentlich besser hören, aber ich höre nichts als Vögel und den Hahn der Nachbarn. Mit zwei Gießkannen hole ich Wasser aus dem Froschteich, eine gieße ich in der Lehmpfütze aus, die andere im Tümpel. Das hilft gegen Algen, denn das Wasser ist voller Froschlaich, Wasserflöhe und allem, was ein gesundes stehendes Gewässer sonst noch gebrauchen kann. Es war ein Tipp des Rangers. Kein Fischwasser, warnte er, Fische fressen die Wassertierchen auf.

Im Hängesessel schaue ich durch die Zweige der Wildkirsche nach oben, lausche der stillen Welt um mich herum, über mir ist es strahlend blau, kein Wölkchen – nicht ein einziger Kondensstreifen. Auch keine Spur von Rumoren in der Ferne, schon seit Tagen habe ich keine Flugzeuge mehr gehört, überhaupt kommen von nirgendwoher Geräusche, da ist nur das gelegentliche Pfeifen des Windes.

Das ist es, was ich hier draußen in meinem Biotop körperlich von dem Virus merke: kein Straßenverkehr, kein Flugverkehr, der mobile Mensch ist zum Stehen gebracht worden.

Es gibt hier nichts, was mich körperlich mit der Krankheit in Berührung bringt, keine Gegenstände, die von anderen berührt werden, ich sehe ohnehin kaum andere Menschen, nur die Nachbarn, bei denen ich Eier hole, und die Nachbarin mit dem Hündchen. Und dennoch standen die Nachrichten aus aller Welt nie zuvor so sehr wie dicke Luft in meinem Kuhstall. Das Virus macht die Welt kleiner, viel kleiner, und zugleich allumfassend, es gibt keinen Ausweg. Ich stoße auf ein Paradox nach dem andern. Vielleicht stellt sich heraus, dass es nicht viel mehr als ein Grippevirus ist, oder es richtet uns als Art zugrunde. Für jeden stellt jeder andere eine Gefahr dar. Ist das unsere Zukunft?

Vom Bett aus höre ich eine Ringeltaube in den Kastanien gurren, jeden Tag. Sie ist jetzt die Lauteste unter den Vögeln. Abgesehen von den Kranichen, doch die zähle ich nicht mit, die gewinnen immer.

Die Nachbarin mit dem Hündchen schickt mir eine Nachricht: «Moin, moin, alles in Ordnung bei dir?»

«Prima», antworte ich. «Übermorgen kann ich das Auto wieder abholen.»

«War das Ordnungsamt gerade bei dir? Sie schicken jeden mit einer Zweitwohnung weg.»

Mir stockt der Atem, das Blut schießt mir in den Kopf. «Wieso?», frage ich. Sie schickt mir einen Link und zitiert die Ministerpräsidentin des Landes. «Personen mit einem Zweitwohnsitz in Mecklenburg-Vorpommern dürfen bleiben, wenn sie hier erwerbstätig oder freiberuflich tätig sind.» Ihre Schlussfolgerung: «Du arbeitest hier, also darfst du bleiben.» Nach der Arbeit komme sie vorbei, um spazieren zu gehen, schreibt sie.

Seit ich zurück bin, gehen wird regelmäßig spazieren, mit anderthalb Metern Abstand. Das Pflegeheim, in dem sie arbeitet, ist für Besucher geschlossen, sie muss besonders vorsichtig sein, zumal ihr Mann, der mit der Tiefbaufirma, eine Herz-OP hatte.

Ich kann meine Unruhe nicht mehr zügeln, suche die Portale der Behörden ab und finde ein Zehn-Punkte-Paket mit Maßnahmen der Landesregierung. Dort hört es sich strenger an: Alle mit einem Zweitwohnsitz müssen das Bundesland verlassen, mit Ausnahme derer, die hier auch arbeiten. «Alle» steht dort, aber in einer Erläuterung heißt es, dass damit Personen «aus anderen Bundesländern» gemeint sind. Über EU-Bürger ist nichts zu finden.

Ab nach Holland! Da ist er wieder, der Ohrwurm. Plötzlich klingt er richtig bedrohlich. Ich bin nun mal die Fremde hier oder wo immer ich mich in die Öffentlichkeit begebe. Das ändern auch die zwanzig Jahre nicht. Meine deutsche Adresse ist nicht mein erster Wohnsitz.

Als ich die Nachbarin mit dem Hündchen kommen höre, springe ich auf. Während wir zum Anglersee laufen, erzählt sie: Heute Morgen habe sie die Leute vom Ordnungsamt zu unserem Tor fahren und kurz darauf wieder wegfahren sehen. «Logisch», findet sie. «Es stand kein Auto auf dem Hof, und alles sah verlassen aus. Haben sie nichts in den Briefkasten gesteckt?» «Nein, nichts.» «Komisch», sagt sie, «bei anderen schon.» Und dann: «Na ja, sie hatten viel zu tun, sie mussten alle Zweitwohnungen abklappern. Vielleicht haben sie auch gedacht, dass der Hof schon seit Monaten verwaist ist. Aber sie können natürlich jederzeit wiederkommen. Es wäre besser, wenn du dich nirgendwo zeigst.»

«Was für ein Glück, dass ich die Ölwanne kaputtgefahren habe», rufe ich aus, «und die Werkstatt die Ersatzteile immer noch nicht hat. Heute Morgen rief der Chef wieder an, alles geht drunter und drüber, er hat aus Frankreich die falsche Dichtung für das Kurbelgehäuse bekommen. Es könne noch eine Weile dauern. Und er hat gemeckert, weil er den halben Motor auseinandernehmen musste und die Französin jetzt seine zweite Hebebühne blockiert.»

Ich habe keine Eile, ich werde vorläufig ohnehin nicht mit einem gelben Nummernschild herumfahren. Jagen ist jetzt also auch nicht drin. Bleiben noch die Einkäufe, einmal alle zwei oder drei Wochen. Auf dem Fahrrad kann ich nicht genug transportieren, und außerdem: Wer fährt hier denn um diese Jahreszeit Fahrrad? Ich möchte nicht, dass die Nachbarin meine Einkäufe erledigt, und zusammen im Auto zu fahren ist nicht erlaubt. «Weißt du was?», sagt die Nachbarin. «Ich leihe dir meinen Wagen, dann fällst du schon mal unterwegs nicht auf. Ich desinfiziere ihn, bevor du losfährst und wenn du wiederkommst.»

Ich sehe sie eindringlich von der Seite an. «Meinst du das ernst? Wirklich? Sei nicht großmütiger, als du bist, das gibt sonst nur Ärger.» Aber ich kenne sie inzwischen, sie meint es ernst. Sie sieht die Sache nüchtern. Seit meiner Rückkehr von der Trauerfeier meiner Tante sind schon zwei Wochen vergangen, das zählt also als Quarantäne. Nur am ersten Tag war ich im Supermarkt, ich habe einmal Eier bei den Nachbarn geholt und bin ein paarmal mit ihr und ihrem Hündchen spazieren gewesen. Manchmal trinken wir draußen Kaffee, in unseren Winterjacken. Ich habe keine Hände geschüttelt und mich niemandem weiter als anderthalb Meter genähert.

Wenn sie mir ihr Auto zum Einkaufen leiht, gelingt es mir vielleicht, nicht weggeschickt zu werden. Wir gehen die Leute im Weiler durch und glauben, dass mich keiner anzeigen wird. Ich lebe hier schon zu lange, ich bin hier zu oft, und nicht nur im Sommer oder bei schönem Wetter. Ich arbeite am vierten Buch, das von hier handelt, und zu unserem Fest sind alle vier Dorffamilien gekommen.

Ende der Woche werde ich rasch einkaufen fahren, um danach mein Biotop wochenlang nicht mehr zu verlassen. Ich werde nur noch zu Fuß gehen und die Straßen meiden. Plötzlich freue ich mich auf mein autoloses Leben – nirgendwo mehr hinzumüssen. Was habe ich außerhalb meines Biotops zu suchen?

Am nächsten Morgen schrecke ich nach einer unruhigen Nacht aus dem Schlaf hoch, setze mich gleich aufrecht ins Bett und scrolle durch die Corona-Nachrichten auf meinem Smartphone. In den Niederlanden droht den Intensivstationen Überlastung, in Deutschland sind Treffen von mehr als zwei Personen verboten. Erst als meine Finger steif sind von der Kälte, suche ich meinen Platz am Ofen auf.

Die Nachbarin ruft an, um zu erzählen, dass man jetzt auch die Straßen nach Brandenburg gesperrt habe. Nur wer einen triftigen Grund habe, dürfe über die Grenze. «Die Grenze», viele wissen nicht mal mehr, wo sie genau verläuft. Ich sehe sie vor mir, dreihundertsechzig Meter von meinem Kuhstall entfernt, auf der anderen Seite des Ackers.

Mein Auto! Ich muss lachen: Mein Asphaltfräulein steht in Brandenburg, ich kann es nicht einmal abholen, wenn es repariert ist. Umso besser, sonst müsste ich es irgendwo verstecken.

An meinem warmen Ort am Ofen bin ich unsichtbar für die Außenwelt. Nur wenn jemand an der Rückseite des Kuhstalls auf die Gartentür schaut, kann er mich sehen. Dennoch spitze ich beim geringsten Geräusch die Ohren. Höre ich da ein Auto? Schritte? Stimmen? Ich muss sofort alle Dokumente zusammensuchen und kopieren: den Kaufvertrag, den Vertrag mit meinem deutschen Verlag, ich werde meinen Lektor bitten, mir schriftlich zu bestätigen, dass ich die Arbeit an meinem Buch nicht beenden kann, wenn ich hier weg muss. Ich muss vorbereitet sein, ich muss, ich muss … Vor allem muss ich ruhig bleiben.

Dann entdecke ich auf der Seite der Gemeinde einen Brief der Bürgermeisterin. Es ist wahrscheinlich der Appell an alle Bürger mit einem Zweitwohnsitz, den ich in meinem Briefkasten hätte finden müssen.

Mit einem bangen Vorgefühl beginne ich zu lesen. Sie spricht mich direkt an, stelle ich erschrocken fest, sie schreibt, dass die Gemeinde nicht auf Argumente warte, die meinen Aufenthalt hier rechtfertigten, sondern auf Lösungen setze, um die Infektionsgefahr einzudämmen. Und bevor ich im Rathaus nachfrage, ob ich mich in der Gemeinde aufhalten darf, solle ich selbst die entsprechenden Regelungen nachlesen, mir die Bilder aus Italien und Spanien vor Augen halten und mich ehrlich fragen, ob ich nur meine Komfortzone erhalten wolle und so möglicherweise zur massenhaften Verbreitung des Virus beitrage und sogar Menschenleben gefährde. Denn es gehe, schreibt sie weiter, um Solidarität mit den Schwächeren, nicht um das engstirnige Einfordern von Privilegien.

Das Blut schießt mir durch die Adern. Ich muss nach draußen, eintauchen in mein Biotop. Die Waschbärfalle muss kontrolliert werden, das ist ein tägliches Ritual, meist steht sie noch geöffnet da, oft ist das Lockfutter weg. Neulich war sie zu, und die erste Maus des Jahres saß bibbernd in einer Ecke. Ich seufzte: Du schon wieder, das ist doch keine Mausefalle! Auch heute ist die Falle zu, mein Herz schlägt nicht einmal mehr schneller: Natürlich, sie ist leer.

Ich nehme die Wildkameras mit ins Haus und sehe, dass gestern Abend um halb zehn ein Waschbär zusammengekauert vor der Falle hockte und den Kopf zur zugeschnappten Falle drehte. Ich vergrößere die Aufnahme und stelle fest, dass sein Schwanz eingeklemmt war. Ist er nun drin gewesen, und ist die Luke erst bei seinem Rückzug zugefallen?

Als würde ich eine Expedition antreten, so fühle ich mich, als ich im Auto der Nachbarin in das Städtchen fahre. Langsam gleite ich durch das Jagdrevier. Oft liegt zu dieser Jahreszeit ein Damhirschrudel auf den Äckern in der Sonne. Die Hirsche werden wohl wissen, dass jetzt nicht auf sie geschossen werden darf. Aus fast jedem Auto, das mir entgegenkommt, werde ich gegrüßt, sogar von dem Westfalen in seinem Pick-up.

Um die Mittagszeit ist es ruhig im Supermarkt. Jeder belauert den anderen, man geht sich aus dem Weg. Ich belade meinen Einkaufswagen mit Lebensmitteln für gut drei Wochen. Es gibt keine frische Hefe mehr, ich greife zu den letzten Packungen Trockenhefe. Auch gibt es nur noch weißes Weizenmehl. Zum Glück habe ich zu Hause noch einen kleinen Vorrat an Mehlsorten stehen. Sobald der Ofen an ist, backe ich immer Brote im Feuerraum. Im Bio-Regal finde ich noch Haferflocken, Kleie und Körner.

Wie ein Dieb, der vergessen hat, sich zu maskieren, schleiche ich durch die Gänge: Beachtet mich gar nicht, bitte beachtet mich nicht! Sehen die Leute mich nun feindselig an? Oder sehen sie vor lauter Angst jeden so an? Sobald ich den Mund aufmache, verrate ich mich als Ausländerin, also schweige ich. Für das Verkaufspersonal bin ich sowieso keine Fremde. Den Bekannten, denen ich begegne, nicke ich kurz zu und versuche sofort einzuschätzen, ob sie herumposaunen werden, dass sie mich gesehen haben. Mit jedem Lebensmittel, das ich in meinen Einkaufswagen packe, fühle ich mich mickriger. Ich schäme mich für die Mengen.

Auch zu Hause verlässt mich meine Unruhe nicht, das Internet zerrt an mir wie das Nutella in der Falle an den Mäusen und Waschbären. Ich muss nach draußen. Am liebsten gehe ich in den Wald. Früher fühlte ich mich da eingesperrt, jetzt finde ich dort Deckung. Ich wünschte, ich hätte ein warmes Fell und eine unterirdische Höhle. Dann bliebe ich draußen, um zur Ruhe zu kommen.

Verborgen in der Senke sitze ich auf dem großen Feldstein beim Grenztümpel. Man leidet am meisten an dem Leiden, das man befürchtet. Der

Spruch, den meine Mutter uns immer vorgehalten hat, wirkt plötzlich weniger abgenutzt. Es ist nicht so sehr das Virus, sondern die panische Angst, hier weggeschickt zu werden, die mich überfällt. Und mir wird kalt ums Herz, wenn ich daran denke, dass Boom nicht mehr hierher kommen darf.

Schon seit dem Bericht des Club of Rome – ich war sechzehn – habe ich Angstvisionen von einer Umweltkatastrophe. In den letzten Jahren ist diese Bedrohung wieder konkreter geworden. Mir wird klar, dass wir Menschen die Erde innerhalb von vier bis sechs Generationen ausgelaugt haben und dass wir damit einfach weitermachen, auch wenn die Biodiversität so dramatisch abnimmt und die Erde sich so schnell erwärmt, dass unser Weiterleben auf dem Spiel steht.

Jetzt denke ich beschämt, dass ich überhaupt keine Rolle spiele. Ein Individuum bedeutet nichts, wir sind sowieso eine Plage, ein ungeheurer evolutionärer Erfolg, der sich jetzt selbst zerstört. Nach dem Corona-Virus werden andere Krankmacher folgen, weil wir, die größten fliegenden Säugetiere auf Erden, jeden Winkel bereisen und zersetzen.

Unterdessen halte ich mich in meinem eigenen kleinen Biotop verborgen wie ein Tier unter den anderen Tieren. Ich blicke meiner eigenen Angst in die Augen und sehe die Angst auch bei meinen Nachbarn und den Menschen, die auf meinem Bildschirm erscheinen. Wenn wir schon keine Angst haben, dass das Virus in uns eindringt, dann fürchten wir den desaströsen Effekt auf unsere Gesellschaften.

Das Virus lockt mich immer wieder in mein digitales Biotop und lässt mich jeden Tag erschöpft zurück. Es reicht, ich sehne mich nach den Monaten zurück, in denen ich mich um wenig anderes kümmerte, als um das, was sich rund um meinen Kuhstall abspielte.

Die Sonne wirft bereits lange Strahlen zwischen die Bäume, die dürren Halme auf der Wiese bekommen einen goldenen Glanz, das Grün der Entengrütze fluoresziert. Ich krieche durch den Wildwechsel und gelange zur Karrenspur, vor mir liegt der Acker, dahinter funkelt das Dach des Kuhstalls. Es gibt keinen Winterroggen mehr. Auch ihm hat die Natur einen vernichtenden Schlag versetzt.

Es war ein gewöhnlicher, stiller Morgen Anfang der Woche, als ich einen Traktor mit einer klappernden Scheibenegge hörte, die gnadenlos den Winterroggen kaputtschnitt. Nach der Scheibenegge kam der Düngerwagen. Am Abend verbreitete sich ein schwerer Mistgeruch. Das sah gar nicht gut aus: Entweder würde es Sommergerste oder aber Mais geben.

Gäbe es auch hier Mais, würde mein Biotop noch schneller zerstört werden. In dem Fall käme noch mehr Gift zum Zuge, denn dieser Mais war schließlich nicht als Nahrung für Mensch oder Tier gedacht. Und selbst ohne Maisanbau würde es Jahre dauern, um die ausgelaugten Böden rundherum wieder einigermaßen zum Leben zu erwecken. Sechs Jahre, um sich vom Auslaugen und vom Gift zu erholen, hatte ich gelesen, und zwanzig Jahre, um genügend Ertrag für eine nachhaltige Landwirtschaft zu liefern. Die Landwirte in der Umgebung scherten sich noch immer wenig um die Zukunft unserer Ökosysteme.

Am nächsten Tag war ich im Gemüsegarten bei der Arbeit, als der Pick-up der Landwirtin bei den Kastanien anhielt. Sie kam, um sich mit dem Traktorfahrer zu besprechen. Wir winkten uns zu, und ich ging zu ihr. Hände auf dem Rücken, Abstand. «Was gibt es?», fragte ich, und im gleichen Atemzug: «Was wirst du hier anbauen?»

«Mais», sagte sie, und ich seufzte, dass ich es schon befürchtet hätte.

«Aus purer Not», fügte sie hinzu, und ich hörte ein leises Jammern in ihrer Stimme. Der Getreidelaufkäfer habe den Acker mit seinen Larven übersät, es habe einen heftigen Ausbruch gegeben. Und es gebe kein Mittel dagegen, zumindest kein legales. Ihr sei nichts anderes übrig geblieben, als von vorn anzufangen. Sommergerste gehe nicht, denn dann käme der Käfer einfach wieder. Also Mais, um nicht sechzig Hektar ein Jahr lang brachliegen zu lassen.

Ich fügte den Getreidelaufkäfer meiner Liste der Plagen und Krankheiten hinzu, die in meinem Biotop herrschen oder drohen: Lyme-Borreliose (Zoonose, Bakterie, über Zecken), Ulmensterben (Pilz), das Weiße-Rosskastanien-Sterben (Larve eines Nachtfalters), Trichinellose (Zoonose, Fadenwurm, über Schweine, Dachse, Waschbären), Eschentriebsterben (Pilz), Vogelgrippe (teils zoonotisch, Virus, über Geflügel und wilde Wasservögel), Afrikanische Schweinepest (Virus, Schweine und Wildschweine, ansteckend), Rotfichtensterben (Borkenkäfer), Fuchsbandwurm (Zoonose, über Füchse, Hunde, Katzen), Buchensterben (Pilz und Käfer), Räude (Milbe, Säugetiere, artenspezifisch ansteckend), Waschbärspulwurm (Zoonose, über Waschbären, Hunde), Covid-19 (Zoonose, Virus, über wilde Tiere, ansteckend) und jetzt also auch Getreidefraß (Getreidelaufkäfer und Larve).

17

Von Sommerzeitschnee,
dem Pfeilstorch und Icarus

Als ich die Augen aufmache, ist der Heuboden in gedämpftes graues Licht gehüllt. Die Giebeltür ist geschlossen, ich sehe hoch zu den durchsichtigen Wellplatten im Dach. Sie sind bedeckt. Schnee! Also doch. So ernst hatte ich das Schneeflöckchen im Wetterbericht nicht genommen.

Gestern Nacht hat die Sommerzeit begonnen, und jetzt kommt der Winter angekleckert. Als ich meinen Arm unter das Kissen stecke, um zu meinem Smartphone zu greifen, merke ich erst, wie kalt es ist. Minus fünfeinhalb, der Frost wird gut einen Tag anhalten.

Unten schiebe ich die Vorhänge zur Seite. Dicke, wirbelnde Flocken heben sich gräulich vom trüben Himmel ab. Der Tümpel sieht mit der ersten hauchdünnen Eisschicht, die langsam mit Schneeflocken zugedeckt wird, stumpf aus, nur am Feldsteinufer spiegeln sich noch Bäume und Himmel, Peilstab und Entenkorb im Wasser.

Wäre es Januar oder Februar, dann würde der Tümpel wie noch im Winter vor zwei Jahren zufrieren. Wie makellos hatte er da seine Rundheit zur Schau gestellt, makelloser als mit seinem Wasserspiegel, in dem sich immer seine Umgebung spiegelt. Ich seufze vor Bedauern, der Boden und das Ökosystem haben nichts von diesem Frostnachzügler.

Ich zerstoße die dünne Eisschicht in der Regentonne und schmeiße die Scherben über den Rand. Nur noch vereinzelte Schneeflocken wirbeln nach unten. War's das schon? Während ich zur anderen Regentonne gehe, bekommt meine Ausgelassenheit einen weiteren Knacks: Die Wildkirsche entfaltet ihren ersten Blütenhauch. Im vorigen Jahr sind die Blüten Anfang Mai noch erfroren, ebenso wie die der Apfel- und Birnbäume im Obstgarten. Deshalb hatten wir im letzten Herbst kaum Obst. Und jetzt droht dasselbe. Für uns wäre das schade, für viele wild lebende Tiere verheerend. Die ersten Schlehen blühen schon in dem dunklen Gesträuch und den Wallhecken. Das bedeutet im Herbst weniger Schlehen für die Vögel und keinen Schlehenschnaps für uns. Im Obstgarten fangen die Knospen der Obstbäume gerade an, dunkel zu glänzen, noch sicher in ihren Schuppen verpackt.

Es schneit wieder, ich lecke eine schmelzende Flocke von den Lippen, gehe über den kahlen Acker, der jetzt mit einer mottenstichigen weißen Schicht bedeckt ist, und steuere auf den Grenzwald zu. Er war über viele Jahre nicht mehr als ein Waldrand für mich, ich musste nicht überall die Ruhe stören. Aber als ich im vergangenen Herbst dann doch einmal einen Blick wagte, sah ich eine so bezaubernde in sich geschlossene Welt, dass ich mich hineinschlich. Seither kann ich es nicht lassen, hin und wieder dorthin zurückzukehren.

Über einen Wildwechsel krieche ich durch den dichten Rand aus Sträuchern und Bäumen und stehe kurz darauf zwischen dicken Kirschbäumen mit nassen, schwarzglänzenden Stämmen, an denen kerzengerade weiße Streifen Schnee kleben. Ich bin ein Kind in einem hohen Raum. Es scheint ein sanftes Licht, ich schaue zurück, um zu sehen, ob die Sonne vielleicht zum Vorschein gekommen ist, aber der Himmel ist grau von den Flocken. Im Wald ist es heller als außerhalb.

Zwischen den wuchtigen Stämmen schwebt ein grünlicher Nebel. Es sind die sich entfaltenden Blätter junger Buchen. Es ist still, als hätte jemand den Ton abgedreht, ich schleiche fast, überquere das breite Bett eines mäandernden Baches. Der schwarze Schlamm ist mit dünnem Eis bedeckt. Es knackt und knistert unter meinen Stiefeln.

Still, steh still, ein Hase. Er springt am Hang hinter den Buchen hervor und schnüffelt mit der Nase im Schnee. Der Hase vom letzten Frühling, schießt es mir durch den Kopf. Hallo, Osterhase, flüstere ich. Aber er ist es nicht, dieser Hase ist kein stattlicher, betagter Herr, auch wenn er schon etwas Altes und Kräftiges an sich hat. Vielleicht ist es sein Sohn. Während er davonhoppelt, murmele ich ihm eine Einladung hinterher. Ich habe in diesem Jahr noch keinen Hasen auf unserem Hof gesehen, obwohl sie in anderen Jahren zu Ostern immer schon da waren.

Ich streife weiter umher, steige einen Hang hinab und den nächsten hinauf, klettere über Findlinge, umgefallene Bäume, einen dünnen Stamm, der erst vor Kurzem der Länge nach auseinandergebrochen ist. Die Bruchflächen sind hell, noch kaum Wind und Wetter ausgesetzt. Zwischen den Bäumen vor mir liegt das offene Land. Für einen Moment habe ich die Orientierung verloren. Es muss die Wiese hinter dem Grenzwall sein. Mir stockt der Atem: Ich bin in Brandenburg. Und das ist Mecklenburgern jetzt untersagt. Der Grenzwald ist nicht nur eine verborgene Welt, er ist jetzt auch eine verbotene Welt.

Eine Feldlerche steigt über dem Acker senkrecht nach oben. Sie hat den Frühjahrskoller im Kopf, grinse ich, froh, dass es sie noch gibt, denn ihre Art wird jedes Jahr seltener. Sie hat unter den Neonicotinoiden zu leiden – Insektiziden, mit denen fast alles Saatgut vorbehandelt wird. Die Lerche jubiliert und zieht ihre Jungen auf, sie wird davon nicht sichtbar krank, doch das Gift schädigt ihr Nervensystem.

Ich fülle die Lehmpfütze mit vier vollen Gießkannen Regenwasser auf und suche den Himmel nach Rauchschwalben ab. Auch ihre Zahl geht durch die Neonics zurück. Das Nervengift ist ein Meuchelmörder: Da das Saatgut damit beschichtet ist, steckt es in jeder Zelle der Pflanze, auch in den Pollen, es landet im Grund- und Oberflächenwasser, greift das Bodenleben an, das Nervensystem wilder Bienen, das von Schmetterlingen, Köcherfliegen und vieler Vögel, die Saatkörner oder Insekten fressen, von Igeln, Ameisen, Fröschen und Kröten – um nur einige der betroffenen Tierarten zu nennen. Einige Neonics sind inzwischen verboten, doch es macht mutlos, wie langsam es vorangeht.

Das Krächzen und Kreischen der Wacholderdrosseln an der Hauswiese holt mich aus meinem Trübsinn. Sie sind schon seit Tagen hier, wird mir bewusst, die Schelme des Frühjahrs. Es wird ohnehin wieder fröhlich betriebsam am Himmel, die Hochsaison der Vögel bricht an. Ich selbst sitze hier eingepfercht wie ein Huhn während der Vogelgrippe, aber ich beklage mich nicht, mein Auslauf ist großzügig bemessen. Dennoch warte ich sehnsüchtiger als sonst auf die Vögel, sie bringen Trubel, Theater in mein stilles Leben. Welche anderen wilden Tiere leben so unbekümmert in meiner Nähe, sogar in meinem Stall? Es gibt keine anderen Wirbeltiere, die so zahlreich um uns herum leben wie Vögel.

Seit ein paar Tagen sitzt auch der Fischadler wieder in seinem Horst. Ich hätte nicht gedacht, dass er zurückkommen würde. Es sitzen dort sogar schon zwei, ihre weißen Köpfe leuchten in der Sonne. Diesmal hat er dem Weibchen nicht lange den Hof machen müssen, das wird jetzt sicher junge Fischadler geben. Aller guten Dinge sind drei, murmele ich. Einmal muss es ihnen doch gelingen, auf diesem Mast Junge großzuziehen.

Fast jeden Tag zeigt sich mehr der Frühling. *Tie-tie-tie* höre ich, während ich vor meinem Bildschirm sitze. Ich spähe durch die Oberlichter in den Stall und sehe auf einem alten Schwalbennest einen neuen Aufbau aus weichem, grünem Moos. Er reicht bis an die Decke, durch ein kleines Loch erscheint ein Vogelköpfchen mit einem leicht gebogenen Schnabel. Der Vogel fliegt davon und verschwindet durch ein Loch ins Freie. Ich sehe gerade noch seinen aufgerichteten Schwanz. Es ist ein Zaunkönig. Kurz darauf kommt er wieder zurück mit dem Schnabel voller Moos. Wenn ich meinen Kopf auf die Tastatur lege und schräg nach oben schaue, kann ich das Nest sehen.

Am Nachmittag sitze ich in ein Buch vertieft am Ofen, als ein aufgeregtes Gezwitscher aus dem Stall dringt. Da seid ihr also! Ich springe auf. Nach fast acht Monaten echot das Geräusch wieder zwischen den Wänden. Ausgelassen fliegen die Rauchschwalben ihre Runden, ich stehe schon in der Zwischentür und ergötze mich an ihnen, renne hinter ihnen her nach draußen, ich schwebe mit ausgebreiteten Armen unter ihnen hindurch über die Hauswiese. Ein neuer Frühling, neue Geräusche, neues Leben.

Dann fliegen sie wieder hinein. Ich sehe den Zaunkönig in Panik hin und her fliegen, bumm, gegen die Glasscheibe der Gartentür. Er fällt auf den Boden, benommen bleibt er sitzen, ein kleines, keuchendes Federknäuel, sein dünner Schnabel halb geöffnet. Ich grapsche mir den Schlüsselbund von der kleinen Mauer und renne außen herum, um die Gartentür aufzumachen. Zitternd hockt das Federknäuel auf der Türschwelle. Ich setze mich ein wenig entfernt von ihm hin und warte. Dann fliegt der Zaunkönig hoch, federleicht, in einer Wellenlinie verschwindet er zwischen den Bäumen. Einmal werde ich ihn noch im Stall sehen, doch für seine Jungen wird er sich eines der anderen Nester nehmen, die er vorsorglich jedes Frühjahr baut. Im selben Raum mit den ungestümen Schwalben hat er nicht die Spur einer Chance.

Der Zaunkönig wird auch «Schneekönig» genannt, weil er den Winter über hier bleibt, ebenso wie die Spatzen, die Meisen und die Rotkehlchen, auch wenn die winterlichen Rotkehlchen skandinavische zu sein scheinen. Viele Vögel überwintern in wärmeren Ländern in der Nähe oder weit entfernt. Das wusste ich schon als Kind. Für die, die zurückbleiben, durften wir beim Dorfbäcker für zehn Cent altes Brot holen. Fettkugeln machten wir selbst: einen Block Frittierfett schmelzen, in alte Tassen gießen, darin eine Schnur mit einem Knopf am Ende versenken, Körner hineinstreuen, abkühlen lassen, aufhängen, fertig.

Vor allem die Zugvögel faszinierten mich. Dass solche kleinen Tiere Tausende und Abertausende von Kilometern zurücklegen, manchmal sogar bis auf die südliche Erdhalbkugel … Unbegreiflich, dass sie unterwegs nicht verhungern. Und wo schlafen sie, wenn sie über dem Meer sind? Woher wissen sie überhaupt, wo sie hinmüssen? Aber was ich vor allem nicht verstand, war, warum sie nicht für immer dort blieben, wenn das Klima im Winter bei uns doch zu kalt war und es zu wenig Futter gab.

Bei all meiner Verwunderung habe ich, auch später, an eine Sache nie gedacht: Woher wussten die Menschen früher eigentlich, wo die Vögel im Winter bleiben?

Die Antwort haute mich in ihrer Schlichtheit vom Hocker: Sie wussten es nicht. Kürzlich las ich darüber in *Die erstaunliche Wahrheit über Tiere: Was Mythen und Irrtümer über uns verraten* der britischen Zoologin Lucy Cooke. Sogar noch bis ins neunzehnte Jahrhundert hinein wusste man es nicht. Es ist frappierend, wie schnell wir neue Einsichten für selbstverständlich halten, als ob wir es immer schon gewusst hätten.

Was die Menschen damals über das Verschwinden von Vögeln im Herbst und ihr Wiederauftauchen im Frühling gedacht haben, beschreibt Cooke ebenfalls. Es war Aristoteles, der vor gut 2300 Jahren der Wahrheit nahe kam, als er schrieb, die Vögel würden dem kalten Europa entfliehen und in wärmeren Landstrichen überwintern und vor ihrer langen Flugreise Fettreserven anlegen. Aber weil er sich seiner Sache nicht sicher war, präsentierte er noch eine zweite Theorie: Die Vögel würden je nach Jahreszeit in eine andere Vogelart transmutieren. Und weil ihn das ebenfalls nicht überzeugte, schlug er schließlich noch vor, dass sie nackt in einer Höhle unter der Erde überwintern.

Diese letzte Theorie, wonach sich Vogelarten wie der Storch und die Schwalbe in den Winterschlaf begeben, konnte sich behaupten. So verrückt war das nicht, auch Fledermäuse machten das, und die wurden lange den Vögeln zugerechnet. Das Problem: Man hatte nie irgendwo Störche oder Schwalben im Winterschlaf angetroffen. Aber auch dafür gab es eine Erklärung: die Unterwasserschwalbe. Man suchte erbarmungslos nach Beweisen: Schwalben wurden in Schilfkäfigen im Schnee vergraben, unter das Eis geschoben, in eiskaltem Wasser versenkt. Das bewies jedoch nur, dass sie unter Wasser sterben. Dennoch hielten sich die Geschichten hartnäckiger als all die misslungenen Experimente. Die bizarre Theorie der Unterwasserschwalbe verbreitete sich über ganz Europa als wissenschaftliche Tatsache. Wer noch an der Migrationstheorie festhielt, wurde ignoriert, denn der angenommene Überwinterungsort war sehr gewagt: der Mond.

Sogar Carl Linnaeus und die Begründer der modernen Zoologie nahmen an, dass Schwalben ebenso wie Fische auf dem Grund von Flüssen, Seen und Sümpfen überwintern. Bis im Jahr 1822 im Nordwesten Mecklenburgs ein Storch geschossen wurde, in dessen Hals ein afrikanischer Pfeil steckte. Es folgten weitere Indizien. Das brachte die Wissenschaftler auf die Idee, Vögel zu beringen, um herauszufinden, wo sie nach ihrem Verschwinden landeten. Mit Erfolg, es kamen Rückmeldungen, und so wurden an der Schwelle zum zwanzigsten Jahrhundert überall Ringzentralen gegründet. Die Vogelzugforschung war geboren.

Trotzdem bleibt es eine mühsame Forschungsmethode. Von den meisten Vögeln hört man nämlich nichts mehr. Ich brauche nur an die braunviolette Brieftaube zu denken, die mal in meiner Regentonne trieb, ich habe sie in Ehren begraben, aber es kam mir keine Sekunde in den Sinn, irgendwo ihre Ringnummer zu melden.

Ich versuche mir vorzustellen, ich hätte in der Zeit vor dem Pfeilstorch gelebt und noch nie vom Vogelzug gehört, aber es gelingt mir kaum.

Wie kann man bloß *nicht* wissen, dass die Kraniche, die sich in großen Gruppen auf den Stoppelfeldern sammeln, die höher und höher fliegen und deren Ruf immer leiser und zarter klingt, so dass man spürt, wie Fern- und Heimweh in der eigenen Brust widerhallen –, wie kann man bloß *nicht* wissen, dass sie sich zur großen Reise in den Süden aufmachen?

Ich sehe die Vögel, wie sie der Krümmung der Erdkugel folgen. Mehr noch, in den zurückliegenden Jahren bin ich sogar gelegentlich auf ihrem Rücken mitgeflogen, ohne dass sie eine Ahnung davon hatten. Was tatsächlich auf ihrem Rücken mitflog, war eine klitzekleine Kamera, doch es wirkte so echt, dass ich fast den Wind an meinem Kopf vorbeistreichen fühlte. Es war wie in meinem Lieblingstraum als Kind: Ich konnte fliegen.

So wie ich nicht in den Kopf meiner Vorfahren kriechen kann, habe ich mir als Kind oder sogar noch vor viel kürzerer Zeit keinerlei Vorstellung von meiner jetzigen täglichen Realität machen können: In einem Kuhstall zu leben und in Echtzeit mit der ganzen Welt verbunden zu sein, meine Arbeit zu machen, meine Angelegenheiten zu regeln, jeden zu sehen, den ich nur sehen will, mich mit Angehörigen und Freunden zu unterhalten, drahtlos – ich hätte es für Science Fiction gehalten.

Ich muss an das Projekt ICARUS denken, ein Tierbeobachtungssystem, das eine neue Dimension in der Naturforschung eröffnet. Drei Tage vor dem Inkrafttreten der Corona-Maßnahmen fand ich eine Nachricht in meiner Mailbox: *Icarus gestartet – Erdbeobachtung mit Tieren*. Icarus, wie kommt man bloß darauf, der Held meiner Jugend mit seinem übermütigen Flug, doch die Abkürzung scheint nicht einmal so weit hergeholt zu sein: International Cooperation for Animal Research Using Space. Ich hatte die Meldung für Wochen vergessen, doch jetzt kehrt sie über den Vogelzug zurück.

Zwanzig Jahre lang hat ein weltweites Netzwerk von Forschern daran gearbeitet. Seit Anfang März 2020 fängt die internationale Raumstation ISS die Daten von Tieren auf, die mit einem Sender versehen sind. War der Pfeilstorch der Auftakt zur Beringung von Vögeln und damit zur Vogelzugforschung, setzt ICARUS die modernsten telemetrischen Techniken ein, nicht nur, um Zugvögel und andere Tiere zu beobachten und zu erforschen, sondern auch, um mit ihrer Hilfe Wissen über die Erde zu sammeln.

Ich lese über die Perspektiven, die sich mit «Biologgern» eröffnen, wie die kleinen Apparate heißen, die an den Ohren, Flügeln oder Flossen von Tieren befestigt werden und unablässig Daten sammeln. Ihre Energie beziehen sie über die Sonne, und sie wiegen so wenig, dass sie sich auch für kleine Singvögel und sogar für Insekten eignen. Wir Menschen können so nachverfolgen, wo sich ihre Träger aufhalten, welche Entfernungen sie zurücklegen, in welcher Jahreszeit sie wo sind, wo und in welchem Alter sie sterben. Wir können ermitteln, was sie in ihrem Fell, ihren Federn oder ihrem Körper an biologischem Material mitführen, wie sie Samen, Laich, Eier, Parasiten, Bakterien und Viren verbreiten. Und wenn sie mit Kameras und Sensoren ausgestattet sind, können die Biologger nicht nur die Körperfunktionen ihrer Träger messen, sondern auch Daten über die Regionen sammeln, in denen sie landen.

Die Datenmassen, die uns die Biologger liefern, sind schwindelerregend, und die Anwendungen unwiderstehlich. Es gibt viel uraltes Wissen über Tierverhalten, das sich bisher nicht wissenschaftlich beweisen ließ und daher als Volksweisheit oder Aberglaube abgetan wurde: dass Ziegen auf Sizilien ein merkwürdig unruhiges Verhalten zeigen, wenn der Ätna kurz vor einem Ausbruch steht, dass sich Kröten bei der Stadt

L'Aquila mitten in der Laichzeit verkrochen und kurz nach dem Erdbeben wieder zum Vorschein kamen, dass Elefantenherden auf Sumatra bei einem anrollenden Tsunami landeinwärts fliehen.

Mit Biologging können Wissenschaftler beweisen, dass Ziegen, Kröten und Elefanten tatsächlich zuverlässige Informanten sind. Aber es geht noch weiter: Je mehr Tierarten mit Sendern ausgestattet und je mehr Daten gesammelt werden, desto stärker ist die Mustererkennung, mit deren Hilfe wir tierisches Verhalten und Naturphänomene in Verbindung bringen können. So werden wir gewarnt, bevor unsere üblichen fortschrittlichen Messapparaturen auch nur einen Mucks von sich geben. Es wurde auch Zeit, dass wir die beispiellosen Fähigkeiten von Tieren schätzen lernen.

Nun, da ich mehr denn je zwischen den Tieren lebe, beneide ich sie immer häufiger: Wie gut sie sehen, hören oder riechen können, was sie alles erspüren, in einem Moment, in dem ich noch keine Ahnung habe, warum sie sich plötzlich davonmachen. Mir wird ebenfalls klar, wie viel wir Menschentiere im Laufe der Evolution an sinnlicher Finesse eingebüßt haben.

Was man nicht benutzt, verliert man. So haben wir als Menschentiere während unserer Evolution vieles verloren, und jetzt gewinnen wir mit all unseren ingeniösen Erfindungen etwas davon zurück – und wir richten unsere Aufmerksamkeit auf die Tiere, ihre einzigarten Veranlagungen und ihren Lebensraum.

In Kürze wird ICARUS etwa fünftausend Amseln und Drosseln aus Deutschland, Russland und Nordamerika mit Minisendern ausstatten, um einen Einblick in das rätselhafte Zugverhalten von Singvögeln zu bekommen: Wie flexibel sind sie? Können sie sich schnell genug an Klimaveränderungen und Urbanisierung anpassen? Ihre Zahl hat in den letzten Jahren um ein Drittel abgenommen, und das ist vor allem deshalb beunruhigend, lese ich auf der ICARUS-Website, weil sie für Menschen wichtige «Ökosystemdienstleistungen erbringen». Mit der Studie «können wir ihnen helfen, besser zu überleben». Das klingt bescheiden, aber auch ein wenig naiv.

«Ökosystemdienstleistungen», als ich das Wort zum ersten Mal las, verstand ich es nicht einmal. Das Ökosystem «erbringt Dienstleistungen». Plötzlich tauchte das Wort überall auf. Allmählich dämmerte mir, weshalb ich nichts damit anfangen kann: Es gründet sich auf ein Bild von der Natur, das mir fremd ist.

Kurz gesagt bedeutet das Wort: Ökosysteme haben für uns einen Nutzen. Wildbienen bestäuben landwirtschaftliche Gewächse, Bäume produzieren Holz, Würmer halten die Erde locker, Tümpel dienen als Wasserspeicher für trockene Zeiten und Singvögel verbreiten Samen – ich nenne nur ein paar. Man stelle sich einmal vor, dass wir das alles selbst tun müssten und was das kosten würde.

Ökosystemdienstleistungen beinhalten all die nützlichen Funktionen, die die Natur für uns erfüllt. Sie werden inventarisiert, mit einem ökonomischen Wert versehen und damit kapitalisiert. Das schärft unseren Blick: Wir können nicht mehr umhin zuzugeben, wie abhängig wir von Ökosystemen sind. Und dann ist es ein logischer Schritt, vor allem diejenigen natürlichen Prozesse zu verbessern und diejenigen Pflanzen und Tiere zu schützen, die uns die besten Dienste leisten.

Ich komme mir vor wie ein Esel, der sich stur stellt, ich will mich nicht darauf einlassen. Ich sehe vor allem einen neuen Machbarkeitsglauben heraufziehen, der uns einen Freibrief für unseren Tatendrang ausstellt. Die besten Absichten sind immer mit dem gnadenlosesten Eigeninteresse gepaart. Wir kriechen immer tiefer in die Erde und tauchen immer tiefer ins Meer hinab – da lässt sich noch eine ganze Menge entdecken, eine ganze Menge neues Wissen umsetzen und vor allem: eine ganze Menge herausholen.

Gerade jetzt, wo wir den Erdboden fast ausgebeutet haben, fangen wir mit Tiefseebergbau an. Die Tiefsee gehört niemandem, lese ich in der Zeitung. Das UN-Seerechtsübereinkommen stellt fest, dass die Reichtümer der Tiefsee Teil des «gemeinsamen Erbes der Menschheit» sind. Anstandshalber müssen wir die Beute also nur ehrlich aufteilen. «Wir», das sind natürlich wir Menschentiere.

Es verschlägt mir die Sprache. Die Tiefsee wimmelt von Leben, sie ist sogar der Quell allen Lebens, der Urtümpel. Und den eignen wir uns an? Was ist mit den anderen Lebewesen, von denen wir die meisten dort in der Tiefe nicht einmal kennen? Vergib uns, murmele ich machtlos, denn wir wissen nicht, was wir tun.

Inzwischen betreiben Raumfahrtingenieure ein technisches Laboratorium, das in achttausend Kilometern Höhe um die Erde kreist und Informationen sammelt, die uns erzählen sollen, was wir tun müssen, um die Zerstörung der Erde abzuwenden. In Laboratorien ermitteln Bioinformatiker mithilfe der DNS in einem Tropfen Wasser oder auf einem Sandkorn, welche Organismen irgendwo leben oder gelebt haben. Und seit Kurzem dringen Forscher überall tiefer und tiefer in die Welt der kleinsten Lebensformen ein, in einem Versuch, den schleichenden Virusangriff auf unsere Körper und unsere Gesellschaften aufzuhalten.

Welches Ziel wir damit auch verfolgen, nichts wird uns aufhalten, wenn wir uns die Erde und das Weltall weiter aneignen. Nichts wird uns davon abhalten, bei anderen Lebewesen immer genauer Maß zu nehmen. Wir bestimmen ihren Wert. Dass uns das überhaupt nicht ansteht, dass sie einen Wert an sich haben, dass sie in ihrem Leben nicht von unserer Bewertung abhängig sind, dass die Erde nicht uns, sondern allem gehört, was lebt, darüber können wir nur philosophieren.

Die Menschentiere jagen ihrer Beute auf Kosten von allem anderen nach und versuchen gleichzeitig, den Schaden zu begrenzen, beides mit wahnsinnig empfindlichen Techniken. Für die Rettungsoperation fängt das Menschentier wild lebende Tiere, stattet sie mit einem Sender aus und folgt ihnen, macht sie zu Nutztieren für das Sammeln von Daten, damit wir daraus mithilfe von Algorithmen Wissen destillieren können, und mit diesem Wissen beginnt dann die Veränderung. In unserer Hoffart nennen wir dieses Unterfangen ausgerechnet Icarus, als könnten wir die Parabel vom Hochmut, der vor dem Fall kommt, entkräften, indem wir noch höher fliegen.

18.

Mein Grüner-Daumen-Gemüsegarten
war ein Hirngespinst

Ich starre auf den Wermutbusch in meinem Gemüsegarten. Er reicht mir bis zur Brust, auf halber Höhe der dürren Halme zeigen sich bereits junge, grüne Blätter: Es dauert nicht mehr lange, bis er sich seine Lebenskraft wieder aus dem warmen Sonnenlicht holt und sich den Gemüsegarten weiter aneignet. Es gefällt ihm hier. Der Boden ist lehmig, und nichts steht zwischen ihm und der Sonne. Rund um die Mutterpflanze lugen die ersten Sämlinge aus der Erde, und auch auf dem Rand der Südwiese sehe ich schon eine kleine Pflanze. Der Vormarsch ist überwältigend.

Auf dem Streifen neben dem Wermutbusch pflanze ich oft Zucchini, doch dafür gibt es jetzt keinen Platz mehr. Denn was dem Wermutkraut zu nahe steht, leidet unter seinem Giftstoff Thujon. Was tun? Die Stängel abschneiden und sie im Anbau neben dem Strauß vom letzten Jahr an einen Nagel hängen? Oder ein Stück von dem Busch abstechen? Ausgraben und woanders wieder einpflanzen? Auch das habe ich schon mal gemacht, mit dem ersten Wermutbusch, der mir über den Kopf gewachsen war. Seither steht er an einem trockenen, steinigen Schattenplatz unter der Silberweide und siecht dahin. Dann eben in die Grube mit Grünschnitt, in der alles landet, was wegen Wuchergefahr nicht auf den Komposthaufen darf? Das Wermutkraut also aufgeben?

Das ist schon sehr drastisch, ich habe es schon seit zehn Jahren. Ich fand es in dem kleinen Supermarkt bei mir um die Ecke in Amsterdam, wo ich zum ersten Mal Büschel mit den gefiederten graugrünen Blättchen liegen sah. Sie rochen nach Salbei, aber stärker – wie Beifuß. Ich kannte den Geruch von früher. Es war ein Heilkraut, hörte ich von marokkanischen Frauen aus dem Viertel, und man könne Tee daraus machen, bitter ist es, das bitterste Gewürz in der Küche, und es helfe – sagten sie hinter vorgehaltener Hand – auch gegen ungewollte Schwangerschaften. Sie schrieben mir in meinen Schreibblock, wie sie die Pflanze nennen: *shiba*. Ich las im Internet, dass es auch dem Wermut und dem Absinth seinen Geschmack verleiht. Bei einem Gärtner fand ich es in einem Topf, ich nahm ihn mit in meinen Kuhstall, zusammen mit einer Flasche Absinth.

Obwohl ich es gern bitter mag, sagten mir sowohl der Tee als auch die Spirituose nur mäßig zu. Ich hatte mich von den geistreichen Erzählungen von Malern und Dichtern mitreißen lassen, die mit Wermutkraut Halluzinationen erzeugten. Später las ich, dass man es zwischen die Kleider legt, um Motten fernzuhalten, und dass es, mit Tinte vermischt, gegen Papierfraß durch Mäuse hilft.

Hübsch ist der Busch nicht. Seine Blüten sind blassgelb und klein, er stinkt, und auch ökologisch macht er nicht viel her. Lediglich für *einen* Nachtfalter, den seltenen Wermut- oder auch Beifuß-Mönch, ist er eine Wirtspflanze, aber wenn der tatsächlich auf meinem Hof vorkommt, ist er beim Beifuß ebenso gut aufgehoben. Gesehen habe ich diesen Mönch hier noch nie.

Das Wermutkraut, las ich, hält durch seinen bitteren Geruch die meisten Insekten auf Distanz. Ich muss an den Palmkohl denken, der vor Jahren neben meinem Wermut stand. Ich hatte mich schon Wochen vorher auf gebratenen *cavolo nero* mit Knoblauch, Anchovis und Zitrone gefreut. Doch noch bevor die Blätter groß genug waren, kamen mir die Raupen zuvor. Sie hatten eine gute Schutzfärbung, grünschwarzgelb, und ließen sich durch das bittere Wermutkraut nicht stören.

Der Wermut gehört, ebenso wie Brennnesseln und Disteln, in die Kategorie «Unkraut vergeht nicht», zum Glück nicht – aber ich muss es nicht in meinem Gemüsegarten haben. Das Urteil ist gefällt, ich hole den Spaten.

Aber denkste, zwei Zentimeter, tiefer komme ich nicht. Seit Mitte März ist, außer dem einen Schneetag, kein Niederschlag mehr gefallen. Auf dem Peilstab sehe ich das Wasser immer weiter sinken, jetzt sind es schon gut zehn Zentimeter. Ich gehe zur Tonne und gieße großzügig zwei Gießkannen mit dem letzten Regenwasser an den Wermut, um den Boden aufzuweichen, und hole die Spitzhacke. Der Eisenpickel wackelt auf seinem trockenen Stiel. Ich stelle ihn in eine Zinkwanne mit einer Schicht Wasser darin, um das Holz des Stiels aufquellen zu lassen. Morgen, drohe ich dem Wermut, muss es gelingen, dies wird deine letzte Nacht sein.

In der Morgendämmerung ruft beim Froschteich eine Rohrdommel. Ich höre sie nicht oft, es hält nie lange an, und ich lausche, bis es vorbei ist. Gesehen habe ich den Vogel noch nie, er hat eine perfekte Schutzfärbung. Nur der sanfte, dumpfe Schrei verrät, dass er in meiner Umgebung lebt. Er ist ein Jäger, steht reglos wie ein Büschel Schilf oder ein kleiner Pfosten im Sumpf und lauert seiner Beute auf, aber das weiß ich nur vom Hörensagen. *Hump-hump* erklingt es tief und dumpf wie eine Tuba durch den einsamen Morgen.

Diese im Verborgenen lebenden Tiere versetzen mich immer in eine Art Rührung, wenn ich unversehens etwas von ihrer Existenz aufschnappe. Ihr in sich gekehrtes Leben verwirrt mich, und jetzt wird mir klar, dass ich sie oft ohne nachzudenken beklage, weil sie sich verstecken, nachts leben, allein, in der Kälte, auf der Ebene, unter der Erde, weil sie blind sind, taub oder ihr Leben verschlafen. Sonderlinge rufen bei uns Menschen Ängste hervor – Angst, unbemerkt zu bleiben, sich zu verlieren, nur um unserer selbst willen da zu sein, keine Rolle zu spielen. Trotzdem verweile ich auch gern bei diesem unbeachteten Leben, bei dieser bedächtigen Unscheinbarkeit. Wenn ich mir die Zeit nehme, beruhigt es mich auch zutiefst.

Durch das Küchenfenster sehe ich über der Ostwiese leuchtenden Nebel hängen. Ich gehe dorthin, er steigt aus dem Froschteich auf. Mein Gesicht dreht sich der Sonne zu, die Strahlen streichen warm über meine Haut, der Morgen ist das reine Versprechen. Auch beim Tümpel hängt Nebel zwischen den Bäumen. Das Wasser verdunstet, jeden Tag scheint die Sonne, und es bläst ein scharfer Wind. Der Pegelstand sinkt unerbittlich. Auch der Morgennebel hat seine Unschuld verloren. Immer öfter verwandeln sich Naturphänomene unter meinen Augen in unheilverkündende Vorzeichen.

Fast wäre ich auf einen toten Vogel getreten, ein Kernbeißer, der größte aus der Finkenfamilie, erst im letzten Jahr habe ich ihn zum ersten Mal gesehen. Er sitzt am liebsten hoch oben in alten Bäumen. Er muss gegen die Fensterscheibe geflogen sein. Unsere Anwesenheit hier wurde sein Tod. Ach was, jedes Leben ist Ursache für den Tod vieler anderer. Ohne uns Menschen hätte er an diesem Ort wahrscheinlich überhaupt nicht gelebt, allein schon, weil wir dann keine Süßkirschen gepflanzt hätten, deren Kerne er gern mit seinem starken Schnabel zerbeißt.

Der Fink ist schon steif. Ich hebe ihn auf und lege ihn auf den Brettersteg, damit ich ihn vom Haus aus sehen kann, bis ein anderes Tier ihn an Ort und Stelle auffrisst oder mitnimmt.

Ich schwinge die Spitzhacke über den Kopf. Die Picke landet dumpf in der Erde und verhakt sich hinter einer Wurzel des Wermuts, ich ziehe und rüttle, hacke noch einmal.

Eine Pflanze oder ein junges Bäumchen aus dem Boden zu ziehen fühlt sich grausam an, als dürfte ich nichts zerstören, und schon gar nicht mit Lust, als fügte ich der Pflanze Schmerzen zu. Was willst du jetzt, mischt sich mein Querkopf ein. Natürlich gibt sich die Pflanze nicht einfach geschlagen, sie lebt, um zu überleben. Willst du sie etwa nur mit sanfter Hand aus der Erde lösen, ohne Gewalt? Was heißt sensibel – sentimental ist das. Du hast einen Körper, du bist ein Tier.

Es klopft in der Getreideruine. Die Buntspechte sitzen überall. Täglich hängen sie am Fettknödel, kein Wunder, denn das Schlaraffenland der Spechte ist nicht mehr, mit den Fichten sind auch die Buchdrucker aus dem Chausseewald verschwunden. In all dem Überfluss hatten sie sich gut vermehrt, jetzt leiden sie Hunger.

An der Salzwiese finde ich ein Gänseei mit einem schartigen Loch darin, ausgesaugt. Das scheint der Fuchs gewesen zu sein. Die Schale ist steinhart, gedankenverloren stecke ich das Ei in die Tasche. In diesem Frühjahr sind nicht viele Gänse gekommen, meine Angst vor einer Plage wie in Holland war voreilig. Es gibt kein Industriegras rund um mein Biotop, noch nicht.

Hinten im Obstgarten ist der Boden in diesem Frühjahr plötzlich übersät mit der Pflanze, die hier und da am Erdwall des Tümpels wächst, nahe am Boden, nierenförmig, sie blüht nie. Ich habe gesucht und gesucht, die Pflanze aber in keinem Verzeichnis gefunden. Die Struktur des Blatts erinnerte mich an Knoblauchsrauke, doch die Form war anders. Ich sehe mich noch einmal gut im Obstgarten um. Die ersten Pflanzen fangen an zu sprießen. Zu meiner Verwunderung sehe ich, dass die Blätter weiter oben am Stiel herzförmig werden. Sie bekommen schon Blütenknospen, es ist also doch Knoblauchsrauke.

Vor langer Zeit erzählte mir ein ökologischer Parkverwalter, dass ich die Brennnesseln auf meinem Hof mit Knoblauchsrauke zurückdrängen könne. Das war ein guter Tipp. Ich schmiss die Schoten der ausgeblühten Pflanzen, die hier und da standen, in die Brennnesselfelder, aber in den folgenden Frühjahren passierte nichts. Und jetzt sind die Brennnesseln plötzlich in der Unterzahl. Weil ich den Boden dort, wo er voller Stickstoff war, durch zwei Mährunden im Jahr abgemagert habe? Vielleicht, die Knoblauschrauke war es auf jeden Fall nicht: Die wächst noch immer nicht auf den Brennnesselfeldern. Aber irgendetwas hat dafür gesorgt, dass sie in diesem Frühling im Garten hochschießt, und die Brennnesseln gerade nicht.

Es ist rätselhaft, warum sich ein Ökosystem in dem einen Jahr so und im nächsten anders verhält. Meine erste Reaktion ist Begeisterung, aber dann bin ich beunruhigt. Ich schreite die verbliebenen Brennnesselecken ab: Im Pferdeteich und hinter der Brombeerhecke ziehen die Brennnesseln gegen das Klebkraut den Kürzeren, nur in dem Streifen hinter den Kastanien wächst schon wieder ein dichter Teppich. Das wird das erste Jahr sein, in dem ich die über das Grundstück verstreuten Brennnesseln verschonen werde. Stell dir vor, sage ich mir, dass auch die Schmetterlinge verschwinden, deren Raupen ausschließlich Brennnesseln fressen. Das sind erstaunlich viele: der Admiral, das Tagpfauen-auge, der C-Falter, das Landkärtchen, der Kleine Fuchs sowie die Nacht-falter Silbergraue Nessel-Höckereule und Voralpen-Schnabeleule.

Ich gehe auf der Karrenspur um das Maisfeld herum und schrecke hoch, als aus der Tiefe beim Anglersee ein Auto mit grellem Scheinwerferlicht angefahren kommt. In einem Reflex ducke ich mich in die Wallhecke. Das hat das Virus also schon fertiggebracht, denke ich entsetzt, dass ich wie ein Tier versuche, mich unsichtbar zu machen. Aber so mache ich mich nur noch verdächtiger. Schnell komme ich wieder zum Vorschein. Ob es der Pächter des Fischteichs ist, weiß ich nicht. Als das Auto vor-beifährt, winke ich, wage aber kaum hinzuschauen. Noch jemand, der mich gesehen hat. Die Furcht, weggeschickt zu werden, brandet wieder durch meinen Körper.

Als ich nach Hause komme, fliegen zwei Enten aus dem Tümpel. Hey, rufe ich ihnen hinterher, habt ihr den Entenkorb gesehen? Ein hübscher Brutplatz! Aber ich fühle mich wie ein Gebrauchtwagenhändler. Das Wasser sinkt und sinkt.

In Berlin werden die Leute mit einem Haus auf dem Land unruhig. In anderen Jahren ist Ostern der Beginn der Feriensaison, doch jetzt ist die Grenze zu Mecklenburg-Vorpommern geschlossen. Wer sie überschrei-tet, dem droht ein Bußgeld, und wer sich unberechtigt hier aufhält, wird von der Polizei ausgewiesen.

Als ich Eier hole, erzählen die Nachbarn, dass es den Behörden ernst damit sei. Gestern hätten sie einen Spaziergang ins Nachbardorf im Süden machen wollen und seien an der Landesgrenze von Leuten des Ordnungsamts angehalten worden. Die Geschichte verbreitet sich wie ein Lauffeuer. Die Nachbarin mit dem Hündchen berichtet ebenfalls über verschärfte Kontrollen auf den Schleichwegen. Zum Glück habe ich noch Vorräte. Ich würde mich jetzt nicht in das Städtchen wagen, nicht einmal mit dem Auto der Nachbarin.

Meine Berliner Freunde, die im Sommer immer im Bauernhaus wohnen, wollen am 1. Mai kommen, dem nächsten Feiertag, aber später – nein, unvorstellbar.

Ich streune über das Grundstück, es kann mir nicht still und leer genug sein. Beim Anglersee treffe ich manchmal Fremde, die sich offenbar heimlich in diese Gegend zurückgezogen haben. Ich erschrecke, sie erschrecken, und scheu gehen wir einander aus dem Weg. Von Menschen habe ich momentan nicht viel Gutes zu erwarten, und sie auch nicht von mir.

Der Frühling ist auch in diesem Jahr wieder zögerlich, es bleibt trocken, karg und kalt, trotz der Sonne. Der Wind bläst aus dem Norden oder Osten. Im Anbau fangen die Ranken des Wilden Weins an, zartgrün auszutreiben, sie kriechen weiter an den Balken entlang, so dass die Grenze zwischen Innen und Außen verwischt. Ich drücke Zucchinisamen in die Anzuchttöpfe und stelle sie auf die Fensterbank.

Die Wurzeln des Wermutkrauts haben den Lehmboden aufgelockert, aber der Streifen daneben ist steinhart. Ich hacke ihn ein wenig auf und werfe Lehmbrocken in das Loch der entfernten Pflanze. Beim Komposthaufen mache ich zwei Schubkarren voll, mische etwas Kies unter den Humus und verteile ihn auf dem Streifen, schließlich arbeite ich noch Hornspäne und Pferdemist-Pellets ein, harke das Ganze. Fertig ist das Beet für die Zucchini. Eigentlich ist Kuhmist besser, doch der ist alle, und ich komme nirgendwo hin. Ich bestelle auch nichts im Internet, denn die Päckchen müssen ja von jemandem gebracht werden.

In unserem ersten Sommer hier haben wir die Holzplanken des Heubodens über dem geplanten Wohnbereich herausgerissen und die morschen Bretter durch die Giebelöffnung geworfen. Ebenso wie das Holz im gesamten Kuhstall waren sie auf einer Seite weiß getüncht, auf der anderen klebte verstaubtes Heu. Als wir die Planken zur Abfallallee gebracht hatten, blieben loser Kalk und Heuplacken zurück. Wir zogen einen Rand aus Feldsteinen darum herum und hatten nahe der Küche plötzlich einen ungefähr fünfundvierzig Quadratmeter großen Gemüsegarten.

Ich zeichnete einen Aussaatplan und hielt mich auch mehr oder weniger daran. Alles, was ich pflanzte und aussäte, wuchs wie Unkraut. Alle rühmten meinen grünen Daumen, bis ich anfing, selbst daran zu glauben. Ich hatte in meinem Leben schon öfter Gärten gehabt und immer irgendwo eine Kräuterecke, aber auf Lehmboden war es das erste Mal. Ein Kinderspiel: ein bisschen jäten, hin und wieder etwas Wasser.

Doch es konnte kein ernstzunehmender Gemüsegarten werden, denn auch im Sommer war ich regelmäßig in Amsterdam, und dann musste er selbst sehen, wie er klar kam, auch wenn kein Regen fiel. Von der Südwiese wehten immer wieder Pollen, Flugschirme und Grassamen herüber, und die Quecken krochen weiter durch den Boden. Unser Grundstück befand sich ohnehin in einem schwankenden Gleichgewicht zwischen Pflege und Verwahrlosung.

Nach meiner Rückkehr fand ich eine blühende, manchmal halb vertrocknete Wildnis vor und begann dann neugierig, all das mir unliebsame Grün auszureißen, denn dazwischen war eigentlich fast immer etwas anderes gewachsen, oft sogar etwas Essbares. Die Frühlingszwiebeln trugen weißblühende Kugeln, Schnittlauch, Salbei und Thymian blühten in allen Violetttönen, der wilde Rucola war geschossen und hatte gelbe Blüten, die Petersilie sah ebenso wie der Mangold kräftig grün aus, und der Dill hatte große Dolden entwickelt. Die Wildnis zog sehr viele Schmetterlinge an. Es war nicht so, dass alles überlebte, denn auch andere Tiere bedienten sich. Die Wühlmäuse fraßen die Rüben und Knollen an, die Rehe und Hasen knabberten sich nach Belieben ihren Lebensunterhalt zusammen, es gab Läuse, Gehäuseschnecken und Raupen. Die dicken, farbigen Raupen des Schwalbenschwanzes saßen jedes Jahr wieder auf dem Dill. Als Schmetterlinge waren sie später allerdings noch schöner.

Doch mit den Jahren ließ sich immer weniger von einem Gemüsegarten sprechen, nur die ungeplante Üppigkeit blieb. Betreten sah ich auf meinen grünen Daumen. Ich musste mich bessern. Im Herbst grub ich die mehrjährigen Kräuter aus, pflanzte sie vorübergehend beim

Rhabarber wieder ein und deckte im Winter den Boden mit einem Unkrautvlies ab. Das half. Das meiste Wuchergrün gab auf. Zum ersten Mal fuhr ich im Frühling brav eine Schubkarrenladung Kompost nach der anderen in den Gemüsegarten, pflanzte die Kräuter wieder ein und begann, so wie am Anfang, wieder mit ordentlichen Reihen. Der Majoran und die Pfefferminze verbreiteten sich rasant. Ich hielt sie ein Jahr lang mit eingegrabenen Dachziegeln im Zaum, doch das kümmerte sie schon nach dem zweiten Unkrautvlieswinter nur noch wenig, sie erhoben überall ihr Haupt.

Und dann kamen die braunen Spanischen Wegschnecken, die ich als Eier in den Töpfen aus dem Gartencenter eingeschleppt hatte, und innerhalb eines Jahres waren sie die Herren und Meister. Das war das Ende des Blattgemüses aus dem eigenen Garten. Ich ekelte mich vor dem angefressenen Salat und den Schleimspuren. Auch die Zucchini waren voller Schleim und wurden jedes Jahr mickriger, die Petersilie keimte trotz der schneckenabwehrenden Plastikringe nicht mehr, und auch die Frühlingszwiebeln gingen kaum auf.

Ich war zu viel weg gewesen, versuchte ich eine Erklärung, es war zu trocken, zu nass, zu dies und zu das. Aber am Ende musste ich zugeben: Mein Grüner-Daumen-Gemüsegarten war ein Hirngespinst, der Boden war zu Beginn mit dem Kalk und dem Heu vom Dachboden fruchtbarer als fruchtbar gewesen, und in ein paar Jahren hatte ich ihn ausgelaugt. Als Gemüsegärtnerin war ich gescheitert.

So wie jedes Jahr werde ich auch in diesem Frühling wieder Stunden im Gemüsegarten zubringen. Wohin ich auch blicke, schießen die weißen Lichtnelken aus dem Boden, das Kriechende Fingerkraut fängt bereits an, mit seinen unausrottbaren roten Stielen in alle Richtungen auszutreiben. Ich schaue zum Himmel hinauf, wo der Regen bleibt, erst dann kann ich jäten. Die Vorhersagen versprechen, dass er jetzt jeden Tag kommen müsste, aber er weicht immer wieder aus: morgen, übermorgen, *mañana*. Die Wildkirschen konnten nicht länger an sich halten und stehen in voller Blüte, die Kastanien färben sich grün, die Weidenkätzchen ragen aus den Zweigen, ich fange an zu niesen. Aber es steht auch noch viel in den Startlöchern, erst wenn der Regen kommt, werden alle Bremsen gelöst.

Im Gras vor dem Brettersteg trage ich die Ameisenhaufen ab und werfe die Erde in eine große Wanne, für den Gemüsegarten, wenn es demnächst geregnet hat. Mit einem Gefühl des Unbehagens zerstöre ich die Nester, aber besser jetzt als später mit dem Wiesenmäher. Ein kleiner Teil der Ameisen zieht mit um. Der Feldsteinrand ist immer voll von ihnen, vor allem mit schwarzen, fällt mir jetzt auf, rote gibt es immer weniger. Das sind die echten Ameisen, finde ich, sie stechen, vage spüre ich ihr unangenehm beißendes Gift. Im letzten Sommer gab es nur noch ein Nest. Ich habe sorgfältig darum herum gearbeitet, am Bewuchs sehe ich jetzt noch, wo es ist, *mit* roten Ameisen, es gibt sie noch.

Als ich die vertrockneten Blätter des Wilden Weins für den Bruthaufen zusammenharke, sehe ich, dass die Marokkanische Minze, die ich mal aus Amsterdam mitgenommen hatte, schon zu sprießen beginnt. Auf den frischgrünen, gefurchten Blättern glänzt mir zum ersten Mal ein Himmelblauer Blattkäfer entgegen, ein herrlich metallisch blaues Insekt. Ich sehe mich wieder im Stadtgarten stehen, während ich Hunderte dieser Käfer von den angefressenen Pflanzen pflücke und unter meinen Schuhsohlen zerquetsche, doch die Blattkäfer siegten, und wir gaben die Minze auf.

Hier habe ich sie bisher nie gesehen, doch ich muss sie seinerzeit schon als Eier oder Larven auf den jungen Pflanzen mitgenommen haben. Was sagt es über das Ökosystem des Gemüsegartens, dass sie jetzt, Jahre später, doch noch zum Vorschein kommen? Ich pflücke den Blattkäfer von der Pflanze und werfe ihn auf die Südwiese.

Und nun, in energischer Stimmung, spähe ich zu den beiden Salbeipflanzen hinüber: Die alte, die ich seit den Anfangsjahren hier habe, fängt an abzusterben, sie bekommt noch *eine* Chance, ich nehme die Schere und schneide sie zurück. Und die neue, vom letzten Jahr, die kommt weg. Mich hatten ihre dicken, kräftigen Blätter angesprochen, aber sie dachte nicht daran zu blühen, und ihre Blätter schmeckten fade und filzig. Ich hatte Nepp gekauft, eine dieser Pflanzen, die nicht blühen, Insekten haben nichts davon, doch für den Handel sind sie lukrativ, da es immer mehr Hobbygärtner mit Heuschnupfen gibt.

Mein Tatendrang ist erwacht, ich suche nach etwas, das ich sonst noch loswerden möchte, und trete fast auf einen kleinen Kranz aus gefiederten Blättern. Da ist sie wieder, die Jakobsleiter. Im letzten Frühjahr stand sie plötzlich da, vielleicht über Vogelkot hierher transportiert. Aus dem Büschel wuchsen lange, dünne Stängel mit himmelblauen Glöckchen, ich ließ sie bei keiner Runde mit der Gießkanne aus, und sie blühte und blühte, bis in den Herbst. Sie kann anfangen zu wuchern, las ich, meinetwegen darf sie es vorläufig, ich helfe ihr sogar dabei.

Der Gemüsegarten ist noch am meisten mein Werk, und wenn dort von sich aus etwas wächst, dann entweder, weil ich so freundlich bin, es stehen zu lassen, oder zu faul, es auszureißen. Auf diesen paar Quadratmetern nimmt die Natur am wenigsten ihren eigenen Lauf. Der Gemüsegarten ist der innere Kreis meines Biotops.

Ich sehe zu den drei Kirschbäumen vor der Getreideruine hinüber, sie stehen in voller Blüte. Die gehören auch zu mir, im nächsten Kreis, ich habe sie gepflanzt, mit Maschendraht gegen knabbernde Rehe und schälendes Damwild geschützt, ihnen mit vielen Gießkannen voll Wasser durch die ersten Jahre geholfen, denn ich wusste schon bald, dass sie selbst diesen Platz nie gewählt hätten. Er liegt zu hoch, zu weit vom Grundwasser entfernt.

Diesen weiter außen liegenden Kreis bearbeite ich nicht, ich kümmere mich nur ein bisschen um ihn. Hier stehen der Rhabarber, die Beerensträucher, die Brombeerhecke um den Komposthaufen. Der Obstgarten gehört ebenfalls dazu, auch wenn dieser vor allem das Terrain meiner Freunde ist. Und der Tümpel? Er gehört eigentlich zum äußeren Kreis, zu dem Teil, den ich nicht bearbeite, für den ich nicht sorge, sondern den ich, wie die Getreideruine und den Streifen dahinter, das Brennnesselfeld um die Kastanien herum und das Schilf, in

Ruhe lasse. Nur ganz selten, wenn es wirklich nicht anders geht, beispielsweise weil das Klebkraut dort wuchert und alles erstickt, greife ich hier doch ein. Es ist der Kreis, der in den Acker, das Ufer des Froschteichs, das Brachland und die Salzwiese übergeht, von dort aus belauern mich die Tiere, bevor sie weiter auf das Grundstück kommen.

Der äußere Kreis geht über in die Landschaft und entfernt sich aus meinem Bereich. Ebenso wie Geräusche ebbt sie ab. Meine Sinnesorgane können sie nicht mehr erfassen, ich setze meine Schritte weniger oft in sie hinein. Dort ist die Landschaft vor allem Dekor, in dem ich eine Passantin bin und an das ich mich nicht wie ein Tier an sein Revier hänge.

Sanft schaukele ich in meinem Hängesessel. Still, ganz still verhalte ich mich und bilde mir ein, dass kein anderes Tier mich bemerkt. Ich denke an die Nachtigall, die nordische, den Sprosser, den ich heute Morgen im Obstgarten gehört habe, nachdem er zwei Sommer lang abwesend war. Ich hatte ihn schon aufgegeben. Die Vogel-App musste Auskunft geben, bevor ich meinen Ohren traute.

Der Sessel dreht langsame Runden. Ich schaue über das frisch eingesäte Maisfeld, noch kein Korn ist gekeimt. Am Horizont kommt eine kleine Sandhose herangewirbelt, sie teilt sich, leichtfüßig tanzen die beiden kleinen Hosen einen Pas de deux, während eine Schwalbe hindurchfliegt, und drehen hinter den Kastanienbäumen ab.

Zwei Fledermäuse segeln um den Stall, schon seit einiger Zeit halte ich Ausschau nach ihnen. Im vergangenen Frühjahr schwärmten sie jeden Abend in der Dämmerung zu Dutzenden, vielleicht sogar zu Hunderten aus dem Dachfirst des Bauernhofs aus. Da mussten sie ihre Wochenstube haben. Jetzt sehe ich nicht mehr als zwei gleichzeitig, also wer weiß, vielleicht gibt es auch nur diese beiden.

Es ist fast Neumond, die Milchstraße spannt sich wie ein dickes, nebliges Band über mir. Es ist, als wären die Sterne näher als sonst, noch mehr Teil meines Leben hier, als würden sie mein Biotop wie eine Kuppel umschließen. Vielleicht, weil es so still ist, weil es keine Flugzeuge gibt, die Menschen durch die Erdatmosphäre von Kontinent zu Kontinent bringen.

Da! Ein kleines Licht, das sich bewegt, es ist kein einsames, weit entferntes Flugzeug, ich höre nicht das leiseste Rumoren. Es verschwindet auch nicht wie ein fallender Stern in einem Wimpernschlag. Langsam, aber stetig bewegt es sich von West nach Ost, gleich darauf erscheint noch so ein Licht und noch eins, ich lege den Kopf weiter in den Nacken, eine Schnur aus kleinen Lichtern zieht am Himmel vorbei. Es müssen Satelliten sein.

Wenn ich im Dunkeln in der Kanzel sitze, sehe ich öfter mal einen Satelliten. Anfangs hatte ich keine Ahnung, worum es sich handelt. Ich fühlte mich plötzlich meinen Vorfahren nahe, die auch viel von den Erscheinungen um sie herum nicht verstanden. Erst als ich etwas über Weltraumschrott las und dass immer mehr ausgediente Satelliten durchs Weltall trieben, begann mir etwas zu dämmern. Und jetzt ist da eine ganze Perlenschnur aus Satelliten. Das habe ich noch nie gesehen. Nach ein paar Minuten sind sie verschwunden, ich habe vergessen, sie zu zählen.

Mit meiner Ruhe ist es vorbei, ich muss rein, im Internet nachschauen. Dort finde ich sofort, wonach ich suche. Elon Musk, der Milliardär mit Unsterblichkeitsphantasien, schießt Tausende von Satelliten ins All, um, so behauptet er, die ländlichen Regionen weltweit mit schnellem Internet zu versorgen. Mit dem Vermögen, das er damit verdient, bereitet er seinen Flug zum Mars vor, seine Flucht von der Erde.

Mir wird kalt ums Herz. An einen Horizont voller Windturbinen haben wir uns schon gewöhnt, auch an Äcker voller Solarmodule, jetzt kommt ein Sternenhimmel voller Kunstlicht dazu – als ob wir in unserer blinden Flucht nach vorn noch nicht alles kaputt genug gemacht hätten. Plötzlich hoffe ich leidenschaftlich, dass die Sonne das Wachs an den Flügeln des Ikarus schnell zum Schmelzen bringen wird.

Mein Proviant ist verbraucht. Nachdem ich zum ersten Mal im Haushaltswarengeschäft Mund-Nasen-Masken gekauft habe, fahre ich auf den Parkplatz des Supermarkts. Es sieht hier aus wie auf einem Krankenhausgelände, man steigt mit einem Mundschutz aus dem Auto oder friemelt ihn sich, schon im Gehen, noch schnell vors Gesicht. Ich habe Mühe, Menschen zu erkennen, und verstehe sie auch schlechter. Ich werde mich daran gewöhnen, denke ich gelassen, und empfinde sogar so etwas wie Erleichterung, weil andere in mir weniger eine Gefahr sehen werden.

Die Chance, dass das Virus mich erwischt, ist verschwindend gering. Ich lebe noch immer so gut wie in Quarantäne. Ohne Virus wäre das nicht viel anders gewesen. Dennoch hat es sich wie ein Eindringling in meinem Leben eingenistet.

Zu Hause schaue ich zum Acker hinüber und frage mich, wie er wohl in ein paar Monaten aussehen wird, eine hohe, grüne Wand, die vielleicht sogar bis weit in den Herbst hinein stehen bleibt. Es ist ein harter Übergang von meiner Südwiese zu dem Acker, der ganz nahe ist und dennoch vollständig außerhalb meines Bereichs liegt. Der mittlere Kreis fehlt hier, wird mir plötzlich bewusst. Auf meinem Schreibtisch liegen ein paar rosa marmorierte Maiskörner, die ich aus den Furchen aufgesammelt habe. Rosa, das wirkt auf mich wie eine Alarmfarbe: Nervengift! Die Körner sind mit Neonics behandelt worden. Darüber, wie viele Herbizide und Fungizide außerdem noch beim Maisanbau zum Einsatz kommen, regen sich nur wenige auf. Der Mais geht ohnehin gehäckselt in den großen Biogaskochtopf: Kein Mensch, kein Schwein muss davon essen.

Eines Abends beginnt es sanft zu regnen, und es regnet weiter, tagelang. Die Sonne kommt häufig kurz lachend zum Vorschein. Ich gieße die Tonnen aus, und einen Tag später sind sie wieder randvoll. Von allen Seiten kommen die Vögel geflogen, sie picken Würmer aus dem Boden, fliegen mit den Schnäbeln voller Nistmaterial davon, jagen hintereinander her. *Kuckuck*, erklingt es, «Kuckuck», grüße ich begeistert, und auch das Kuckucksweibchen ist mit seinem schelmisch-schallenden Gelächter schon da. Kurz darauf, ich spitze die Ohren, höre ich das *Dudeljo* des Pirols in der Ferne, da ist er, das Schlusslicht des Vogelzugs.

All der Trubel und die Geschäftigkeit treiben mich nach draußen. Jeden Morgen stehe ich schon vor dem Frühstück da, reiße Brennnesseln aus, lege Saatbeete an und frage mich nicht mehr, warum um Himmels willen ich das tue. Es ist Frühling, und dann gestalte ich den Gemüsegarten nach meinem Geschmack.

Der Supermarkt und der Biobauer mögen bald Gemüse im Überfluss haben, ich will etwas aus eigener Erde. Es schmeckt besser und ist gesünder, gaukle ich mir vor. Eigentlich brauche ich solche Gründe gar nicht: Auch in meinem Geschmack bin ich zutiefst ein Tier. Was an Essbarem wächst, sieht für mich nun mal verlockend aus. Wenn ich etwas aus dem Gemüsegarten esse, verbindet es mich mit anderen Lebewesen hier, wir essen von unserem gemeinsamen Biotop.

Wühlend, jätend und zupfend stoße ich unablässig auf andere Biotopbewohner. Nach all dem Regen kommen wieder ein paar Regenwürmer tief aus dem Lehm nach oben gekrochen. Ich sehe Drahtwürmer und einen kleinen, schwarzen Wurm mit glasigen weißen Beinchen, es könnte ein junger Schwarzer Schnurfüßer sein.

Immer wieder gehe ich in den Garten, schaue mich um, gebe allem, was essbar ist, seinen Raum und zügele meine Ungeduld. Inzwischen fiebere ich dem Salat entgegen, den esse ich sonst nur, wenn ich gerade im Supermarkt gewesen bin. Ich beginne, Knoblauchsrauke und Giersch zu pflücken. Schon bald streue ich jeden Tag zwei Handvoll würziges Grün über mein Essen. Unterdessen frage ich mich, wo die Aurorafalter bleiben. Jedes Jahr tauchen sie dort auf, wo die Knoblauchsrauke blüht. Jetzt wuchert sie, und ich habe erst einen solchen Schmetterling gesehen.

So oft ich auch draußen bin, es geht mit der Arbeit nicht voran, ich stehe zu oft still da, schaue und lausche. Die Wacholderdrosseln, die Grünlinge und vor allem die Stieglitze sind unwiderstehlich, ich kenne keine verspielteren Vögel. Ich beobachte ein Pärchen im Gras, die beiden knicken den ersten ausgeblühten Löwenzahn um, stellen sich mit ihren Beinchen auf die kleinen, flauschigen Kugeln, um dann systematisch die Samen herauszupicken. Mit einer Engelsgeduld. Doch kurz darauf jagen sie schon wieder hintereinander her bis hinauf in den Wipfel der großen Silberweide.

Auf dem Innenhof tobt ein heftiger Streit um den Fettknödel, als würden die Vögel jeden Tag mehr Hunger bekommen. Das kommt von all dem Paaren, Nest bauen, Eier legen, Junge füttern. Sie haben keine Wahl. Vor allem Blaumeisen und Kleiber fliegen an und ab. Und Spechte, aufs Äußerste gereizt. Ich glaube, dass sie schon Junge haben. Der Tiefbauer aus dem Weiler hat sogar gesehen, wie ein Buntspecht ein neugeborenes Blaumeisenküken aus einem Nistkasten pickte. Als meine Fettknödel verzehrt sind, legt ein Specht seinen Kopf schräg auf das Futterbrettchen, um mit der Seite seines kräftigen grauen Schnabels die klebrigen Reste abzuschaben.

Nach all dem Regen hieß es: das eigene Grundstück zuerst! Aber jetzt werde ich mich doch mal wieder im Chausseewald umschauen. Auf dem Brachland begegne ich einem Ölkäfer. Sein metallisches Blau verrät ihn sofort, oder vielmehr: Es verrät *sie*, denn es ist ein Weibchen. Mit dem schweren Körper voller Eier krabbelt es mühsam durch das Gras. Gestern sah ich ein Männchen auf der Karrenspur bei der Grenze an einem grünen Blatt knabbern.

Die Ahorne in dem kleinen Wäldchen treiben mit glänzenden Blättern aus, durch das Bett des Waldbachs fließt doch wahrhaftig ein bisschen Wasser, und an den Hängen zwischen den hohen, wuchtigen Buchen erblicke ich den denkbar zartesten und saftigsten Frühling. Vor allem beim Anblick des vielen Zittergrases bleibt mir der Mund offen stehen. So dünn, so zierlich winden sich die kleinen, verzweigten Stängel und schweben die Ähren, rotbraun gestreift und sich wölbend wie Juwelen. Ich setze meinen Weg über einen Wildwechsel fort, um sie nicht unter meinen plumpen Menschenfüßen zu zertreten.

Überall keimen kleine Buchen. Manche tragen ihre Nussschale noch wie ein Hütchen auf den ersten beiden Blättern, die sich aus ihrer innigen Umarmung zu lösen beginnen. Ich sehe Ahorn-, Eichen- und Fichtensämlinge, frisch und filigran. Die Natur ergreift mit zarter Hand Besitz von der Verwüstung, die die Forstmaschinen hinterlassen haben.

Der alte Waldweg ist schon wieder zum Vorschein gekommen, der Tiefbauer hat ihn an ein paar späten Nachmittagen planiert, damit seine Frau wieder mit dem Hündchen durch den Wald spazieren kann. Sogar auf dem festgetretenen Weg ragen Sämlinge aus dem dunkelbraunen Waldboden.

Der Chausseewald atmet Hoffnung, Lebenslust, er hat den Schock aufgefangen, glaube ich, er hat wieder Zukunft, doch ich weiß, dass der Schein trügt. Jedes Jahr gibt es so viele Baumsämlinge – bis sanfte Lippen sich um sie schließen oder ein Maul sie aus dem Boden zieht und verschlingt, bis die hohen Bäume ihr Blätterdach schließen oder der Boden austrocknet. Jedes Jahr überleben nur die allerwenigsten von ihnen.

Wie viele Bucheckern hat eine ausgewachsene Buche? Wie viele davon schaffen es bis zum Baum? Das ist keine Verschwendung, vertreibe ich mein Bedauern, es ist Nahrung, es ist eine Anreicherung des Waldbodens, es sind Kreisläufe. Und ich frage mich plötzlich, wo die Buschwindröschen sind.

An dem kerzengeraden Stamm eines Laubbaums laufen zwei Eichhörnchen in Spiralen hinauf zur Krone. Ich drehe mich mit ihnen um den Stamm herum, um «Kuckuck» zu spielen, aber sie haben sich schon in ihrem Nest verkrochen.

Hinter dem Waldsumpf beginnt ein Rehbock zu schrecken, als hinge sein Leben davon ab. Aus etwas größerer Entfernung ertönt die Antwort seines Nebenbuhlers. Bock Nummer eins verteidigt sein Territorium so leidenschaftlich, dass sich seine Stimme überschlägt. Wäre er ein Menschenmann, würde ich ihm «Angeber!» zurufen.

Jedes Tier hat einen eigenen Charakter und ein eigenes Temperament, die nicht ausschließlich angeboren, sondern auch durch die Lebensumstände geformt sind. Um einen Blick für dieses eine Tier zu haben, brauche ich keinen Menschen aus ihm zu machen. Natürlich merke ich, ob ein Tier – insbesondere, wenn es sich um ein Säugetier handelt – erregt ist. Ich bekomme gute Laune, wenn ein Rehbock aus voller Kraft schreckt, für meine Menschenohren hört es sich wie Wichtigtuerei an.

Ich vermisse das Wild, es lässt sich weniger oft sehen als vor Jahren, als der Hund schon tot war und auch selten jemand über die Karrenspur kam. Manchmal huscht ein Tier davon, wenn ich am frühen Morgen in den Obstgarten gehe, um den Vögeln zu lauschen, oder es liegt ein Rudel Damwild an den Hängen und sonnt sich. Immer häufiger mache ich mich leise davon. Die Kahlwildrudel beginnen sich aufzulösen, die beschlagenen Damtiere sondern sich ab, und die Hirsche leben zurückgezogen, jetzt, wo sie ihre Geweihe abwerfen.

Doch dank meiner Wildkameras weiß ich, was auf dem Grundstück herumläuft. Dank der Digitaltechnik. Ich hätte lieber an meinem eigenen Körper und meinen eigenen Sinnesorganen genug, aber wie oft würde ich, nur auf mich gestellt, einen Dachs, einen Marder oder einen Igel herumlaufen sehen? Einen Fuchs, einen Waschbären oder einen Marderhund? Oder Damwild, Rehe, Wildschweine oder sogar Mäuse?

Was würde ich in dem Fall von ihnen wissen? Die Antwort: fast nichts. Vielleicht würde es mir gelingen, wenn ich noch mehr im Freien wäre und noch abgelegener und einsamer wohnte. Wenn ich jünger wäre, ein anderes Leben hätte. Es ist ein romantisches Verlangen, ein puristischer Traum.

Über meine Wildkameras sehe ich fast täglich, dass sie hier draußen waren, während ich im Haus war oder nachts auf dem Heuboden lag und schlief. So weiß ich auch tagsüber, dass sie hier bei mir leben, dass wir dieses Biotop miteinander teilen, und dann denke ich an sie, denke über sie nach und manchmal – ich kann es nicht lassen – für sie. Sie gehören zu meinem Leben.

Die Nachtaufnahmen der letzten Tage erzählen mir, dass oft ein Rudel Damhirsche über das Grundstück zieht. Sie sehen komisch aus mit ihren ältlichen, überdimensionierten Köpfen und den vorstehenden Adamsäpfeln. Die meisten sind schon ohne Geweih, daher wirken sie jämmerlich. Einzelne von ihnen sehen, mit einer buckligen, samtig überzogenen Geschwulst auf dem Kopf, geradezu drollig aus: Es ist ihr entstehendes Geweih. Es wird noch eine Weile dauern, bevor die Hirsche ihre Würde wiedererlangt haben.

Eines Morgens sehe ich vor der Getreideruine überall plattgetretene Stellen im hohen Gras. Dort müssen sie gelegen haben, nahe bei mir haben sie sich auf ihren Läufen niedergelassen, um auszuruhen. Es liegen stattliche Haufen Kot herum, und noch etwas Braunes: eine große Geweihschaufel! Die muss ein Hirsch heute Nacht abgeworfen haben. Wie reizend, dass er seinen Kopfschmuck hier für mich zurückgelassen hat, denke ich schamlos und nehme die Schaufel wie eine Trophäe mit ins Haus.

Wieder lasse ich mich im Hängesessel vom Wind wiegen, ich schiebe die Zeit von mir, es ist der letzte Abend meiner stillen Periode allein auf dem Hof, und mehr noch als in anderen Jahren ist es ein Abschied. Morgen ziehen die Freunde aus Berlin wieder in das Bauernhaus ein, vor gut einer Woche ist die Landesgrenze zu Mecklenburg-Vorpommern für Deutsche mit einem Zweitwohnsitz hier wieder geöffnet worden. Bis in den Herbst hinein wird es auf dem Grundstück Augen geben, ein Paar, zwei Paare, manchmal auch mehr. Stimmen, Begegnungen, menschliches Leben. Es wird betriebsamer werden, Leute werden zu Besuch kommen. Es ist lange her. Nie zuvor bin ich so sehr vom Leben hier draußen um mich herum aufgenommen gewesen wie in den vergangenen Monaten.

2003, in meinem ersten halben Jahr auf dem Hof, hatte ich es hier weitaus einsamer. Ich kannte noch niemanden, weder die Leute unten in ihren Häusern noch die früheren Bewohner. Die Tiere, die Landschaft, die Vegetation und die Gebäude kannte ich auch noch nicht, ich teilte nichts mit ihnen. Ich war noch nichts in ihrem Leben, und sie waren noch nicht in das meine aufgenommen. Dieser Ort war damals während des größten Teils des Jahres so menschenleer, wie er niemals zuvor gewesen war oder jemals wieder werden würde, er war nichts als Leere, Raum und Zeit.

Und dann ruft die Werkstatt an, das Auto ist fertig. Ich falle fast vom Stuhl. Er wolle mich abholen, sagt der Chef, nein, keine Angst, zurzeit gebe es nicht mehr viele Grenzkontrollen. Als ich kurz darauf neben ihm im Auto über die Grenze fahre, bin ich leicht angespannt.

Noch nicht wieder an den Wagen gewöhnt, fahre ich mein Asphaltfräulein zurück nach Mecklenburg-Vorpommern, ich wusste kaum noch, wie es aussah. Vorläufig darf ich es auf dem Hof der Nachbarn mit dem Hündchen abstellen, dort ist es von außen nicht zu sehen. Auf die Straße wage ich mich mit ihm erst, wenn Ausländer in unserem Bundesland ebenfalls wieder willkommen sind. Das wird zugleich auch der Moment sein, an dem Boom endlich wieder kommen kann. Ich verfolge die Corona-Erleichterungen mit größter Aufmerksamkeit.

Mitte Juni ist es so weit. Unterwegs zum Bahnhof in der Stadt muss ich daran denken, dass ich zum letzten Mal hier gefahren bin, als sich der Winter dem Ende zuneigte. In zehn Minuten werde ich zum ersten Mal seit Monaten wieder einen anderen Menschen berühren, und erst jetzt wird mir bewusst, dass ich das noch nie in meinem Leben so lange entbehren musste.

Hochsommer

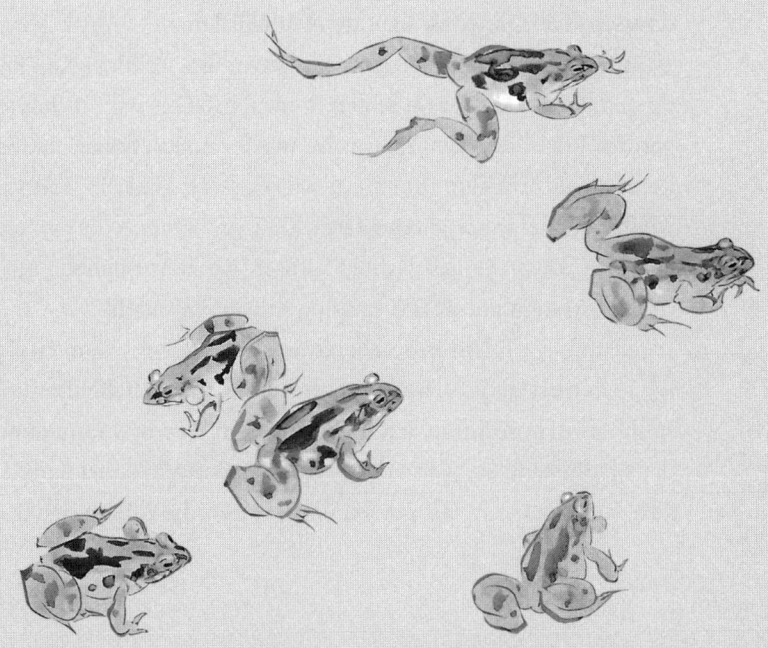

19.

Das Würmergezücht in der Wanne

Auf den Wiesen beginnen immer mehr Gräser zu blühen. Neben Glanzhafer auch Fuchsschwanzgräser, Gemeines Rispengras, Wolliges Honig-
gras, Ruchgräser und Taube Trespe, von den meisten anderen kenne
ich die Namen noch immer nicht. Jahrelang wusste ich nicht, dass hier
so viele Arten wachsen. Das Ergebnis meiner früheren Unwissenheit
bekomme ich jeden Tag aufgetischt: Dort, wo es nur wenige Varianten
gibt, haben wir vor gut zehn Jahren Gras ausgesät.

Wir hatten im Frühjahr ein paar Lastwagenladungen Muttererde
kommen lassen, um für das Sommerfest die schlimmsten Kuhlen auf
der Südwiese aufzufüllen, und an den Stellen musste natürlich gleich
wieder Gras wachsen. Die Wiese wurde in den Jahren danach immer
eintöniger, das neue Gras breitete sich aus und erstickte die alten Sorten.
Ich hatte mich in meiner Ahnungslosigkeit für eine widerstandsfähige
Grassorte entschieden, eine für Spielwiesen, weil ich als Städterin dachte,
dass wir das Gras sonst kaputttreten würden.

Auf der Hauswiese hatten wir es zuvor aus Achtlosigkeit jedoch richtig gemacht. In unserem ersten Sommer ließen wir, nachdem der Bagger das Loch über der Klärgrube wieder zugeschoben hatte, die kahle
Lehmfläche unbekümmert so, wie sie war, und im Frühjahr darauf
wuchs dort einfach wieder Gras, Gras von hier, von der Natur selbst
ausgesät. Dass die gemischten Gräser, die hier offenbar gediehen, für
das Ökosystem gut waren, entging mir damals völlig.

Ich war vor allem mit unserem eigenen Lebensraum beschäftigt, als
ich in den ersten Jahren die Brennnessel- und Distelfelder um den Kuhstall herum ausdünnte. Ich mähte früh im Jahr und fand dann erst wieder die Puste dazu, wenn der Sommer richtig in Fahrt kam. Das erwies
sich zufälligerweise als besser, dann waren die Küken der Bodenbrüter

schon ausgeflogen, und die jungen Vierbeiner standen auf eigenen Füßen. An Insekten, Frösche, Blindschleichen und Schlangen dachte ich damals noch nicht. Die waren einfach da. Immer. Allerdings sorgte ich dafür, dass die Blumen ihre Samen verstreuen konnten. Ich dachte an die Wiesen meiner Kindheit, mit Löwenzahn, Gänseblümchen, Wiesenschaumkraut, Hahnenfuß, Margeriten, Klatschmohn, Kornblumen und Lupinen. Ich hatte kaum ein Auge dafür, dass Gräser auch blühen.

Jetzt, in der Junisonne, riecht es betörend nach Sommer. Auf den eingesäten Teilen beginnt der Glanzhafer zu überwiegen. Seine hohen, blühenden Ähren glänzen silbrig in der Sonne. Schön finde ich das, aber es bedroht auch die noch viel schönere Hauswiese. Damit sich der Glanzhafer nicht weiter ausbreitet, muss ich ihn vor Mitte Juni mähen.

Ich bin damit schon fast wieder zu spät dran, schnell hole ich den Wiesenmäher aus dem Pferdestall und mähe die silbrigen Halme ohne Rücksicht ab. Es ähnelt einer Trunkenheitsfahrt, weil ich in Schlangenlinien um den Rainfarn, die Wegwarte, die Wiesen-Flockenblume, das Aufgeblasene Leimkraut und die anderen Blumen und Grüppchen von Gräsern herummähe. Das mache ich immer öfter, ich schaue hin, was dort wächst, denn was selten ist, umhege ich. So entsteht wie beiläufig Variation. Wacholderdrosseln, Grünspechte und andere Regenwurmoder Ameisenpicker mögen kurzes Gras, der Storch – ja, er ist wieder da – sucht dort Nahrung, wo sich hohes und niedriges Gras abwechseln. Frösche und Kröten halten sich am liebsten dort auf, wo es feucht und schattig ist, und auch Insekten brauchen einen versteckten Ort zwischen den Halmen für ihre Larven und Puppen. Es wimmelt hier von Lebewesen, jedes mit seinen eigenen Bedürfnissen. Es ist unmöglich, sie alle zu kennen.

Ich sitze im Schatten der kleinen Eiche und lese, als am Himmel von Westen her ein lautes Rauschen anschwillt. Ein dunkler Fleck taucht auf. Stare! Ich renne zur Hauswiese und sehe den Schwarm im mittleren Kirschbaum an der Ruine verschwinden, dessen erste Früchte sich gerade dunkelrot färben. Ich klatsche und rufe, und zu Hunderten steigen die Stare wieder aus dem Baum auf. Vom ersten Baum mit reifen Kirschen habe ich genau *einen* kleinen Eimer gepflückt, bevor sie ihn kahlgefressen hatten. Das wird mir mit dem zweiten und dritten Baum nicht passieren.

Als ich wieder zwischen dem Weiß- und dem Rotklee bei der kleinen Eiche sitze, höre ich ein leises Brummen, das sich von Süden her nähert, ein Flugmoped, wenn ich meinen Ohren glauben kann. Über die große Silberweide hinweg kommt ein weißes Flugzeug auf mich zugeflogen. Die «Sommerbefliegung 2020», schießt es mir durch den Kopf. Ich springe unter den Bäumen hervor und stelle mich mitten ins Gras. Wer weiß, vielleicht finde ich demnächst im Internet das neue Luftbild mit mir als Pünktchen darauf.

Ich harke den Grasschnitt zu großen Haufen zusammen. Der Mais steht mittlerweile so hoch, dass der Acker wie eine Wand auf mich zukommt und die Südwiese in einer Mulde zu liegen scheint. Von den Bäumen an der Grenze sind nur noch die Spitzen zu sehen. Um mich herum sind gut sechzig Hektar Land, das zu nichts anderem taugt als zu industrieller Landwirtschaft. Plötzlich fühle ich mich klein und lächerlich mit meiner Harke hier auf der Wiese.

Neulich bin ich mit dem Jagdnachbarn in den Mais auf dem großen Feld an der Chaussee gegangen. Wir waren umgeben von harten, schroffen, manchmal bis zu drei Meter hohen grünen Stielen. Mit seiner Machete schlug sich der Nachbar einen Weg hindurch, um die Drückjagdkanzeln zu inspizieren, die er mit ein paar Jägern aufgestellt hatte, als der Mais noch niedrig stand. Wenn Not am Mann ist, können wir von diesen Kanzeln aus Wildschweine bejagen.

Es war ein warmer Tag, meine Kleidung klebte mir an der Haut, der Schweiß stach mir in die Augen. Es war, als würde ich in den Tropen durch eine endlose Zuckerrohrplantage laufen, eine klaustrophobische Tour. In dem harten, kahlen Lehmboden waren hier und da Abdrücke von Schweinen und Damhirschen zu sehen, aber ernsthaften Wildschaden gab es nicht.

Auch auf dem Acker um unseren Hof herum ist wenig Schaden auszumachen. Ein paarmal habe ich Wildschweine im Mais grunzen hören, es gibt zwei deutliche Stellen, an denen ein Wildwechsel in den Mais hineinführt. Jetzt warten wir auf die Erntejagd, wenn die Wildschweine von den Maschinen eingeschlossen werden. Jedes Mal wieder stehen die Jäger dann mit dem Gewehr im Anschlag bereit. Auch ich stehe da, aber stets hatten sich die Schweine schon davongemacht. Es würde mich wundern, wenn sie sich diesmal überrumpeln ließen.

Als eine Geräuschexplosion die Stille zerreißt, bin ich mit einem Schlag wieder zurück auf der Südwiese. Ich lasse meine Harke fallen, reiße die Hände an meine Ohren und bücke mich. Von Norden her zischen zwei Düsenjäger im Tiefflug über den Hof, sie dröhnen und heulen wie abgefeuerte Projektile. Ich spüre den Druck auf meinen Ohren: Luftwaffenübung, noch lange dröhnt und vibriert es nach, erst als ich nichts mehr hören kann, harke ich weiter.

Am Mürzinsee sind die Strände und Badewiesen gerammelt voll, nur wenn ich morgens ganz früh oder abends in der Dämmerung baden gehe, bin ich allein. Gehe ich zum Anglersee, stoße ich manchmal auf Wildcamper und kehre auf der Stelle um. Ich ziehe mich noch mehr auf dem Hof zurück. Hin und wieder kommen Bekannte vorbei, oder ich gehe auf ein Fest. Es werden wieder Hände geschüttelt, als wäre das Virus nur ein böser Traum.

Manchmal hat unversehens eine Hand die meine ergriffen, und an einem späten, warmen Sommerabend tanze ich im Kreis mit den anderen um das Geburtstagskind herum. Je unsichtbarer der Feind ist, desto verräterischer ist er, denke ich, als ich im Mondschein nach Hause radle. Wir werden dem Virus auch weiterhin genügend Gelegenheiten bieten, um vom einen auf den anderen überzuspringen. Ohne körperliche Nähe verkümmern wir, wir halten das nicht durch, wir sind auch nur Tiere.

Vertieft in meine Arbeit sitze ich im Anbau, der Wilde Wein hängt in langen, blühenden Ranken an den Balken. Ich befinde mich in einem summenden Schallkörper, als wäre es schließlich doch ein guter Insektensommer geworden, um mich herum fanatische Hummeln, Bienen und Wespen sowie Schwebfliegen in allen Formen und Farben, sie scheinen geradezu trunken vor Glück.

Rums! Vor Schreck federe ich von meinem Stuhl hoch. Manchmal kommen laute Geräusche plötzlich aus der Nähe. Ab und zu fliegen wieder Vögel gegen die Scheiben, aber mit einem so lauten Knall? Der hier muss größer sein als ein Grünspecht. Ich renne zum Küchenfenster, zusammengekauert mit aufgeplustertem Gefieder hockt ein Raubvogel im Gras. Ist es ein Habicht? Ein Sperber? Er bleibt, wo er ist, als ich ihn durch das Glas fotografiere. Langsam kommt er wieder zu sich, schlägt ein paarmal mit den Flügeln und fliegt davon.

Mir beginnt etwas zu dämmern. Ich habe schon eine Weile keine Spatzen mehr gesehen, ich höre sie nicht unter dem Dachüberstand tschilpen, ich sehe sie nicht dicht beieinander sitzend in der Dachrinne, es ist still, sehr still. Viele Vögel leben jetzt zurückgezogener, weil sie in der Mauser sind, aber die Spatzen sind doch immer da? Ich krieche wieder vor meinen Bildschirm: Sperberweibchen jagen im Sommer auf der Suche nach Singvögeln regelmäßig über dem offenen Land. Das ist es, die Spatzen sind in die dichten Hecken und Wallhecken geflohen. Hausspatzen, Feldspatzen, sie sind alle verschwunden. Die Tschilpstille wird mit dem lauten Summen der Nektarjäger gefüllt.

Rums! Am nächsten Tage schrecke ich wieder hoch. Schon wieder? Ich sehe den Sperber gerade noch über der Hauswiese davonfliegen. Außen auf der Scheibe befinden sich nun zwei schmutzige Flecken, an dem neuen klebt eine winzig kleine weiße Feder. Wieso fliegt der Sperber plötzlich zwei Tage hintereinander in voller Geschwindigkeit gegen das Küchenfenster? Ich will ein Foto von den Flecken machen, sehe aber vor allem mich selbst. Ist es das? Sollte der Sperber einen anderen Sperber sehen und ihn verjagen wollen, knallt er deshalb so idiotisch hart zweimal gegen die Scheibe? Hätte ich letzte Woche doch nur nicht die Fenster geputzt.

Den Raubvögeln geht es ohnehin schon nicht gut, obwohl ich gerade

jetzt einiges von ihnen erwartet hatte, weil das letzte Jahr ein so über-
bordendes Mäusejahr war. Doch was ich dabei vergaß: Dadurch ist
wahrscheinlich umso mehr Mäusegift gestreut worden, das ist hier noch
ganz normal.

Die Fischadler haben darunter nicht zu leiden, denn sie ernähren
sich nur von Fisch. Trotzdem ist es ihnen wieder nicht gelungen, Junge
großzuziehen. Dabei hatte es so hoffnungsvoll begonnen. Ich sah die
beiden oft, manchmal war einer von ihnen beim Anglersee auf Jagd,
während ich auf dem Steg saß. Doch schon Ende Mai war es unruhig
geworden. Ein Rotmilan kreiste ums Nest, eines Nachmittags sah ich
ihn hinter dem Fischadler herjagen, der nach einem kurzen Luftkampf
hastig davonflog. Ich habe gelesen, dass sie friedlich zusammenleben,
keine echten Nahrungsrivalen seien, aber nach dem Luftkampf sah ich
die Fischadler immer seltener. Ich glaube, dass sie ihr Gelege nicht mal
ausgebrütet haben. Meine Sympathie für den Rotmilan schwand. Er
kam nur noch selten hierher. Dann brauchte er die Fischadler doch
nicht zu vertreiben? Oder sollte er jetzt, aus Mangel an anderer Nahrung, vor allem Fische jagen? Um das Nest der Fischadler konnte es ihm
jedenfalls nicht gegangen sein, denn er baute seines in den Bäumen.
Wieder verstand ich nicht, was ich sah.

Manchmal kommen die Fischadler zurück, sitzen ein paar Stunden
auf dem Mast und fliegen einige Runden. Ich beginne zu vermuten, dass
sie es noch immer nicht aufgegeben haben, dass dieser Strommast ihr
Zuhause ist und sie im nächsten Frühjahr wiederkommen werden, um
einen vierten Versuch zu starten.

Längst nicht von allen Tieren weiß ich, wie sehr sie hier zu Hause
sind. Die Spatzen sind buchstäblich Hausspatzen, auch die Rauchschwalben sind dem Ort hier stark verhaftet, allerdings nur in der Brut-
zeit, und dann setzen sie sich unverfroren in meinem inneren Kreis fest.
Ich weiß nicht, ob sie im Winter einen ebenso festen Ort haben, ich
habe immer angenommen, dass es nicht der Fall ist. Ich grinse, spüre
ich da Neid? Möchte ich, dass sie vor allem hier zu Hause sind, hier bei
mir? Vielleicht ist es nur gut, dass ich keine Kontrolle darüber habe,

denn je näher Tiere bei mir leben, desto mehr mische ich mich in ihre Angelegenheiten ein. Und das mögen sie gewöhnlich nicht. Außer, wenn es ums Fressen geht. Manchmal stelle ich mir vor, dass die Kohlmeisen in anmaßendem Ton meine Aufmerksamkeit auf sich lenken, wenn der Fettknödel alle ist. Von den Tieren, die unterirdisch leben, sogar denen unter meinem Stall oder dem Gemüsegarten, weiß ich am wenigsten, obwohl sie vielleicht ihr Leben lang nie meinen inneren Kreis verlassen.

Während ich mit den Gräsern alle Hände voll zu tun habe, wächst es im Gemüsegarten munter weiter: Ihm genügt das Wasser aus den Tonnen, das ich hin und wieder über ihn ausgieße. Nur noch kurze Zeit, und ich bekomme den sommerlichen Überfluss auf dem Präsentierteller: Zucchini und noch mehr Zucchini, Majoran und hoffentlich viele Tomaten. Doch der Dill ist vertrocknet, die Petersilie unter den Zucchiniblättern verschwunden, und das Basilikum ist in der Blüte stecken geblieben.

Für einen Gemüsegarten muss man einen Plan haben, und vor allem: Man muss sich daran halten. Was nicht auf dem Plan steht, muss weg, sobald es hochkommt, und was man gesät und gepflanzt hat, muss gebändigt, gestutzt und in die richtigen Bahnen gelenkt werden – alles mit Blick auf den Ertrag.

Doch gebändigte Natur bedrückt mich. Bis ich mich dazu überwinden kann einzugreifen, hat der Zufall sein Recht eingefordert. Den Lampionblumen und Topinamburen lasse ich so viel Raum, dass die Erdbeeren nur ein paar mickrige rote Früchte bekommen haben, die Himbeersträucher sind aus der Form gewachsen, die Petersilie hat angefangen zu blühen. Pflänzchen, die ich nicht kenne, lasse ich stehen, bis ich weiß, was es ist. Kurzum, das Leben um mich herum braucht meinem Plan nicht exakt zu folgen.

Um das Loch des Wermutkrauts herum blühen die Phacelien und Luzernen, die ich ausgesät habe, um den Boden zu verbessern. Im gesamten Gemüsegarten ist in diesem Jahr viel Franzosenkraut gesprossen, von mir aus darf es das, es drängt das Kriechende Fingerkraut zurück und lässt sich leicht aus dem Boden ziehen. Und was ich herausziehe, kommt in den Salat, oder ich lasse es als Gründünger liegen.

Und dann sehe ich eines Tages zwischen der blühenden Pracht eine kleine, unansehnliche gelbe Blüte: Das sieht nach Tomate aus. Ich hatte mich gerade damit abgefunden, dass es in diesem Jahr mit Tomaten im Garten nicht viel werden würde, und war froh, als die Berliner bei einem Supermarkt zwei kleine Tomatenpflanzen für mich fanden. Ich stellte sie in die Pflanzenkübel draußen auf dem Brettersteg, und nach ein paar Wochen erntete ich schon die ersten Tomaten. Sie sahen gut aus, aber sie schmeckten nach nichts.

Jetzt, mit dieser Blüte, die dort von sich aus hervorschaut, habe ich noch eine Chance. Offenbar fühlt sie sich hier wohl. Ich habe sogar eine Vermutung, wie sie hier gelandet ist: von meinem eigenen Komposthaufen.

Eine gute Woche später entdecke ich zu meinem ungläubigen Erstaunen zwischen all der Wucherpracht noch vier weitere Pflänzchen. Der Kompost, ich dachte es mir schon. Ich lege sie frei, schlage Stöcke neben ihnen in den Boden, binde die Pflanzen mit einer Juteschnur daran fest und gebe ihnen, sooft sie nur wollen, Wasser, notfalls auch aus dem Wasserhahn. Schon bald hängen lange Trauben kleiner Tomaten daran.

Endlich sind auch die Sommertage angebrochen, an denen meine drei Zucchinipflanzen so viel Nahrung aus Erde, Luft, Licht und Wasser holen können, dass unter jeder weiblichen Blüte innerhalb von vierundzwanzig Stunden eine glänzende Frucht heranwächst, die mir schon bald zuflüstern wird: Pflück mich, iss mich.

Mein gelungenster Eingriff ist die Lehmpfütze, denke ich, als ich die flusenden Ackerdisteln um sie herum ausreiße. Die Lehmpfütze ist mein Zufallstreffer. Inzwischen liegt sie verborgen zwischen dem hohen, buschigen Gras.

Bis weit in den Juni hinein gab es Tage, an denen die Mehlschwalben zu Dutzenden hin und her und über die Eschen hinter der Getreideruine flogen. An ihrem weißen Sterz erkannte ich sie sofort, auch war ihr Schwanz kürzer als der meiner Rauchschwalben. Sie hatten es eilig, sie holten Lehmkügelchen für ihre Nester, die sie unter den Dachrinnen im Weiler bauten. Beseitigten die Nachbarn sie, weil ihre Terrasse voll mit Vogelkot war, kamen sie aufs Neue, sie taten mir leid, sie mussten doch *irgendwo* ihre Eier legen. Aber ich mit meinen Rauchschwalben habe gut reden. Ich legte im Stall ein Stück Pappe unter die Nester, und darauf landete fast der gesamte Schwalbenkot.

Was mich an der Lehmpfütze am meisten überrascht, ist die Tatsache, dass aus ihr in nur zwei Sommern ein neues kleines Ökosystem entstanden ist. In diesem Jahr sind hier sogar Rohrkolben gesprossen, die in unseren Anfangsjahren noch im Pferdeteich wuchsen, auch Pflanzen mit unförmigen Blättern und einem kleinen Strauß eidotterfarbener Blüten: Moor-Aschenkraut, man kann es essen. Aber das mache ich noch nicht, denn was neu ist, muss erst eine Chance bekommen hierzubleiben. Geradezu eine Schwäche habe ich für den Froschlöffel, ein Gedicht von einer Pflanze mit ihren ovalen, lanzettenförmigen Blättern und langen, dünnen Stielen, an denen in Kränzen zarte Büschel wachsen. Die rosaweißen Blüten öffnen sich erst nach der Mittagsstunde. Nur die Frösche fehlen noch.

Hin und wieder stelle ich den Struikrover an den Rand der Pfütze, um die verborgene Welt zu beobachten: Eidechsen, Mäuse, einmal sogar eine Schermaus mit ihrem plumpen Kopf und dem dichten, rotbraunen Fell. Das jagte mir einen kurzen Schreck ein, bis ich dachte: Stell dich nicht wie eine verstockte Städterin an. Auf Niederländisch nennen wir sie *woelrat*, Wühlratte. «Maus» klingt allzu unschuldig.

Nachdem es wochenlang nicht geregnet hat, steht in der Morgenröte ein Reh in der Pfütze, um Wasser zu trinken, und später ein Fuchs. Auch fast alle Vögel hier steuern die Lehmpfütze an. Es ist der einzige Ort im Biotop, wo sich noch Wasser finden lässt. Auch der Storch plantschte regelmäßig in ihr herum und ließ seine Fußabdrücke im Lehm zurück, bevor er seinen langen Treck in den Süden antrat. Auf der Suche nach Beute durchstreifte er in diesem Jahr den Hof von Osten her, so dass ich ihn meist erst bemerkte, wenn er seine Runde schon fast beendet hatte. Ob er es mit Absicht tat, um nicht immer von mir verjagt zu werden? Gerissen genug war er dafür.

Manchmal wird an der Lehmpfütze auch Beute hinterlassen. Auf dem Feldsteinrand finde ich ein kahles Vögelchen, noch in der Form eines Eis, und eines Tages eine tote Zwergspitzmaus. Sie ist der Paria unter den Beutetieren, fast niemandem schmeckt sie. Als ich an ihr rieche, dringt ein penetranter chemischer Geruch in meine Nase.

Es dauert länger, als ich gedacht hatte, aber auch im Wasser beginnt es schließlich, sichtbar zu leben: Krabbel-, Schwimm- und Schwebtiere sowie sonderbare Würmer, die mit ihrem Kopf im Boden stecken und mit dem anderen Ende nahe der Wasseroberfläche hin und her wogen. Es sind Blutegel. Als es mir klar wird, erschaudere ich kurz, hole tief Luft und setze mir einen auf den nackten Fuß. Sie regen die Phantasie an. Schon seit Menschengedenken werden sie von Quacksalbern und Ärzten eingesetzt, und noch immer muss ich bei ihnen an Vampire denken. Inzwischen haben die medizinisch genutzten Blutegel ihren Wert bewiesen und gelten als lebende Apotheke. In Deutschland können Mediziner sie für fünf Euro pro Stück sogar online bestellen.

Ich warte auf einen Stich, einen Stoff, den ich unter meiner Haut spüre. Aber dem Blutegel gefällt es nicht auf meinem Fuß. Ich schiebe ihn noch in Richtung einer dicken Ader, doch er versucht, sich von mir herunterzuwinden. Ich schmecke ihm nicht. Enttäuscht werfe ich ihn zurück. Ich schlage noch einmal nach. Die medizinisch eingesetzten Blutegel kommen in freier Natur nur noch selten vor. Ich glaube, dass meine Fischegel sind, auch wenn es in der Lehmpfütze keine Fische gibt.

An dem Tag, an dem ich Weidensämlinge in der Lehmpfütze entdecke, dringt es erst richtig zu mir durch: Die Lehmpfütze ist mein Tümpel im Kleinen, mein künstlicher Tümpel, sie ist mein Miniaturlaborgewässer. Will ich dort überhaupt Weiden haben? Sie wissen es noch nicht, aber wenn ich die Pfütze nicht dauernd auffülle, haben sie hier kaum eine Zukunft, die ganze Pfütze hat dann keine Zukunft. Aber auch wenn ständig Wasser in der Lehmpfütze stehen sollte, wäre das nur von kurzer

Dauer: Die Pflanzenwurzeln würden sich durch die Teichfolie bohren. Ich vermute, dass der Rohrkolben, das Moor-Aschenkraut oder die Froschlöffel das schon getan haben, der Lehm die Löcher aber bisher noch verschlossen hält.

Es ist die Frage, woran die Lehmpfütze zugrunde gehen wird: an Austrocknung oder an Pflanzenwurzeln. Vielleicht ist die Pfütze im nächsten Frühjahr bereits löchrig wie ein Sieb.

Ich kann es nicht lassen, vorsichtig an den Weidensämlingen zu ziehen, die zarten Wurzeln nehmen einen kleinen Klumpen Lehm mit, mehr nicht. Sie sind noch nicht durch die Folie gewachsen. Die anderen Pflanzen lasse ich unangetastet, ich habe keine Lust, die Lehmpfütze aus Neugier selbst zu vernichten. Nächsten Winter muss ich mir eine Alternative zum Plastik überlegen, denn die Lehmpfütze verschwindet hier nicht mehr, auch wenn ich sie nach meiner Rückkehr aus der Stadt jedes Mal wieder herrichten muss.

Als der Obstgarten anfängt, süßlich zu riechen, weiß ich, dass sich der Sommer dem Ende zuneigt. Es wird wieder still in der Gegend, die Urlauber sind weg, die Berliner Freunde kehren zurück in ihr Leben in der Stadt. Der Hof ist erstmals seit Monaten wieder verlassen.

In diesem Herbst zeigt sich die Natur von ihrer freigebigsten Seite. Die Zweige hängen voller Pflaumen, Birnen, Äpfel und Quitten. Es ist zu viel, um alles zu entkernen, zu schälen, zu schneiden, einzukochen, zu essen oder zu verschenken, denn wenn wir hier Obst haben, hängt die ganze Gegend damit ebenso voll. Wie schade, denke ich, wenn wieder einmal Pflaumen, Äpfel und Birnen auf dem Boden liegen und vor sich hin faulen.

Wieso? ruft mein Querkopf erstaunt. Du sprachst doch von Kreisläufen? Was hier wächst, ist nicht nur für dich und deine Art. Siehst du denn nicht die Tagpfauenaugen herumschwirren, sie scheinen wie betrunken von all dem gärenden Obst.

Was die Erde hervorbringt, ist für alle da, für die Tiere, die hier zu Hause sind oder die vorbeikommen, weil sie riechen, dass es etwas zu holen gibt. Sie fressen sich für den Winter voll. Fast jede Nacht werden sie von meinen Wildkameras ertappt: Rehe, Damwild, Fuchs, Marder, Waschbär, Mäuse und eine Katze, die ihnen auflauert. Ein Zaunkönig hockt auf der Sardinenbüchse des Struikrover. Alle, die sich hier aufhalten, fressen von dem Überfluss an Obst oder jagen einander. Zwischen den Apfelbäumen habe ich wieder die Waschbärfalle aufgestellt. Jeden Morgen gehe ich in den Obstgarten, um einen Apfel zu pflücken, die Falle zu überprüfen und die Grasdecke zu kontrollieren.

Auf der hohen Wiese haben die Wildschweine schon kräftig gewühlt. Lass sie sich doch mit dem Mais vollfressen, jetzt, wo es noch möglich ist, denke ich bockig. Aber sie werden wohl langsam etwas anderes brauchen als Mais. Es ist merkwürdig, ich betrachte sie mit anderen Augen, mit mehr Anteilnahme. Sie wissen es nicht, aber sie sind in Gefahr.

Wildschweine, die mit der Afrikanischen Schweinepest infiziert sind, haben von Polen aus die Oder überquert. In Brandenburg hat man erste Schweinekadaver gefunden. Wir sitzen im selben Boot, denke ich plötzlich. Die Corona-Zahlen steigen wieder an, die zweite Welle ist im Anrollen.

Eines Samstagmorgens werde ich vom Häcksler geweckt. Durch die Giebelöffnung sehe ich, wie er an der Südwiese entlangkriecht, den ersten Streifen Pflanzen verschlingt und als Häckselgut in den Lastwagen speit, der neben ihm herfährt. Die Maiswand ist verschwunden. Am späten Nachmittag geht unser Grundstück wieder nahtlos in den Acker über, und dahinter ist der Grenzwall mit seinen Bäumen zu sehen, die sich bereits herbstlich zu färben beginnen.

Jetzt kommt es darauf an. Es wurde Regen vorhergesagt, viel Regen. Wenn der Acker jetzt brach liegen bleibt, denke ich trübsinnig, bekommen wir im nächsten Jahr wieder Mais. Aber am Montag höre ich die Maschinen kommen. Sie zerschneiden die Wurzeln, wühlen die Erde auf, Mal um Mal.

Sie arbeiten bis tief in die Dunkelheit, die Traktoren werfen ihre grellen Lichtbündel vor sich her über den Acker. Dann ersterben die

Maschinengeräusche, es ist still, es ist dunkel. Ich gehe hinaus, der abnehmende Mond steht nun groß im Südosten. Vor mir liegt der Acker in tadellosen Streifen da, bereit für den Winter. Ich bücke mich und sehe in den Furchen hier und da ein unbedecktes rotes Getreidekorn glänzen. Wintergetreide, zwar beschichtet mit Neonics, aber immerhin kommt ein Jahr ohne Mais. Ich kann den sommerlichen Geruch reifen Weizens oder Roggens schon fast riechen.

Am nächsten Tag gehe ich bei Sonnenuntergang um den großen Acker herum, die Erde färbt sich von einem Braun-Orange in einen dunklen Aubergineton. Die Wildschweine haben erneut am Grenzwall gewühlt, aus meiner Jacke ziehe ich eine Plastiktüte und pflücke noch ein paar Schlehen von den niedrigen Zweigen. Dann steige ich am Wall entlang weiter zum höchsten Punkt des Hügels hinauf, wo ich mich, müde und verschwitzt, ins Gras sinken lasse. Ich sehe mich um, jetzt, wo der Mais verschwunden ist, sitze ich hier wieder oben. Ich will noch lange nicht nach Hause.

Vor mir liegt das dunkle Land unter einem rosafarbenen, ins Violette spielenden Nebelhimmel, darüber die noch helle Unendlichkeit, darunter Flecken spiegelnden Wassers, das Blechdach des Kuhstalls weich glänzend, ein vager, warmer Lichtschein dringt aus dem Haus. Eine uralte Landschaft.

Ich habe mich gerade erst hingesetzt, als vor der farblosen weißen Ferne Schatten über mich hinweghuschen: Fledermäuse. Sie kommen näher, tiefer, sie kommen direkt auf mich zu. Wie verzaubert sitze ich da, haarscharf fliegen sie kreuz und quer an mir vorbei, ich spüre die Luft, die sie mir mit ihren Flügeln zufächeln. Es werden immer mehr, ich schließe die Augen.

Wenn ich wie in Zeitlupe schauen könnte, würde ich sie sehen, ihren kleinen Kopf, ihre Ohren, ihr Fell, ihre Schnauze, ihre Knopfaugen und mehr. Und wenn ich im Zeitraffer lebte, könnte ich ihrer Evolution folgen, würde sehen, woraus sie sich entwickelt haben, wie sie wurden und was sie jetzt sind. Sie sind alt, uralt. In einer Mergelgrube in Hessen ist ein fünfzig Millionen Jahre altes Fledermausfossil gefunden worden.

Mich schwindelt angesichts der Tiefe der Zeit, angesichts dieser anderen Zeitdimensionen.

Plötzlich sehe ich am Himmel kleine, schwarze Punkte, Fliegen und Mücken. Ich richte meinen Blick zu Boden, befühle das feuchte Gras, und mir beginnt zu dämmern: Ich bin Wärme, ich bin Körper, die Insekten gehen auf mich los. Das Gras, die Mücken, die Fliegen, die Fledermäuse und ich, zusammen bilden wir eine kleine Insel, ein kurzfristiges Ökosystem in der unendlichen Weite des Raums.

Ich stehe im Tümpel. In letzter Zeit komme ich selten her. Für meinen Menschenblick verändert sich hier nur noch wenig. Die Segge hat nicht geblüht, sie blüht eigentlich nie mehr, bei dieser Trockenheit gehört sie immer weniger hierher. Die Grube, die ich gegraben habe, ist mit etwas Gras bewachsen, nur der Peilstab und der Entenkorb stehen noch auf der kahlen Streuschicht. Vom flachen Ufer her sind die Brombeeren und Disteln zur Mitte hin vorgerückt.

Am Erdwall steht hinter einer jungen Weide noch immer die Wanne mit dem Lehm aus der Grube. Im Boden der Wanne sind Löcher, trotzdem sieht der Lehm darin feucht aus. Ich kippe ihn aus und bedaure es auf der Stelle. Ein Klumpen Lehm ist auseinandergefallen, und in seinem Innern ringelt sich ein Knäuel Regenwürmer. Es sind nicht die glatten, runden, einzelnen Regenwürmer, die ich kenne, sondern es ist ein Klecks aus großen bis ganz kleinen, zum Teil platten, halb abgeflachten und zusammenhängenden Lebewesen. So werden also Regenwürmer geboren. Es ist lebendes Gewebe, wildes, breiiges rosa Fleisch. Rasch decke ich das Würmergezücht wieder mit dem merkwürdigerweise feucht gebliebenen Lehm aus der Wanne zu und ärgere mich über meine Störung. Unsinn, denke ich gleich darauf, wenn ich nichts anfasse, lebe ich hier nicht wirklich.

Schon bald fällt mir ein, dass ich den spontanen Prozess in der Wanne vielleicht wiederholen kann, um selbst Regenwürmer zu züchten, und prompt ist mein Ärger verflogen. Sofort steche ich mit einem Spaten frischen Lehm aus der Grube, werfe ihn in die Wanne und lasse diese am

Rand des Tümpels stehen. Im nächsten Frühjahr, denke ich vergnügt, weiß ich, ob ich in Zukunft selbst Regenwürmer züchten kann. Experimente, die einem einfach so zufallen, sind doch die schönsten! Und dann auch noch eines mit Regenwürmern, den ultimativen Erdtieren.

Als ich den Tümpel wieder verlasse, bleibe ich mit dem Fuß an einem Brombeerzweig hängen, der wie eine Liane über dem kleinen Wechsel liegt, den ich ausgetreten habe. Ich halte mich am Brombeergestrüpp fest und liege schon auf der Nase. Kurz bleibe ich liegen, versteckt wie ein Tier.

Im letzten Jahr habe ich die Brombeeren abgemäht, damit mir die dürren Zweige im Winter nicht die Sicht auf den Wasserspiegel nehmen oder, noch optimistischer, damit sie nicht aus dem Eis oder dem jungfräulichen Schnee herausragen würden, doch vor allem, um die weitere Austrocknung des Tümpels etwas länger hinauszuzögern. In diesem Jahr, so hatte ich mir vorgenommen, würde ich nichts mit dem Tümpel machen, würde ihn wieder sich selbst überlassen, damit er mit seinen Brombeersträuchern Tieren und jungen Pflanzen noch ein wenig Schutz bieten kann, damit er sich ungestört den Veränderungen um ihn herum anpassen, sich mit ihnen mitbewegen kann.

«Es genügt, da zu sein, um ganz zu sein», schreibt Pessoa. Ist der Tümpel nur dann ein Tümpel, wenn Wasser in ihm steht oder wenn er jeden Winter vollläuft und im Sommer wieder austrocknet? Kein Tümpel ist wie der andere.

Was kennen wir eigentlich, wenn wir glauben, alles zu kennen? Was will es heißen, wenn eine bestimmte Tierart in einem bestimmten Moment in der Zeit glaubt, alles zu verstehen? Dass sie alles lösen kann, die Probleme, die sie selbst geschaffen hat, mit den Mitteln, die sie selbst erdacht hat? Mehr Wissen, mehr Kontrolle, mehr Aneignung, mehr Übermut, mehr Eigendünkel. Aber wir können die Welt nicht beherrschen, nicht mit Aplomb, nicht mit dem Mut der Verzweiflung. In unseren Versuchen, sie zu entzaubern, versinken wir in einem Meer aus Daten.

Die Welt ist nicht unsere Welt, die Welt ist Natur. Und wir sind der

Natur gleichgültig. Nicht sie ist es, die jetzt Rache nimmt, weil wir in unserer Maßlosigkeit alles verderben, es ist unsere Lebensweise, die sich rächt. Doch wir leben nicht aus diesem Bewusstsein heraus, das können wir nicht. Wir sind zwar Tiere, aber wir sind Menschentiere, wir kennen nur den Höhenflug. Wir versuchen, unserem Schicksal zu entfliehen.

Ich stehe auf und gehe zum Pferdestall. Was machst du da?, frage ich beunruhigt, denn es ist der Querkopf, der jetzt die Führung übernimmt. Ich schiebe den Wiesenmäher ins Freie, öffne den Benzinhahn und ziehe an der Starterschnur. Der Motor brüllt, und ich rolle das Ungetüm zum Tümpel, mähe das Brombeergestrüpp ab, räume den Grünschnitt weg und fühle mich befreit. Ich lebe hier, bin hier zu Hause, und ich konnte der Versuchung nicht widerstehen. Der Tümpel liegt nun frei, man könnte es meine Ode an das Ungewisse nennen, ein Zeichen, dass ich die Hoffnung nicht aufgebe, – oder auch das Dasein jenseits der Rettung.

Herbstjubel

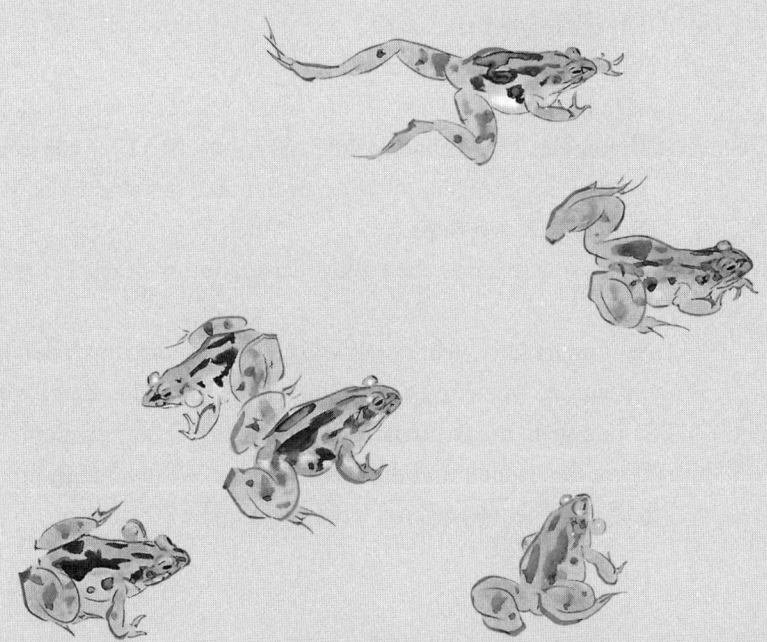

20.

Du bist ein kleines Wunder

«Die Weide da muss weg.» Wir sitzen draußen auf dem Brettersteg und trinken Kaffee. Der Tiefbauer zeigt auf die große Silberweide am Rand des Tümpels. Die Nachbarin mit dem Hündchen sieht ihren Mann an, dann mich und lacht.

«Wieso?», rufe ich aus.

«Weißt du nicht, wie viel Wasser die pro Tag verbraucht?»

«Nämlich?»

«Dreihundert Liter pro Tag. Drei-hun-dert Liter!»

«Na und?»

«Na und? Kein Wunder, dass dein Tümpel austrocknet.»

Ob er überhaupt wisse, wie viele Vögel in dem Baum säßen, wie viele Insekten, Pilze und Moose sich darin aufhielten, es wimmele von Leben, ereifere ich mich.

«Dreihundert Liter», wiederholt er.

Ich zucke mit den Achseln.

Wir starren auf den Tümpel.

«Dann muss das Gebüsch da weg», und er zeigt mit dem Kopf in Richtung des Weidenhackwäldchens am flachen Ufer vor uns.

«Nein», sage ich, «das ist eine andere Art, das sind Grau-Weiden.»

Er schüttelt den Kopf.

Dann müsse ich es eben selbst wissen, mit meinem Tümpel.

Dreihundert Liter, geht es mir wieder und wieder durch den Kopf. Nehmen wir an, wir würden die Silberweide umsägen, dann wird es neue Bäume geben, die ebenfalls Wasser brauchen, die Schlehen werden vorrücken, die Eschen und die Eichen. Keine Weiden, denn junge Weiden schaffen es hier aus eigener Kraft nicht mehr.

Ich schätze die Weiden, die hier noch stehen, ich werde der Silberweide doch nicht wegen der dreihundert Liter Wasser den Garaus machen. Plötzlich weiß ich, wie viel das ist: eine Regentonne voll. Dreißig Gießkannen. Das ist doch nichts für einen Baum, von dem so viel Lebendes abhängt, ein Baum, der für sich genommen schon ein Ökosystem ist.

Die Weide steht sicher schon ein Dreivierteljahrhundert am Tümpel, hatte bereits im Krieg hier ihren Platz. Als ich geboren wurde, in einem anderen Land, siebenhundert Kilometer entfernt, lebten sie hier schon seit Jahren mit- und voneinander. Und dann sollte ich dem eines Tages ein Ende bereiten? Dann sollte ich die Motorsäge heulen und brummen lassen und das Sägeblatt in die von tiefen Furchen durchzogene Rinde setzen? Weil ich meine, dass das besser wäre? Besser für wen oder für was? Was geht es mich eigentlich an?

Auch ohne Wasser ist der Tümpel ein Tümpel. Auch ohne Wasser ist die Weide ein Baum an einem Tümpel. Lass ihn hier stehen, bis er umfällt, lass ihn hier liegen, bis er morsch geworden ist, bis alles und jeder von ihm gegessen hat, bis er in der Erde aufgegangen ist. Früher als ich, später als ich.

Hast du selbst auch in der Silberweide am Tümpel gelebt?, frage ich den Laubfrosch. Ich habe dich dort oben zwischen dem sich kräuselndem Laub schon mal quaken gehört, aber nie gesehen. Grüner als dein Grün kann Grün sich nicht gegen das Graugrün der Weide abheben. Könntest du mir doch nur erzählen, wem du dort im Baum alles begegnet bist, mit wem du zusammen gelebt hast, welche Tiere du verputzt hast und vor welchen du dich in Acht nehmen musstest, weil *du* ihnen schmecktest. Und die Jungs, die Lausebengel, die hier früher wohnten, hast du dich vor ihnen gefürchtet? In meinem Dorf an der deutschen Grenze haben sie Frösche aufgeblasen, indem sie ihnen einen Strohhalm in den Hintern gesteckt und kräftig hineingeblasen haben. Aber das waren normale Frösche, die konnten nicht so hoch hinaufklettern wie du.

Du bist ein kleines Wunder, weißt du das? Genau wie die erste Rose, die an der Wand des Innenhofs erblüht, das Versprechen, das sie verbreitet, einen Sommer voll tiefroter, duftender Pracht, zwischen den Dornen die Singvögel, die ihre Chance auf dem Futterbrett wittern oder inzwischen schon mal mit ihren Schnäbeln, *tock-tock-tock,* etwas von den alten Balken picken. Manchmal tickt einer der Vögel auf einen großen, rostigen Nagel, der im Balken steckt, das klingt wie ein Klöppel, der gegen ein Glöckchen schlägt. Anfangs falle ich darauf herein, was höre ich jetzt? O ja, da sitzt wieder eine Meise und wetzt ihren Schnabel – auch wenn ich keine Ahnung habe, ob es das ist, was sie macht. Manchmal, wenn der Wind die Geräusche weit trägt, höre ich in der Ferne die Kirchenglocke, einfach so, an einem normalen Wochentag, dann weiß ich, dass sie den Menschen eine Todesnachricht überbringt.

Weißt du, was ich neulich auf der Fensterbank sah? Eine Biene legte ein haariges Bein um eine andere Biene, die tot war oder im Sterben lag, sie sagte ihr Lebwohl, sie flehte sie an, bleib bei mir, sie tröstete sie. Dann krabbelte sie davon, schwer und mühsam, legte sich in die Ecke, um ebenfalls zu sterben.

Das hättest du sehen sollen – ach nein, ich hätte es lieber, tausendmal lieber, wenn ich sehen könnte, was du siehst, *wie* du siehst. Was alles gesehen wird auf dieser kleinen Kugel, auf der wir durch das Weltall rasen, mit all den Augen, die alle unterschiedlich sehen. Hörst du, wie still es ist? Und hörst du die Geräusche – du hörst andere, du hörst sie anders, so wie jede Art sie anders hört. Alles hört seine eigenen Geräusche, reagiert auf Schwingungen, spürt etwas. Es weht eine Brise, *zizizi* sagt ein Vögelchen, das im Rosenstrauch von Zweig zu Zweig hüpft und einen Triller zum Besten gibt.

Was es sagt, ist ein Geheimnis, zumindest für mich. Es ist eine Blaumeise, sie schlüpft zwischen den Planken im Giebel hindurch auf den Heuboden. Ich finde es schön, dass andere Wesen dorthin kommen, wo ich mich schlafen lege, dass es auch für sie ein angenehmer Ort ist. Es ist der Raum, in dem ich die meisten Geräusche höre, bevor ich einschlafe, wenn ich mitten in der Nacht wach werde oder auch am frühen Morgen. Von den Kranichen höre ich, was sie beschäftigt. Sie sind Quasselstrippen, sie hören sich selbst gern schwatzen, aber das macht nichts, es bleibt hier Stille genug übrig, und kleine Geräusche, winzig kleine. Wie voll doch die Luft mit Geräuschen ist, wie voll alles um mich herum, von Farben, Gerüchen, von reinen Formen und Erscheinungen, und wie viele davon am Leben sind, so wie auch ich am Leben bin.

Hast du die Brise heute gespürt, diesen neckischen kleinen Herbstwind? Er strich mir sanft und warm am Hals entlang und dann wieder wie ein kalter Finger über meine Wange. Alles ist möglich, die sengende Sonne und der eisige Nordpol, wie viele Winde es doch gibt, wie viele allein ich schon kenne. Sie stoßen oder fegen, sie bringen deine Wangen zum Kribbeln, sie beißen dir die Augen trocken, sie streicheln und peitschen, lassen die Weinblätter trocken rascheln – diese hier sind im Sommer wieder krank geworden, siehst du das? Das Beschneiden im Dezember hat nichts genützt, sie wirken wie vergiftet. Ich möchte sie eigentlich nicht mehr, ich wollte, dass dort morgen andere stünden, junge, gesunde, mit schmackhaften Trauben ohne diese harte Haut, aber die kommen nicht einfach her, das weiß ich auch, also werden diese wohl bleiben. Sitzt du schon mal in einer kranken Weinrebe? Vielleicht kümmert es dich nicht, oder du findest dort gerade sehr viel, was dir schmeckt. Was für den einen krank ist, bedeutet für andere Wesen manchmal gerade Leben.

Neulich saß ich in einer Kanzel im Jagdrevier. Über dem Brachland jagte ein Bussard seiner Beute nach, er begann zu rütteln, flatterte mit einem Flügelschlag, der eigentlich zu schwer war, um Flattern genannt werden zu können. Ich beobachtete ihn durch meinen Feldstecher und sah plötzlich, dass am Horizont lauter Windräder standen. Die hatte ich mit bloßem Auge noch nie bemerkt. Ich befand mich in einer völlig anderen Landschaft als gedacht, aber welche ist die echte?

Wer kann es sagen, der Fuchs, der über den Acker schnürt, der Mensch, der weiß, dass dort grüne Energie produziert wird, der Bussard, der einen Schlag vom Rotorblatt eines Windrads bekommt, der Städter, der auf einem Wildwechsel läuft und sich nach einer heilen Welt sehnt, oder du, der kleine Laubfrosch, den es nicht kümmert? Du sitzt hoch genug im Baum, aber ich glaube, dass du nicht so weit sehen kannst. Das brauchst du nicht, du lebst in einem kleinen Gebiet. Ich ertappe mich dabei, dass mir dein Leben langweilig erscheint, bis mir einfällt, dass du weniger mit Tatendrang behaftet bist als ich und dass es für deine Sinne sicher mehr als genug zu erleben gibt.

Es gibt alles, es gibt so vieles. Man kann vor Freude singen, angesichts der Schönheit quaken, man kann weinen, sich grausen und sich in eine Ecke verkriechen und dort hocken bleiben, bis das Leben vorbei ist. Es gibt Tiere, die das machen, auch Menschentiere – und Pflanzen, stell dir mal vor, Pflanzen können sowieso nicht anders, sie ertragen den Ort, der ihr Schicksal ist, ihre Bestimmung.

Nicht dass sie zu beklagen wären, sie sind kleine evolutionäre Wunderwerke. Hast du das Aufgeblasene Leimkraut auf der Südwiese gesehen? Es ist neu hier mit seinen unauffälligen weißen Blüten. Mein Blick wird immer von seinen violett geäderten Kelchröhren angezogen, pergamentartig wie Papierlaternen. Sie haben etwas Perverses, etwas Nacktes und Umgestülptes. Gegen Abend fangen sie an zu duften, um Nachtfalter anzulocken, die mit ihren langen Saugrüsseln den Nektar aus den tiefen Kelchröhren der Pflanze holen. Manchmal befindet sich in dem Pergament ein kleines Loch, das haben die Hummeln gemacht, um an die Götternahrung zu gelangen. Soll ich dir mal das Video von der Hummel in der eidotterfarbenen Prachtblüte meiner Zucchini zeigen? Wie wollüstig sie sich durch den Nektar wälzt, der Körper rundum mit Blütenstaub bedeckt – ich weiß noch, wie ich sie filmte und um ihr himmlisches Glück beneidete.

Jetzt beginnt der Herbst zu färben und zu glühen. Vielleicht begibst du dich allmählich in den Winterschlaf. Gestern flog eine Schar von sicher hundert Kormoranen vorbei. Die Kraniche sammeln sich und kreisen bereits so hoch am Himmel, dass ich sie nur mit meinem Feldstecher erkenne, Tausende Gänse fliegen in straffen Formationen nach Südwesten, und manchmal, sehr merkwürdig, kommen ein paar von ihnen zurück, als hätten sie sich eines anderen besonnen.

Es gibt so viel, so unendlich viel, so viel zum Wundern, so viel, um niemals genug davon zu bekommen. Weißt du, wie sehr mich das tröstet? Ich habe keine Angst mehr, dass wir Menschen einst alles entzaubern werden, der Fluss wird kein Ende nehmen.

Geht es dir eigentlich auch so, dass du immer wieder Geräusche hörst, die du nicht kennst, dass du kurz erschrickst und sie dann schon bald überhörst, dass du sie klopfen, klappern, zischen, schaben, kratzen, ticken, brodeln, knirschen oder klagen lässt? Ich höre, wie das Leben beschimpft und besungen wird. Ich höre das Trällern im Frühling, das Süßholzraspeln, das Lobhudeln, das Schreien und Klagen vor Schmerz oder das Trauern über das Leben, das bereits in der Knospe endet. Ich juble der Sonne entgegen und brülle mit dem Wind, flüstere der Spinne zu, ich lebe gern, und ihr auch, von den Mikroben bis hin zu den größten Organismen. Weißt du, wie sehr ich Holzfeuer mag? Wie warm und glühend, schwelend und knisternd es mich macht? Alles um mich herum verwandelt sich jeden Moment, alles fängt Licht, fließt, riecht nach etwas und bewirkt, dass ich lebe. Das genügt, ich brauche keine weiteren Gründe, um zu leben, und du auch nicht – verrückt eigentlich, das glaube ich also schon über dich zu wissen.

Soll ich dir mal erzählen, warum Tiere mich tiefer berühren als Pflanzen? Weil sie sich bewegen, sich von ihrem Platz entfernen, sie verhalten sich, sie kratzen sich hinter den Ohren, holen Luft, drehen sich um, kriechen mit ihrem weichen Körper in die Erde. Sie sind unterwegs, haben etwas vor, sie gehen immer irgendwo hin. Sie *tun* etwas, daher bemerke ich sie, ich kann ihnen endlos zuschauen. Warum macht Damwild so seltsame Sprungfedersprünge? Wie ist die kleine Maus bloß in der Regentonne gelandet, und was macht dieser Käfer da in ihrem Fell? Und sieh mal, wie der Hausrotschwanz auf dem Rand der Giebelöffnung sitzt und rhythmisch in die Knie geht, höre, wie einem Wildschwein ein Grunzen entfährt, als es erschrickt.

Pflanzen und Bäumen schaue ich nur etwas ab, wenn ich das eine Mal mit dem nächsten vergleiche. Ich sehe nicht, wie sie ihre Blüten öffnen und schließen oder ihre Blätter zur Sonne drehen, ich sehe sie nur bewegt werden, vom Wind, von einem Tier, von etwas anderem als von sich selbst. Es ist wie ein Stillleben nach dem anderen, ein Geräusch-fragment nach dem anderen, ein Geruch nach dem anderen – auch wenn das bereits schwieriger wird, meine Nase mag zwar am tiefsten in mir verankert sein, doch was sie riecht, ist mir am unbekanntesten. Ich bin ein Mängelwesen, ein Tier mit Gebrechen, und das lässt sich nicht ändern. Brodelt da etwa Schadenfreude aus deinem Breitmäulchen hoch? Ja, lach du nur, du hast ja so recht: Es ist gut, dass wir nicht in allem die Besten sind.

Hast du noch Fasane gesehen? Vor einiger Zeit glaube ich es in der Ferne im Buchenwald *gröö-göcken* gehört zu haben. Es ist schon wieder Jahre her, dass ich den letzten Fasan im Getreidefeld über eine Traktor-spur rennen sah. Erinnerst du dich noch, es war in meiner Anfangszeit hier, dass schon mal so ein Hähnchen mit viel Spektakel über den First des Kuhstalls flog? Es gelang ihm nur gerade so. Ein Fest war es mit den bunten Gröö-göckern, aber die Hennen bekamen ihre Küken nicht mehr groß, nicht einmal ihre Eier ausgebrütet. Ich habe es jahrelang be-dauert, und jetzt denke ich nur noch selten an sie, ich fange an, sie zu vergessen. Sie sind nicht von hier, denke ich dann, um es nicht so schlimm zu finden. Sie kommen aus der Gegend um das Schwarze Meer, die Menschen haben sich mit den Federn der Hähne geschmückt und ihr Fleisch gegessen. Fasan schmeckt gut, weißt du, ich habe ihn auch oft zubereitet. Aber jetzt nicht mehr, ich mache es nicht mehr, der Appetit vergeht mir, sobald ich weiß, dass eine Art hier bedroht ist. Und jetzt vergesse ich sie langsam. Und esse Waschbär.

Ich verspreche dir, dass ich dich nicht vergessen werde, wenn du es hier nicht schaffst. Die Menschen, die nach mir kommen, werden dich vielleicht nur noch als Zeichnung auf dem Umschlag von Ljudmilas Buch kennen, das hier in meinem Bücherregal gelandet ist.

Frag mich nicht, was schief gelaufen ist. Es gibt keine Ursache, es gibt nur einen Weg ohne Abzweigungen – wenden unmöglich. Wir Men-schentiere konnten nur eine Richtung einschlagen, und das hat uns hierher gebracht, uns alle, alles was lebt. Ist das nicht schade?

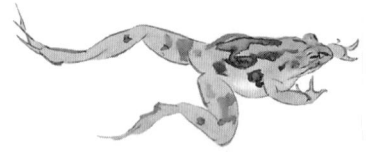